普通高等教育"十一五"国家级规划教材

烹饪学

戴桂宝　王圣果 编著

ZHEJIANG UNIVERSITY PRESS
浙江大学出版社

图书在版编目（CIP）数据

烹饪学 / 戴桂宝，王圣果编著. —杭州：浙江大学出版社，2011.6(2021.8 重印)

ISBN 978-7-308-08966-1

Ⅰ. ①烹… Ⅱ. ①戴…②王… Ⅲ. ①烹饪理论—中国—高等学校—教材 Ⅳ. ①TS972.11

中国版本图书馆 CIP 数据核字（2011）第 157972 号

烹饪学

戴桂宝 王圣果 编著

责任编辑 王元新
封面设计 十木米
出版发行 浙江大学出版社
（杭州市天目山路 148 号 邮政编码 310007）
（网址：http://www.zjupress.com）
排　　版 杭州青翊图文设计有限公司
印　　刷 广东虎彩云印刷有限公司绍兴分公司
开　　本 787mm×960mm 1/16
印　　张 15
字　　数 302 千
版 印 次 2011 年 6 月第 1 版 2021 年 8 月第 5 次印刷
书　　号 ISBN 978-7-308-08966-1
定　　价 33.00 元

浙江大学出版社市场运营中心联系方式：0571－88925591；http://zjdxcbs.tmall.com

目　　录

第一章

烹饪学基础概论

本章内容

- 烹饪和烹饪学的概念
- 烹饪学研究的对象
- 中国烹饪的特点
- 中国烹饪的性质

教学要点

1.烹饪是人类为了满足生理需要和心理需要，把可食原料加工为直接食用成品的活动。

2.烹饪学是人们对烹饪这一社会性活动，经过长期实践、累积和研究后整理出来的专门化、系统化的知识体系。

3.中国烹饪学主要是研究中国烹饪文化以及烹饪工艺的理论学科，揭示中国饮食文明发展规律的知识体系和社会活动。

4.中国烹饪在以味为核心、以养为目的的特点基础上，提倡优选用料、精细加工、讲究火候、讲求风味、合理膳食，围绕色、香、味、形、质、养的工艺目标，形成以味的享受为核心，以养的享受为目的，构成了中国烹饪的特色。

5.中国烹饪是文化、是科学、是艺术，是中华民族的一份宝贵的、丰厚的文化遗产，也是全人类的一份宝贵的、丰厚的文化遗产。

饮食是人类社会生活的一种自然现象，而烹饪则是人类社会发展到一定历史阶段的产物。烹饪的产生与发展不仅丰富了人们的饮食生活，而且也反映了一个民族的智慧与文明。中国烹饪集技术、艺术、文化和科学于一体，在我国已有数千年历史，是中华民族文化的国粹之一，被世人所瞩目而饮誉海内外。它与法国烹饪、土耳其烹饪齐名，并称为世界烹饪的三大风味，受到世界各国人民的普遍推崇。

中国烹饪已有50余万年的历史[①]，纵横分布于960余万平方千米的土地上，渗透在56个民族的日常生活之中，积淀了丰富的文化底蕴。中华人民共和国成立以后，尤其是20世纪80年代，烹饪事业有了较快的发展，烹饪研究工作相继展开，烹饪作为一门科学已初具规模。

第一节　烹饪和烹饪学的概念

一、烹　饪

什么是烹饪？在中国“烹饪”一词最早出现在战国至秦汉间成书的《易传》中，里面对“鼎”卦的解释说：“以木巽火、亨饪也”。“木”指燃料，如柴草之类；“巽”的原意是风，此意是指顺风点火；“亨”在先秦与“烹”通用，为加热；“饪”既指制熟，也是古代熟食的通称。“以木巽火、亨饪也”大意是在鼎下架起木柴顺风起火，煮熟食物。

在古代早期的文献之中，也曾用“庖厨之事”、“调和之事”概括烹饪，约在唐代出现料理一词，后又出现烹调一词。二词词义与烹饪基本一样。以后，料理一词弃置，烹饪、烹调二词并存混用。近半个世纪，随着烹饪事业的发展，烹调一词在实际应用中逐步分化出来，成为专指制作各类食品的技术与工艺的专用名词。现代人认为，烹饪是指对食物原料进行合理选择、治净、加工、配伍、制熟、调味，使之成为色、香、味、形、质、养兼备的、无害的、利于吸收、益人健康的饮食菜点。这一系列的内容变化与社会经济文化的发展有着紧密的联系，烹饪涵盖的内容也在不断增加。由此可见，在不同的历史阶段，烹饪的内容、性质也有一定的变化，其变化的因素主要反映在以下几个方面。

(1)烹饪活动的基本要素发生了变化。这些变化主要表现在以下三方面：①烹饪原料的变化。由依靠采集、渔猎的“有啥吃啥”状况发展到种植、养殖以及人工合成，丰富了烹饪原料资源，进一步促进了烹饪成品的多样化。②烹饪工具和能源的变化。由古代的石器具、骨器、陶器和草木为主的燃料，发展到玻璃器、不锈钢器具和煤气、电气，使菜肴盛装更加美观大方，并在新的能源作用下缩短了菜肴熟化时间。③烹饪技法的变化。由烤、煮、炖、蒸等少数几种方法，发展到炒、熘、炸、烹、爆、煎、贴等几十类烹调方法。百余种

---

① 《中国烹饪百科全书》编辑委员会. 中国烹饪百科全书. 北京：中国大百科全书出版社，1992.

原料在不同方法的制作下，形成了千姿百态的菜肴。烹饪成品数量上的增多、质感上的各异、花样上的翻新和质量上的提高，使中国烹饪走向了一个新的历史阶段。

(2)人们对饮食的营养、卫生和审美的要求日益提高。其主要表现在以下三个方面：①现代科学理论知识改变了过去只靠直觉或经验择食的状况。特别是养生、食疗理论和现代营养学、食品卫生学的知识改变了人们的择食观念，更加注重原料搭配或杂食理念。②生活达到温饱水平后，逐步改革了旧的饮食习惯和习俗，更加自觉地注重饮食的营养效果和卫生要求，防止了疾病的滋生与传染，如“非典”之后，餐饮行业积极推广分食制，预防就餐传染疾病等。③人们对饮食美的要求，不再局限于烹饪成品的质美和感觉美。也就是说，饮食美不仅仅指美食，而是一个综合的反映，即越来越多地反映各社会人群的心理因素和社会文化的特点。

(3)烹饪的社会性日益提高。其主要表现在以下三个方面：①社会的分工越来越细。原本一个部门的工作，现逐渐形成众多的独立生产部门。②饮食是人类自我饱腹的一种生活现象。现已逐步变成了一种家庭与社会必需的生活现象和生活内容。③从普通的生活现象上升和发展到祭祀、礼仪活动的重要组成部分。先秦时间，人们把最贵重最美好的东西——食物奉献给神和祖先之灵享用，同族人且歌且舞分享祭品，并逐步成为人类相互走动中的接待礼仪内容。

经过2000多年的不断发展与变化，烹饪概念也逐步明确。我们可以理解为：人类为了满足生理需要和心理需要，把可食原料加工为直接食用成品的活动，称为烹饪[①]。至于把可食原料加工为直接食用成品的活动过程，由于各民族、各地区都是以一定的经济水平和文化沉积为背景，在传统工艺的基础上继承、发扬、创新，使成品更加符合该民族、该地区的一种饮食需要或饮食特点。

二、烹饪学

任何科学都有已系统化了的静态知识体系，也有正在探索中的动态知识体系。对任何一门科学学科的认识和探索，都只能由表及里、由浅入深地逐渐研究，永远不会达到最后完善的地步，永远不会出现休止符。中国烹饪学的认识与研究也是如此，先人曾不断地对中国烹饪学涉及的知识领域进行探索，但未形成系统、完整、专门化的学问，连“烹饪学”这个词语也没有出现过，但这并不等于没有烹饪学的存在。实际上，从有烹饪之时起，烹饪学就伴随烹饪实践存在了。人们对于烹饪，就像对待其他客观上早已发生，并不断发展着的事物一样，经过很长一段时间的实践、认识和研究过程，才能逐步由浅入深地去认识它。烹饪学便是人们对烹饪这一社会性活动，经过长期实践、累积和研究后整理出来的专门化、系统化的知识体系。我们的责任，是梳理先人的认识和研究成

---

① 萧帆．中国烹饪辞典．上海：中国商业出版社，1992．

果，使博大、精深的中国烹饪成为科学门类的一门古老而新兴的学科，并使这一优秀的民族文化遗产得到发扬光大，更好地为中国社会主义建设服务，为中国人民乃至世界人民服务。

中国烹饪学，是一门综合性学科。它涉及自然科学、社会科学的许多领域，涉及的知识体系有烹饪原料学、烹饪工艺学、饮食美学、中国烹饪发展简史、食品卫生学、食品生化学和食品微生物学等方面的科学知识。这些科学知识也是烹饪学的研究内容和研究对象。至于烹饪学研究的范围，应该是烹饪活动的本身和直接影响烹饪的事物。对于与烹饪有关的某些学科，如物理学、化学、生物学、社会学和历史学等均作为基础理论，只是应用它们，而不是去研究它们。

第二节　烹饪学研究的对象

中国烹饪是我们的国粹，它已对人类生命的繁延和健康作出了不朽的贡献。但从现在角度上讲还是远远不够，更需要上升到科学化、系统化、规范化、理论化的层次上进行研究。

中国烹饪学主要是研究中国烹饪文化以及烹饪工艺的理论学科，揭示中国饮食文明发展规律的知识体系和社会活动。其研究内容包括烹饪的形成与发展过程、烹饪原理、烹饪与其他学科之间的关系在内的基本理论以及食物加工过程中及其前后所涉及的基本技术和基本知识。

一、研究烹饪学科体系

研究中国烹饪的形成、发展、演变轨迹。在发展演变中受到历史、民族、民俗、宗教、文学、艺术、语言、地理等诸多因素的制约和影响。并且还要研究发展轨迹中的筵席设计、烹饪史学、烹饪民俗学、饮食美学、饮食心理学、餐饮管理等内容的形成，而这些内容又涉及社会科学类的许多学科，如史学、考古学、民俗学、心理学、美学、文学等方面的知识。

二、研究烹饪工艺知识

烹饪工艺有原料选择、加工切配、风味调制、加热成熟方式、火候的控制、造型与装盘等方面的原理和技术，以及营养、卫生方面的要求。这就必然牵涉研究烹饪工艺学、烹饪原料学、烹饪调味学、饮食营养学、食品卫生学、烹饪微生物学、食物养生学、烹饪器具与设备、食品化学、食品雕饰等内容。而这些分支，又涉及自然科学的许多学科，如生物学、化学、物理学、医学、农学等学科的基础理论，要运用这些理论来阐释烹饪现象。

三、研究烹饪和养生的关系

随着社会经济的快速发展，居民的膳食结构及生活方式发生了重要变化。中国营养学会专家，受卫生部的委托，在对我国古代的饮食结构进行去粗取精的基础上，又融合现代烹饪学、营养学、食品学、保健学等学科的知识，制定了《中国居民平衡膳食宝塔》(2007)。这将促使人们重新审视烹饪与养生的关系。要养生就要科学烹饪，既要在烹饪时了解原料的性能，又要考虑就餐对象的身体状况，对原料进行合理配合，从而有针对性地选择烹饪方法和口味特点，使膳食在具有维持人体生存功能的同时，又能预防和治疗疾病，达到延年益寿的功效。相信随着科学社会的进步，烹饪与养生关系的研究，将成为烹饪学科的重要研究对象。

第三节　中国烹饪的特点

中国烹饪在以味为核心，以养为目的的特点基础上，提倡优选原料、物尽其用，加工精细、配伍合理，讲究火候、突出风味，以熟为主、追求造型，围绕色、香、味、形、质、养的目标，相辅相成，融汇一体，使人们得到视觉、嗅觉、触觉、味觉上综合的饮食享受，形成以味的享受为核心，以养的享受为目的的中国烹饪的特色。

中国烹饪是味的艺术的结晶。正是它，香飘四海，风靡万方，吸引了无数的向往者、追求者。中国烹饪于味的追求又不仅仅是为了味的艺术享受，还蕴含有更深层次的对饮食养生这一目的的追求。中国烹饪的工艺流程、膳食结构与饮食制度，大多是为了达到这一目的。关于味与饮食养生的关系，中华民族早已加以总结，收载在古医书《黄帝内经》之中。这些是中华民族千万年来在烹调与饮食生活中，经过反复实验、实践的验证，又经过反复筛选、优选，认识、再认识而得出的成果。因此，制作食品的工艺流程蕴含有广采博取、充分利用的原料优选；刀工精细、组配平衡的切配加工；讲究火候、注重质感的烹制技法；善于调和、追求风味的调味工艺；结构合理、主副分清的膳食体制。它们饱蕴有中华民族的独有特色。

一、优选原料、物尽其用

中国烹饪所应用的原料.总数达万种以上，分为主料、配料、调味料、佐助料三大类。常用的约3000种。这些既是中国杂食思想指导下的广采博取、兼收并蓄，又经过了漫长历史的实验实践、筛选优选。其标准在于既足够美味，又可养生，并且在原料的选用中有直接使用和加工使用两种。

将一种生物充分分解利用。如猪、牛、羊，在中国烹饪中，除掉毛、齿、角、蹄甲不用外，其他或按部位，或按器官，均可分解后作为原料单独运用。它们的脏器，在厨师手下经过治理，都可制成美味佳肴，而且按以脏补脏的观念，都可获得养生效果。如一头羊通过分档和加工，充分利用各部位和器脏，可用之尽用，使食者尽食，烹制不同形状、不同口味的十余种菜肴。

将生物原料经过加工制成加工性原料。加工技法包括干制、腌制、渍制、酵制等，其作用主要在于增强味、滋、香等食用美感和增强养生效用。火腿、鲍鱼、鱿鱼、淡菜、虾米、干贝、香菇、口蘑、冬菜、榨菜、腐乳、玉兰片、魔芋豆腐、霉干菜等都是经过加工，美化了原有风味，消除了不利成分，提高了有些营养效价，利于贮藏、远销，这类加工原料成为中国特有的干货原料系列。另外，豆制品也是加工性原料的又一种类型，黄豆经制成豆腐后，既能增加蛋白质的吸收利用率，又增加了烹调适用面，提高了食用效果，并且消除了所含皂素等不利因素。其他如豆豉、黄豆酱、酱油、豆芽、粉丝、面筋等，都属加工性原料。整个加工性原料约占中国烹饪常用原料的50%以上。

二、加工精细、配伍合理

中国烹饪工艺流程中有初加工、细加工两道工序，其中细加工内的刀工、配菜，尤显重要。中国在3000年前便已使用筷子，因为那时已逐渐将餐案上的切割之劳转移到厨房中去。钢刀创制以后，刀工越来越精细，经过长期积累，产生了数十种运刀技法，能将原料切制出上百种形状，赋予视觉艺术效应。特别是中国独创的剞刀技法，能切出麦穗花刀、荔枝花刀、蓑衣花刀、菊花花刀等众多美丽的形状。不过这些美丽表象不仅是为了美的享受，也不只是为了便于挟取，更是为了利于热传递而使之成熟均匀，使有味者出味，无味者入味，使味在加热中析出、渗透、溶合，构成新的美味，同时利于咀嚼、消化与吸收，从而利于养生。

与刀工紧密联系的配菜也很有讲究。配菜多有其独具的规律，不仅包括色、香、形、质的配，更注重味与养的配。其关系集中地反映在荤料、素料、主料、辅料、调料的组合上，这是五味调和的一个方面，也包含原料性味的配伍，即营养互补、酸碱平衡、膳食平衡等原理在内。还有对烹饪原料中不利成分的制约、减弱与消除的作用，形成了协调互补的关系。

三、讲究火候，突出风味

中国烹调善于用火，从而产生了很多烹调法。它们既适应了风味各殊的食品的需要，也适应了不同养生的要求。特别是创制于1000多年前的炒法，独步世界，很有特色。炒法大都旺火少油，成菜快速，用于肉料可使菜品柔嫩，用于蔬菜可使菜品爽脆，得到不同于烤、煮、炸等烹调法所形成的滋感效果，而且利于不耐长时间加热营养素的保存。

火候分有很多层次，除通常分为旺火、中火、小火、微火四类外，在历史上还因火力的强弱等因素分出猛火、冲火、飞火、慢火、煻煨火等，因菜品的不同要求而分别施用，变化甚多，有许多变化甚为微妙，其中奥秘甚难用文字或语言描述，运用之妙全在烹调师存乎一心。加热除了赋色、定型、增香以外，还顾及质感、风味和养生三方面。所以要运用各种火候，配合使用挂糊、上浆、拍粉、勾芡、淋汁等技法，增强了烹调效果的体现。如蛋白质变性、淀粉糊化、多糖裂解、纤维软化等效应，加上油与水的浸润，可使菜品形成酥、脆、柔、嫩、软、烂、腴、滑、粉、糯、挺、韧等不同的质感，产生令人口齿舒适的视觉和触觉效果，从而产生不同风味。正因为如此，火候和风味两者相辅相成，火候足时风味到。

中国烹饪特别讲究味，既重视烹饪原料的本味，又重视调味料的赋味，更着眼于五味调和。菜肴的风味一半是火候烹制赋予，一半是巧妙地调味获得。中国的调味原料约有500种左右，占常用原料的1/6。这是中国烹饪又一独特之处，加上烹调过程中变化多端的调味手法以及加热效应，充分调动了味的综合、对比、消杀、相乘、转换等作用，使中国食品特别是菜肴风味妩媚多姿，成为诱人的核心。中国的五味泛指酸、甜、苦、辣、咸，而实际上包括许多味在内，鲜味便是其一，并且成为众味之中主要追求的目标。除充分利用原料自身提升鲜味外，还讲究调制鲜汤，《齐民要术》上已有相关制汤技法的记述。

四、以熟为主、追求造型

火的出现改变了中华民族的饮食习惯，并形成了以味为基础、以质为格调、乘热而食的熟食风格；在中国烹调法中，加热方法是主体，乘热而食，是中华饮食的一大特色。

中国人的传统以熟食为主，能满足进餐者生理和心理的和谐要求。通过烹炒烧煮减少食物细菌，虽然高温使蔬菜损失一些维生素C，但熟食蔬菜一餐能吃250～500克，所以摄取的维生素C的数量并不低。有些经腌渍和发酵成熟的菜肴，增加风味的同时一定程度上破坏了一些营养素，但有时也产生了另一些营养素。例如，发酵食品纤维素降解低聚糖类，产生维生素B12；蛋白质水解为多肽，不仅易吸收，还增加活性功能。

中国人无论是制作菜肴还是点心，都追求造型艺术，讲究原料精、技术高、形态美、意境深。各种动物、蔬菜和吉祥图案常常出现在人们的菜桌上，既能增进食欲、提高视觉享受，也体现了中国烹饪的高超技艺。

第四节　中国烹饪的性质

中国烹饪是文化、是科学、是艺术，是一门综合性学科。它不仅维系着中华民族亿万人的饮食生活，还有着始于50多万年前发轫的积淀，丰厚的文化蕴含构成民族文明的一项标志。孙中山先生对此说过：“烹调之术本于文明而生，非深孕乎文明之种族，则烹调技术不妙。中国烹调之妙，亦是表明进化之深也。”

烹饪，自其诞生那一天起便标志着人类从此与动物划清了界限，摆脱野蛮，进入文明阶段。用火熟食，是人类改造客观世界的一项成果，它由简至繁，由粗至精，由低级到高级，便是一个文化发展与积累的过程。在此过程中，它既逐步哺育与完善了人类自身，也孕育与生发出其他许多文化。陶瓷文化、冶炼与铸造文化、茶文化、酒文化等自不待言；农耕文化、畜牧文化、医药文化等，莫不与烹饪有着深刻的渊源关系。

一、中国烹饪是文化

中国烹饪沉积丰厚，具有独特的民族特色和浓郁的东方魅力，主要表现为以味的享受为核心、以饮食养生为目的的和谐与统一。早在先秦时期，曾有过“夫礼之初，始于饮食”的认识，甚至从烹饪的规律中认识到治理国家的道理，却并未对烹饪本身做过全面的总结。进入封建社会后，限于历史条件与烹饪的社会地位，这项研究与总结更被搁置了。虽有些学士文人做了些探索，但多停留在技术的介绍和艺术的品赏下。中华人民共和国成立以后，烹饪事业受到重视，尤其是进入 20 世纪 80 年代以来，改革开放促进了烹饪事业空前的繁荣与发展，中国烹饪引起了海内外学者广泛的注意与兴趣。对于中国烹饪文化的研究，更吸引了许多学者、专家进行有史以来的最系统、最全面、最深入的总结，并提出了烹饪文化论、烹饪艺术论、烹饪技术论、烹饪科学论等观点。还有些学者认为，还应包括考古与文物方面所涉及的内容，饮食习俗与礼仪，有关烹饪的人物、著述等在内。这些认识，都各有其道理，也是促进烹饪学科发展的体现。

综观中国烹饪，人们在社会历史过程中，为了生存、发展、享受的需要，形成了观念、制度、习俗、礼仪、规范，以及反映这些方面积淀的饮食文化遗产。它包含烹调技术和运用这一技术所进行的烹调生产活动，烹调生产出的各类食品，运用这些食品所进行的饮食消费活动及其效果，它们包容的全部科学的、艺术的内容，以及由此而延生出的众多精神方面的产品。这就是中国烹饪文化。

二、中国烹饪是科学

烹饪科学有广义和狭义之分。广义的烹饪科学，包含其自然科学部分、工程技术部分、社会科学部分和哲学部分。狭义的则仅指其自然科学部分与工程技术部分。关于烹饪科学的研究，有从中国烹饪的历史、考古、文物、民族、民俗、教育、艺术、文化、饮食市场等诸方面展开研讨的，也有研究哲学(包括美学)、自然科学与工程技术方面的。

早在 2000 年以前，人们对中国烹饪中的味与养生的有机统一，已经有了相当深刻的认识：一方面，讲究调和五味，追求美食，“五味之美，不可胜极”；另一方面，指出“五味令人口爽”，贪享“厚味”、“至味”危害健康，主张“饮食有节”、“不多食”；同时，也指出了五味所合、五味所宜、五味所伤、五味所禁等五味之间的辩证、变化及其与人体健康的关系。从而总结出必须“谨和五味”，才能“骨正筋柔，气血以流，腠理以密，如是则骨气以精。谨道如法，长有天命”。这些便是中华民族的饮食观，既是以前烹调与饮食的经验总结的成果，也是指导我们烹调与饮食至今的理论基础。

三、中国烹饪是艺术

烹饪是一门视觉、嗅觉、触觉、味觉综合的艺术。烹调师是它的创作者。他们运用烹饪工艺，按照人们对饮食美的追求的规律，塑造出色、形、香、味、质俱美的食品，提供人们饮食审美的享受，从而使人们得到物质与精神交融的满足。作为综合艺术，它不仅要求塑造诸种谐和之美，又要突出味这个核心。中华民族善于知味、辨味、用味、造味，中国烹饪便产生了数不清的味道，因此中国烹饪的味也就处在多变的状态之中。中国的味的艺术经过长期实践，形成为若干流派和各地方风味体系，构成为中国烹饪的多层次、多方位、多品类的风味艺术风格，无疑使品尝者沉浸在艺术的享受之中。

中国烹饪是中华民族的一份宝贵的、丰厚的文化遗产，也是全人类的文化遗产。研究它、开拓它，不仅可以为人类提供美味艺术的享受，而且与人类的生存、发展与提高素质息息相关，值得为它贡献出我们的智慧与力量，使科学、艺术与文化在新的更高层次上完美地结合在一起。

思考题

1.简述烹饪和烹饪学的概念。
2.简述烹饪学的研究对象。
3.中国烹饪有什么特点？
4.为什么说中国烹饪学是一门综合性的学科？

第二章

中国烹饪发展简史

本章内容

- 烹饪发展的各时期介绍
- 古代文献典籍见证烹饪发展历程

教学要点

1. 中国烹饪有着悠久的历史和辉煌的艺术成就，为人类文化的进步作出了卓越的贡献。其发展阶段习惯借用“历史阶段性”和“朝代某种对应性”作为中国烹饪发展简史的划分标志，具体划分为五个烹饪发展阶段——火燔熟食、陶器烹饪、青铜器烹饪、铁器烹饪和近代烹饪。

2. 中国古代烹饪典籍文献是指中华民国以前历代出版的书籍和画册等，这些文献典籍记录了中国历代珍贵的烹饪史料，见证了中国烹饪发展的历程。主要有《诗经》、《礼记》和《齐民要术》中有关烹饪的描述；又有专门记载烹饪的《食谱》、《食经》、《闲情偶寄》、《食疗本草》、《随园食单》、《梦粱录》和《调鼎集》等方面的书籍。

人类文明发展的历史过程，是由经济的、政治的和文化的诸种因素的综合力量造成的。而这种综合力量是由许多个分力构成并同时影响和制约着各个分力。人类历史的发展是个综合效应的运动结果，中国烹饪发展简史自然也不例外，它是由多种社会历史因素制约的动态过程，同时也存在着本身的规律与特点。

中国烹饪有着悠久的历史和辉煌的艺术成就，为人类文化的进步作出了卓越的贡献。目前，研究中国饮食史和中国烹饪史的人士，考虑到中国历史文化的特点以及中国人的历史文化的传统、习惯和心态，借用“历史阶段性”和“朝代某种对应性”作为中国烹饪发展简史的划分标志，具体将中国烹饪发展简史划分为火燔熟食、陶器烹饪、青铜器烹饪、铁器烹饪和近代烹饪五个阶段。

第一节　火燔熟食阶段

火燔熟食阶段的人类祖先，最初还处于“自然人”的阶段，只有自然的群体（即抵御敌人时由有血统关系的人自然形成的集体），没有社会组织，与其他野生动物没有根本的区别。据《现代汉语词典》注解：原人指猿人。猿人是最原始的人类。猿人还保留了猿的某些特征，但已能直立行走，并产生了简单的语言，能制造简单的生产工具，知道用火熟食等。

人类为了生存在同大自然经历了几十万年的长期艰苦的斗争，逐步学会了劳动和制作简单的工具，并在森林被烧后，从无意识吃到烧死的野兽肉的滋味好于茹毛饮血、生吞活嚼的生食状况。经过多少次反复尝试，人类祖先逐步认识到火的熟食功能，并有意识的学会贮存火种、利用火种，如用火取暖、驱逐害虫猛兽的攻击和制作熟食，从而使火的使用和熟食成为经常性。为此，自然人摆脱了原始的生活方式，由自然人变为社会人，并形成一定的社会生产力，逐步由蒙昧走向文明的火燔熟食阶段。烹饪的诞生，使人类结束了茹毛饮血的生食历史，是饮食史上最伟大的变革。熟食，是猿“转变到人的重要一步”，“最重要的还是肉类食物对于脑髓的影响，脑髓因此得到了比过去多得多的为本身营养和发展所需的材料”。① 由此，可以将火燔熟食时代的标志总结如下。

一、从无意识吃到熟食到有意识保存火种、利用火种

据考古发掘，距今约180万年前的山西芮城西侯度遗址发现有灰烬和烧骨的遗存。考古界对此仅作出了用火的推断，但未作出制作熟食的结论。在距今50余万年的北京周口店“北京人”遗址处，发掘出四个较大的灰烬层，最厚处达6米，并在灰烬层中发现了许多烧过的石头、骨头、朴树籽以及木炭。考古学家据此作出了“北京人”已能保存火种、利用火种、管理火种，并且已知道了制作熟食的论断。这证明了“北京人”已懂得用火熟食，并发明了加热制熟的技能。

二、开创了原始的烹饪方法

燧人氏“钻木取火”，使人类第一次发明了人工取火。人工取火，是我们祖先对人类

---

① 马克思恩格斯选集·第三卷.北京:人民出版社,1972

文明的极大贡献。火的使用使人类掌握了巨大的自然力，使人类真正脱离了生食的动物界。有了火，人就可以把食物放到火里烧烤，从而开创了原始的烹饪方法。例如，燔，将食物放在火上直接烧烤；炙，将动物原料去皮毛，切割成较小的形状放到火上烧烤；或悬在近火处炙烤，或埋在火堆、灰烬里煨烤，这一阶段是利用火直接加热制熟的方法。

三、地灶的出现改善了烹饪热能供应情况，充实了烹调方法

利用火直接加热制熟的方法经历了若干年后，由于地灶的出现，又产生了间接加热方法。例如，石上燔谷法，把谷物放在烧石上焙烤，即"释米加烧石上而食之"；包，用植物叶子包裹原料，外面用湿泥包裹直接放火上烧烤；火煨法，将原料埋放在热灰烬中，利用余热加热成熟；火烘法，将原料放置在地灶的四周，采用聚温措施，逐渐烘熟；烙坑成熟法，在地上掘坑，垫以兽皮，装入水和食物，投入烧石煮制食物，使食物成熟的方法。

四、原始畜牧业和农业的初步形成

由于野生禽兽生长周期较长，人类捕猎工具原始，动物食物来源有限，为了适应人口的增长需要，先民们就从饲养畜牧业和农业上找出路。根据考古资料证实，约在距今11000年左右畜牧业诞生；农业则诞生于距今9000～10000年。由此证明，我国传统中的伏羲氏之后的神农时代，标志着古代社会进入了原始农业时期。

五、逐步养成定时饮食习惯，用更多时间从事其他生产劳动

由于有了畜牧业和农业，先民们的食物来源达到了一定程度的保证。因此，先民们有更多的时间重视畜牧业生产和农业生产。同时，为了更有利于生产，人类祖先根据季节的不同，养成了定时饮食的习惯，如北方地区春、夏、秋三季天日较长，定为一日三餐，冬季天日较短，定为一日两餐。

火燔熟食阶段属于中国烹饪发展史的原始阶段，有烹无调，没有炊具，烹制方法采用的是干加热方法，十分简陋、原始，故又称为萌芽阶段或不是意义完备的烹饪阶段。这个阶段又分为火烹阶段（烧烤阶段）和石烹阶段。这个阶段的主要成就是火的使用和经常性熟食，以及原始畜牧业和农业的初步形成。

第二节　陶器烹饪阶段

陶器烹饪阶段也是农业社会进入到初级阶段，食物结构发生了质变，利用不完备的烹饪方法来制作熟食，有了一定的局限性。先民在抹泥包裹炮烤和坑穴或兽皮盛水投入烧石的启发下，利用黏土烧制原始的盆、罐等形状的粗陶（距今11000年时，出现陶器），火候达到900℃就可以烧成。随着制陶技术的提高，有了彩陶，有了轮制陶器技

术，有了不同用途、不同形状的陶器。陶器的发明是中国为人类烹饪作出的又一个伟大贡献。从考古发掘看到，作为煮器的陶器有鼎、鬲、釜等器具，作为蒸器的陶器有甑、甗等器具，作为储盛器有盆、钵、罐、瓶、壶等器具。“黄帝作釜甑”、“黄帝始蒸谷为饭、烹谷为粥”这些古老的传说，说明这个阶段，以水作为传热介质的烹饪方法已经逐步形成。陶器的出现使烹饪进入到“火食之道始备”、“水火既济”的水烹阶段、汽烹阶段或意义完备到烹饪阶段。用陶器煮、蒸食物，提高了食物熟化的程度，有利于杀菌、消毒和软化食物结构等作用，便于人体消化吸收。为此，陶器这个人工创造的炊具，进入了先民生活以后，带来了新的传热介质，开创了新的烹饪方法，进一步促进了农业的大力发展。由此可见，陶器烹饪阶段的标志可以总结如下。

一、陶器的出现开创了新的烹饪方法，使烹饪进入到意义完备的发生阶段

陶釜、陶鼎、陶鬲、陶甑、陶甗等炊具的发展（见图 2.1），使水和蒸汽作为新的传热介质，开创了煮、蒸、炖等烹调方法。现代科学证明，水和蒸汽作为传热介质加工的食品比火作为直接传热介质加工的食品，更有利于人体消化吸收。煮、蒸、炖等烹调方法已成为我国传统特色的烹调方法。

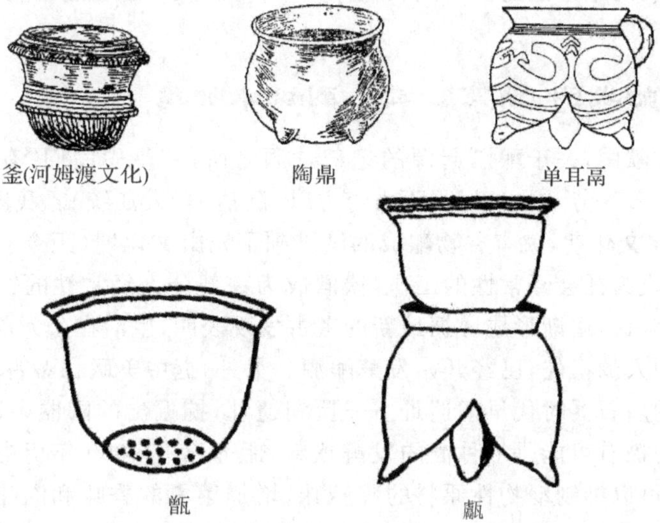

图 2.1　陶器烹饪炊具

二、社会生产力的形成和发展，开创了以物为交易的市场

社会生产力的形成和发展，使社会产品有了盈余。先民们为了获得自己没有的物

品，将剩余或多余的食物拿去交换，便出现了以物易物的原始市场。比如草原地区，饲养牛、羊有条件，部落之间常常用家畜作为产品交换中起货币作用的东西。市场上主要贸易对象是食物和用具。

三、私有制的出现，产生了原始筵席和职业厨师

社会产品有了进一步盈余，氏族社会和私有制逐步形成，人们集会聚餐活动开始了，出现了原始的筵席。据《周礼》、《礼记》等记载，中国原始社会后期父系氏族社会时期就有筵席，如虞舜时代，先民尊贤敬祖，把奉养老人的专宴称作“燕礼”，再如“凡敷席之法，初在地者一重即谓之筵，重在上者即谓席”，筵席之名始于此。还有专为氏族首领服务的职业厨师(传说中的烹饪之祖——彭铿，善于行气，精于烹调，尝作“雉羹”以飨帝尧)。

四、人类对动植物的食用功能逐步加深，开创了原始的医药

据考古证明，早在7000年前的杭州河姆渡人已种籼稻，其他植物食料还有葫芦、菱角、薏米、桃、酸枣、橡子等；动物中狗、猪、水牛、鹿、象、犀，以及鱼、龟、鳖、螺、蚌等已成为食用原料。人们从长期的饮食中逐步认识到动植物原料的食用功能各不相同，从而认识到“五谷为养、五果为助、五畜为益、五菜为充”的道理，并且开创了用植物的根、茎、叶、籽来治疗疾病的原始医药。“神农尝百草”的传说，从一定程度上反映了这个阶段的历史状况。

五、酿酒的发明，使烹饪进入到调味阶段

中国古代文献中，关于酿酒起源的记载，“酒之所兴”是先民们“有饭不尽，委之空桑，积郁成味，久蓄气芳，本出于此，不由奇方”(《酒诰》晋人江统)。我国最迟在6000—7000年前的仰韶文化期，就有谷物酿成的酒。到了龙山文化期(距今4000余年)，酿酒有了新的发展，成为社会经常性的工作，饮酒成为一部分人经常性的饮食生活内容，于是饮酒的习惯和风俗逐渐形成。据最新的考古发现表明，生活在公元前7000多年的新石器时代的中国人的祖先，已经开始发酵酿酒。另外，据中美联合考古小组在河南省舞阳县一处著名的新石器时代早期遗址——贾湖遗址，挖掘出的陶器中遗留下来的残渣经鉴定分析认为极有可能是一种酒的发酵饮料，距今已有9000年历史。同时，酒具有浓郁的芳香味，可以抑制动物性原料的腥膻味，增加菜肴的香味和滋味。所以，酒的出现可以证明烹饪已进入到调味的阶段，并能使菜肴达到多滋多味的要求，如民间有好做酒，坏做醋的传说。用酒、醋来制作菜肴，滋味当然不一样。

陶器烹饪阶段是属于中国烹饪发展史上的产生阶段。烹饪原料逐渐以农产品为主，原料加工技法有所发展，而且因炊具、灶具的大量运用，加上有了一定的调料，开创了有烹有调的格局，构成了水、蒸汽作为传热介质的烹饪方法。

第三节　青铜器烹饪阶段

青铜器烹饪阶段(距今约 4000 年左右有了铜制炊具),时间上相当于夏商周三代奴隶制社会。由于奴隶制社会的生产和科技事业的发展,水利问题得到初步解决,人们的食物资源和生活水平有了相应的提高和改善。我国民间已普遍饲养六畜六禽和水产品等;调味品的种类已有酸、甜、苦、辣、咸等五味,并用盐、梅及各种肉酱来烹制菜肴,使菜肴滋味多样化(五味调和、百味香)。同时,青铜器作为器具在奴隶主贵族中广泛使用,并代表着奴隶主的身份和等级。青铜鼎、鬲、簋、尊等逐步改作高级贵族显示其身份、地位或纪念重大事件的礼器。青铜器比陶器的硬度大、传热快、便于操作、不易破碎,从而使动物性的油脂也得到了运用,使烹饪进入到油烹阶段,据《吕氏春秋》记载:"鼎中之变,精炒微纤。"其次,炉灶得到了改良,不但节约了能源,还减少了烟熏火燎的状况,便于操作者可以靠近炉灶进行操作,使烹制的成品更加符合人们的饮食要求。所以,青铜器烹饪阶段和灶烹阶段在中国烹饪发展史上占有重要的地位,它不仅开创了一种新的传热介质——油,而且还产生和形成了若干种新的烹饪方法,为中国菜点的多样化提供了可靠的基础或物质条件。

青铜器的名称和形状,一般以原先的陶器为基础。其主要种类有:

炊具和加工工具。如鼎、鬲、甗、俎、铲、匕(一种为有尖刃的刀,用于匕肉,一种为匙等),如图 2.2 所示。

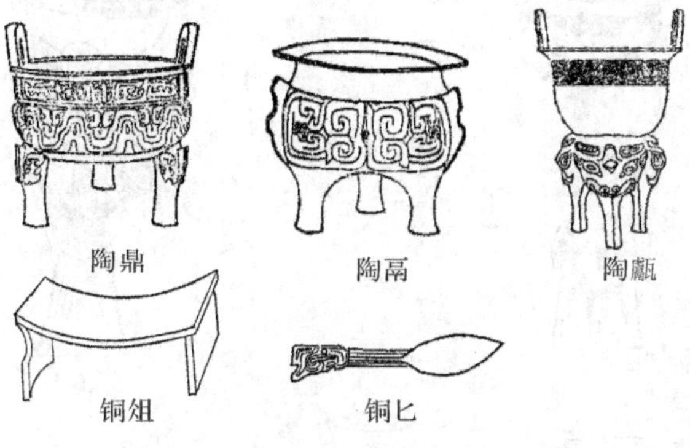

图 2.2　青铜器烹饪炊具和加工工具

饮具和贮盛器。如盂、瓿、簋、彝、豆、匜等,如图 2.3 所示。

酒器。如罍(酿酒)、壶(贮酒)、尊(贮酒备斟)、卣(盛酒备移送)、盉、斝、爵(温酒用)、觚、觯、觥(饮酒)等,如图 2.4 所示。

从上述青铜器数量来看,酒器的数量突飞猛进,说明先秦时贵族的饮食生活已相当

图 2.3　青铜器烹饪饮具和贮盛器

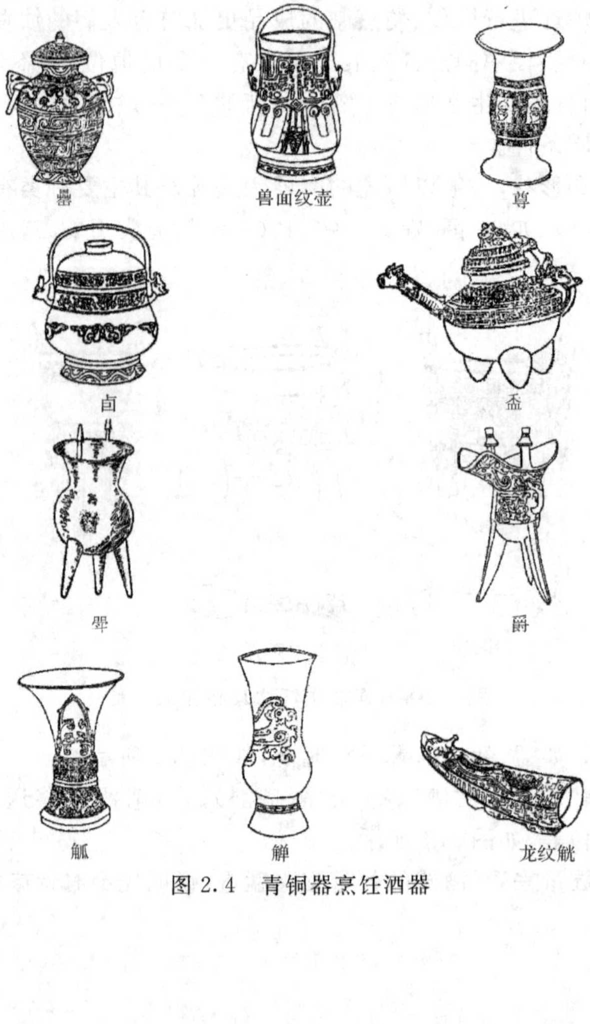

图 2.4　青铜器烹饪酒器

奢侈。正如传说所言“酒池肉林”。据《礼记》记载：周代王室中管理饮食的官员，包括负责供应粮食、肉类、鱼鳖、酒、盐、腊脯、醢、醯、菹和冰块的；管理柴禾、饲养、打猎、捕捞、宰杀、加工、烹饪的；准备餐具、酒具、中幂(覆盖食品用)的；还有食医、兽医，共2300人，占宫廷全体官员半数以上。王者进食和举行宴会时各种青铜食具用多少，里面放什么食品、如何放置，以及献舞等都有明确的程序和细节要求，马虎不得。这足以说明周王室对饮食非常重视，从而促使菜肴制作技术或饮食服务艺术的发展。周代贵族厨房的烹饪成品有食(饭食)、膳(牛、羊、猪、狗肉的菜肴)、羞(膳以外的菜点)、饮(水、浆、酒和菜汤)等四大类。当时贵族阶层喜爱的菜点有“周代八珍”：“淳熬”、“淳母”、“炮豚”、“炮”、“渍”、“煞”、“捣珍”等。除此之外，那个时代还有“鱼鳖”、“鲤”、“熊蹯”等脍炙人口的名菜。后人往往用“八珍”来形容美味佳肴或烹饪的珍贵原料，如上八珍、中八珍、下八珍、海八珍、草八珍、禽八珍、迤北八珍和水陆八珍等。到了春秋战国时期，楚国贵族宴席菜有“胹鳖”、“炮羔”、“鹄酸”、“煎鸿鸧”、“煎渍”、“露鸡”、“臛蠵”、“臛雀”等，不仅用料广，而且烹制方法也多种多样。由此可见，青铜器烹饪阶段的标志可以总结如下。

一、食物资源进一步丰富

据《周礼・天官冢宰》记载，庖人是主管供应天子膳食所需的肉食，肉的品种有马、牛、羊、豕、犬、鸡等六种家畜；有麋、鹿、熊、麇(獐)、野猪、兔等六种野味；有雁、鹑鷃、雉、鸠、鸽等六种禽鸟。除此之外，人们所渔猎的有兕(犀牛)、虎、豹、貘、熊、狼、狐、獾、羚羊、鼠、野鸡、鲤、鲂、鱼鳆(鲇)、鳣(鲟鳇类)、鳢、蚌、螺等。这些原料首先要供应贵族(海鱼已成为进献给夏王的贡品)。另外，《诗经》中涉及的粮食有黍、麦、来、稻、稷、禾、谷、粱、牟、秫、秬、秠、糜、芑、菰、菽等，蔬菜有水芹、莼菜、韭、葵、荠、芥、笋、蒲笋、荼、荇、蕢(苋)、藕等，鱼类有鲤、鲢、鲂、鲲、鳣、鲔、鲦、鳆、鲀、鱼高、鰵、鲜、鲕等。由此可见，青铜器阶段食物资源相当丰富，民间吃狗肉比较普及(好饲养、限制较宽松)。同时，这个阶段非常重视原料的季节性，据《周礼・天官冢宰》记载：“兽人，冬献狼、夏献麋、春秋献兽物”，“渔人春献王鲔”，“鳖人，春献鳖、大蛤，秋献龟鱼”；非常重视优质原料的地域性，如《诗经》中的“河之鲤”、“河之鲂”，《吕氏春秋》中的洞庭鲋鱼、东海鲕鱼子、醴水朱鳖、昆仑萍草、云梦芹等。

二、青铜器的出现丰富了人们的生活内容

青铜器的出现弥补了陶器的易碎、蓄热量低等不足，使动物性油脂或油脂的高温加热成为可能，出现了“鹄酸”、“煎鸿鸧”、“臛雀”等用油加热制作的菜肴。用动物油脂进行煎、炸、烧等用油的烹制方法，为油烹开辟了一条新的道路。陶器无法达到的容量青铜器可以达到，如司母戊大方鼎使烹煮一头牛成为现实；陶器传热缓慢的缺憾青铜器可以弥补，“火候”至此才得到真正应用。同时，青铜器(刀)更加锋利，更加便于改变原料

的形状。据《礼记·内则》记载,生肉、切丝的叫脍,切成片的叫轩。还有一种说法,麋、鹿、鱼切薄片,麇要细切,野猪要切块,兔要细切,为油烹的开创提供了基础或保障,原料加工技艺到了这个时候才能谈上"刀工"二字。由此可见,青铜器的出现不仅丰富了烹调方法,改变了原料形状,而且使菜肴的质感和形状更趋于多样化。

三、筵席已形成以礼的形式,饮食市场活跃

据《礼记》记载:"诸侯无故不杀牛,大夫无故不杀羊,士元无故不杀犬豕";"天子之豆二十有六,诸公十有六,诸侯十有二,上大夫八,下大夫六";地方举办宴席"六十者三豆,七十者四豆,八十者五豆,九十者六豆"。《孟子》里说:"七十者可以食肉。"从上述几个资料可以看出,当时的筵席已形成以礼的形式或规定,并从法律上肯定下来。其次,在先秦的著作中曾提到"市脯"、"沽酒"、"狗屠"、"屠牛"等职业,说明此时已有一定的饮食市场,特别在都市或通都大邑相当兴旺或繁荣,如春秋战国是一个经济有较大发展、商业空前繁荣的时代,在咸阳、洛阳、临淄、邯郸、大梁、�士、郢、宛、涿、薛等通都大邑,城市饮食市场的兴起是理所当然的事。

四、宫廷中有专门的食医机构,十分注重原料的选择

早在商周时期就建立了医食同源的食医机构。《黄帝内经·素问》里说:药物治疗疾病,五谷用来养卫、五果用来辅助、五畜用来补益、五菜用来充养,气味配合调和后吃下去,可以补精益气;又说:饮食要有节制。可以看出,这个时期饮食养生或食疗合一的思想已经形成,并在宫廷中得到了实施,如商汤初期五味观已形成。辅助商汤的伊尹,是厨师也是医生,他向商汤论述了味的道理,同时按照制作菜肴"主、配、调、佐"的原理,创制了"君、臣、佐、使"组配的"汤液法"(即中医的复方汤剂),用于治病。此法一直被中医奉为圭臬。五味观,实际上是中国最初的营养观。再如,《天官冢宰》记载:"食医掌和王之六食、六饮、六膳、百羞、百酱、八珍之齐。凡食齐眡春时,羹齐眡夏时,酱齐眡秋时,饮齐眡冬时。凡和,春多酸、夏多苦、秋多辛、冬多咸、调以滑甘。"为文献所见食疗之始。此书对研究上古王室饮食有极其重要的价值。

此外,十分注重原料的选择。如《周礼·天官·内饔》:"牛夜鸣则庮(朽木气味),羊泠(稀少)毛而毳(卷曲膻),犬赤股而躁(行走急)臊,鸟皫色(失去本色)而沙鸣狸(狐臭),豕盲眡(视)而交睫腥,马黑脊而般臂(前腿有斑纹)蝼(蛄蝼臭)。"把动物外部形态、声音、颜色、行为等和肉的气味联系起来,总结出一套规律。注重原料的选择,既是为了保证成品的质量,更加重要地是要保证人体健康,避免因食用此类原料而得疾病。

五、烹饪逐步出现理论雏形

青铜器阶段是中国烹饪发展阶段,不但烹调技法有了较大的发展,而且烹饪理论也

发展到一定的程度。人们在广泛总结实践经验的基础上，从多方面进行比较，全面地进行了归纳概括，形成了初期烹饪理论体系，为以后烹饪理论的进一步发展奠定了基础。伊尹在《吕氏春秋·本味》中留下了一篇“说汤以至味”的文章，阐述了“凡味之本，水最为始。五味三材，九沸九变，火之为纪，时疾时徐，灭腥去臊除膻，必以其胜，无失其理。调和之事，必以甘酸苦辛咸，先后多少，甚齐甚微，皆有自起。鼎中之变，精妙微纤，口弗能言，志弗能喻，若射御之微，阴阳之化，四时之数”的烹饪原理，被北京大学王利器教授尊为“烹饪之圣”。孔丘《论语·乡党》、《周礼·天官》和《神农本草经》等，都从不同的角度阐述了其著作的观点。这些观点对中国烹饪的发展起着十分重要的指导作用，如《吕氏春秋》、“三礼”（《周礼》、《仪礼》和《礼记》）、《论语》等书，对烹饪原料的种类、产地、质量、原料加工中的刀工等归纳总结了一定的法则。

六、历史上留名的庖厨人

青铜器烹饪阶段留名的庖厨人较多，主要有尧时的彭铿，夏代少康，商代伊尹，西周吕望，春秋易牙、太和公和专诸。其中有不少庖厨已被各地誉为厨师之祖，如彭祖姓钱名铿。因尧时受封于大彭，故又名彭铿。相传，铿常食桂芝，善于行气，精于烹调，善作“雉羹”以飨帝尧而出名，为后世推为烹饪之祖师，尊称“彭祖”。个别庖厨甚至凭借“治大国若烹小鲜”的政治才华由家奴一跃而成为“宰相”，如伊尹。商代大臣，庖厨出身，善烹饪。烹调技艺极高，创制了汤液。夏末桀无道，伊尹负鼎俎见成汤，以烹饪之道谈到治国安邦之术，以为“鼎中之变，精妙微纤”，终见用，汤委以国政，凡事用其议，终灭夏桀，建立商朝。

青铜器烹饪阶段属于中国烹饪发展史上的发展阶段，开创了用油作为传热介质的各种新的烹调方法，所以这个阶段又称油烹阶段。这个阶段的主要成就表现在：原料的丰富，周王廷饮膳制度的完备，青铜饮食器具的出现，饮食理论的初步总结（本味主张、食疗合一思想、孔子饮食之道的形成和饮食养生思想的萌芽等）。

第四节　铁器烹饪阶段

铁器烹饪阶段，大约从战国时代的中叶到清代中叶，前后约 2300 多年。在这段时间里，由于佃耕制完全取代了井田制，封建社会取代了奴隶制社会。牛耕和铁器的大力推广，生产力得到了解放，促进了生产的快速发展。农业生产直线上升，盐铁产量增多，种植业和养殖业稳步发展，中国先后出现了汉、唐、宋、明、清五个较长期稳定和经济繁荣的盛世。铁器烹饪阶段一般可划分为以下三个时期。

一、两汉时期

两汉时期包括秦、西汉、东汉、三国、两晋、南北朝。首先，秦灭亡六国后，统一的多民族国家从此形成，客观上为中国烹饪的大发展创造了条件。特别是铁制烹饪工具(出现于战国时期)在西汉得到普及，并不断改良革新，使其成为中国烹饪工具中的“骨干”或“主力”，为中国烹饪传统工艺的“定型”立下了汗马功劳。其中，尤以铁锅和刀具的作用最为突出，为烹饪开创新的制作方法提供了可靠保证，也为刀工工艺臻于精绝之境提供了基础条件。其次，西汉立国至汉武帝这 70 年间，奉行休养生息政策，国力强盛，社会生产力有了很大的发展，中国成为当时世界上文明发达的大国。中外贸易、交通也有不断发展，在海路贸易的基础上，汉代又开拓了有名的丝绸之路，将大量的中国丝绸、陶器输出到其他国家，并大量输入毛织品、良种马和食物(芝麻、核桃、蚕豆、胡萝卜、大蒜、黄瓜、丁香和豌豆等)。由于食物资源不断扩大和域外烹饪经验的进入，从汉代到南北朝时期烹调技法发展到 20 多种，而且，菜点的地方风味特色也显著起来。如：东晋南北朝时，在上层社会的宴会中，北方人往往以“羊酪樱桃”和饮羊乳为最佳美肴而夸耀；南方人则以“鲈鱼莼羹”和饮茶为最高的饮食相标榜。

两汉时期的时代标志：

(一)中外贸易交流开拓了食物来源和豆类制品的广泛利用

据长沙马王堆西汉墓出土的实物和竹简记载，当时的粮食有稻、小米、麦、麻、豆；菜果类有瓜、葫芦、甘蔗、藕、芋、蕹菜、芥菜、冬葵、苋菜、菠菜、白菜、韭菜、芜菁、枣、梨、梅、杨梅、李、柿、桔柚、椰子、橄榄、木瓜；肉食有牛、马、羊、狗、猪、鹿、兔、鸡、雉、雁、鸭、鹅、鹤、斑鸠、喜鹊、鹌鹑、雀、蛋、鲫、鲂、鲤等。除此之外，引进了中亚、西亚等地的原料，如芝麻、核桃、蚕豆、胡萝卜、石榴、大蒜、黄瓜等，使烹饪原料更加丰富多彩，有力地促进了菜肴品种的丰富多样。西汉的淮南王刘安发明了豆腐和其他豆腐制品，极大地丰富了菜点品种的多样化。

(二)域外烹饪技术进入中原和海产品进入筵席

首先，中外贸易交流开拓了食物来源，同时也把域外的烹饪技术或烹饪经验带入中原。在当时的长安有许多胡姬酒舍，经营胡饼、胡酒、胡羹等。域外名食，如婆罗门轻高面、胡麻饼、饆饠、搭纳、鹘突等面点及烹羊肉、浑羊殁等名菜也享誉华夏。其次，两汉到南北朝时期曾出现过几次动乱，发生过多次移民浪潮，如西晋末年的永嘉丧乱持续不断，南北朝时的塞北人南迁中原，中原人南迁江南、皖南、苏南，从不同程度上把烹饪技术带到这个地区或摄取了当地的烹饪技术，使烹饪技术得到交流、补充和完善。同时，由于海上丝绸之路的开通，海产品中的鱼、鳖、黾、虾和蟹等原料进入了筵席，并成为筵席的重要组成部分。

（三）炊具的改进为烹饪技法的多样化提供了重要的保证

据史书记载：我国汉代取火已用“阳燧”，而且有了“曲突”的多眼炉灶和铁釜、铁鼎、铁锅。由于铁锅具有质地薄、传热快、轻便灵活的特点，使烹饪技法在原有的基础上得到了快速发展。这一时期的烹调方法由于工具的改进，水平大大提高，技法越来越多。南北朝时《齐民要术》所收的炙达20多种，用多种烹饪方法制作一种原料，已在南北朝成为普遍现象。其次，新出现的烹饪方法很多，如汉代的杂烩、濯（烫刷）；南北朝时的腤、䐶䐽、菹绿、奥、糟、苞、酿、酱和类似今天制作罐头的蜜渍等方法。特别是炒法的出现，这种旺火快速成菜的烹调方法，促使中国烹饪的又一次飞跃，使菜肴的质感朝着多样化的方向发展，更能满足广大消费者的需求。油炒的烹饪方法在两汉以后日益盛行，并成为中国烹饪的又一大特色。

（四）餐具用料多样化和调味品的丰富多彩

两汉时期的餐具有了较大的发展，如漆器至汉代工艺臻于完善，髹漆、金银饰漆制餐具十分精美。其种类的丰富、数量的众多均属空前。陶器、青铜器仍然是餐具中的主体。除此之外，出现了所谓“金罍玉钟”的华贵餐具和水晶、玛瑙、珊瑚、错金错银、嵌玉嵌翠的高级餐具。其次，调味品在五味的基础上不断开发新品种，如盐有井盐、海盐、提炼精制的精盐；酱有豆酱、麦酱、虾酱、榆子酱、鱼酱；酒有糯米酒、粟米酒、葡萄酒；醋有粮食醋、果醋；用豆制作的酱油、豆豉等；胡椒、胡荽、胡蒜、姜和麻油等调味品。

（五）美食名食、食经专著和厨膳能手

两汉时期的美食名食较多，如名传千古的美食五候鲭（鲭，是指鱼和肉合烹而成的食物，被认为是当世奇味。后来遂以五候鲭指美味佳肴）、胃脯、貊炙、猴羹、蛇羹等。《荆楚岁时记》收录荆楚地区民间食品不下数十种，著名的菜肴有八和齑、蒲鲊、五味脯、胡麻羹、鸭臛、蒸熊、蜜纯煎鱼、勒鸭消、腩炙、奥肉、苞肉等。在汉代，西起河西走廊的北方城市中炙羊肉盛行，烤羊肉串很多，此风一直久传不衰。在东晋南北朝时，菜点的地方风味特色也显著起来；在上层社会的宴席中，北方人往往以“羊酪樱桃”和饮羊乳为最佳美味而夸耀，南方人则以“鲈鱼莼羹”和饮食为最高尚的饮食相标榜，甚至带上政治上的派性色彩。

据《隋书·艺文志》所录，西汉至隋的烹饪专著共28种，如《黄帝食禁经》、《老子食禁经》、《淮南王食经》、《饮食次第法》等绝大多数烹饪专著均已亡佚，剩下不多的几部内容也不完全。从现存的内容看，对当时特定范围内的烹饪原料、工艺、食品等状况，作了比较系统的记录，为研究当时烹饪发展的情况提供了第一手资料。如《齐民要术》（后魏高阳太守贾思勰著）保存了很多以前烹饪典籍中的资料，记录了当时南北东西以致北方少数民族和国外的烹饪资料，菜谱的编写体例为后代所效法，并摘引了已失传的北魏崔浩《食经》和无名氏《食次》的部分内容，是研究汉魏六朝烹饪史的必读史料；东汉张仲景

的《金匮要略》突出探讨了"所食之味,有与病相宜,有与身为害。若得宜则益体,害则成疾"的道理,列举了许多饮食禁忌的例子。这个时期烹饪高手较多,最为出名的有汉代的张氏、浊氏,南北朝的李秀络、崔浩之母卢氏和品味专家符朗等,其中张氏厨膳能手以卖胃脯和浆成为巨富。

两汉时期由于食物资源的进一步开拓和域外烹饪技术进入中原,使中原地带饮食行业更加兴旺发达,市场呈现出一派欣欣向荣的繁荣景象。如当时的两京三都,市场繁荣,饮食行业兴旺发达,所谓"通大都邑,酤一岁千酿,醯酱千瓨,酱千儋、屠牛、羊、彘千皮","熟食遍列,肴旅成市",真实地反映了汉代饮食市场的概况。两汉时期在中国烹饪史上称为民族风格奠基期和深化期。

二、唐、宋时期

唐、宋时期包括隋、唐、五代、宋、辽、金。这个时期,我国由长期分裂,走向统一,再分裂,再统一。社会生产力在和平和统一时期有较大发展。初唐至盛唐(贞观—开元),大唐帝国成为当时最先进、最强大的文明帝国,都市经济空前繁荣。唐代以长安为例,食店鳞栉而立,遍及全市,甚至于数百人之酒席可以在肆上咄嗟而成。长安、扬州、杭州等地还有餐饮夜市。宋代汴梁、临安,饮食业更是兴旺发达,有的烧饼店拥有 50 座炉子,规模很大,并出现了制作精美的花式菜和食品雕刻品种,对当时的邻国产生过较大影响。这个时期在中国烹饪史上称为高潮期,标志如下。

(一)都市经济空前繁荣,饮食市场兴旺发达

唐王朝建立后,社会经济稳定发展,以长安为中心的各大都市饮食业更加繁荣。全国出现了很多消费城市,如"扬一益二","腰缠十万贯,骑鹤下扬州"的说法因此而来。酒楼遍布京城,著名的有长兴坊的哔饠店、颁政坊的馄饨店、辅兴坊的胡饼店、长乐坊的稠酒店、永昌坊的菜馆等。贵族官僚们的宴会种类繁多,如"烧尾宴"(唐时,凡大臣授官,例许向皇帝进献宴席)、"鹿鸣宴"(地方长官每年仲冬为新科举人举行的庆贺宴会)、"曲江宴"(皇帝为新科进士举行的宴会)等。各地酒楼菜点丰富,如唐代的菜点有"浑羊殁忽"(即酿烤鹅)、"箸头春"、"乳酿鱼"、"炙蛤蜊"、"驼蹄羹"、"五生盘"、"仙人脔"、"汤浴绣球"、"白龙臛"、"升平炙"等;点心有"贵妃红"、"巨胜奴"、"见风消"等。宋代的菜点有"决明兜子"、"蝉蜡"、"奶房签"、"旋"、"洗手蟹"等;点心有"宽焦"、"花糕"、"炙焦"等,有些还成为宫廷菜点。其次,饮食市场兴旺发达,商家经营方式灵活。有酒家行坊坐地店铺,甚至于从河南开封至陕西岐州"夹路列店肆,待客酒馔丰溢";也有沿街叫卖的走担、推车和临时摊点;有一般饮食,也有宴会"礼席"。经营出现专业化集团生产的情况,相互之间配合默契,效率很高。酒楼规模越来越大,如北宋汴梁的上户酒楼,称为"酒楼正店",由樊楼后改为丰乐搂、杨搂、潘搂、会仙楼、长庆楼、八仙楼等。像"曲院街,街南遇仙正店,前有楼子、后有台,都人谓之台上,此一店最是酒店上户",这样的酒楼正店京

都竟有 72 户之多。

（二）出现了新的炉灶和精美的瓷器

两汉时期由于烹饪的工具改良，配套的炉灶也有地灶变为多火眼曲突式炉灶，到了唐代又有“地台灶”变为可移动的“镣炉”。由于炉灶的变化，燃料结也逐步发生了一系列变化，由原来以柴草为薪，发展到汉代部分地方使用煤为薪，发展到隋代普遍使用煤为薪。正因为炉灶和燃料的变化，一些旺火快速制作的烹调方法和需要长时间加热的烹调方法和菜肴大量涌现。其次，瓷器成为唐代主要的餐饮具，当时有河北邢窑的银雪白瓷、定窑的白瓷和葱绿青瓷，浙江龙泉的梅青、粉青瓷，越窑的冰玉白瓷和湖绿瓷，江西景德镇的影青瓷等产品。黑褐釉上带白点的“鹧斑”或带白色细条的“兔毫”一时被誉为珍品。这些瓷器不仅造型美、色质美，而且图案活泼流畅，造型众多，如酒壶有瓜棱壶、兽流壶、提梁壶、葫式壶、凤头壶等；注酒机关自动的“舞仙盏”、注酒温度自升的“自暖杯”等；餐具有“夏蝇不近、盛水经月不腐不耗”的玉精碗等。

（三）花式菜点大量涌现，冷菜和雕刻技艺不断提高

唐宋时期的名食更是琳琅满目，不仅品种多，而且有些菜肴的精美令人赞叹。据《食经》和《韦巨源食谱》（又称《烧尾食单》），分别收录了皇家、寺院、民间、边远地区和少数民族的名食各有 53 种和 58 种。著名的菜肴有飞鸾脍、龙须炙、白龙臛、箸头春、遍地锦装鳖、光明虾炙、鱼含肚、五生盘、八仙盘、葱醋鸡、升平炙、汤浴绣球。宋代流传下来的名食有决明兜子、蝉蝤签、奶房签、假鼋鱼、旋鲜、洗手蟹等。有些名菜传说还是隋炀帝创制（镂金龙凤蟹）和唐玄宗创制（热洛河）的。特别是尼姑梵正以唐代王维辋川别墅二十景为题材创作的大型风景拼盘“辋川图小样”，分合随人，极为精巧，是花拼的代表作。“玲珑牡丹鲊”用鲊片拼成的牡丹花图案，蒸熟成菜，“微红如初开牡丹”，是花式菜的代表。雕刻技艺也由镂卵发展到食品雕刻，据元周密著的《武林旧事》卷九“高宗幸张府节次略”中记载：“绍兴廿一年十月，高宗幸清河郡王第，共进御筵节次如后，雕花蜜煎一行：雕花梅球儿、红消花、雕花净、蜜冬瓜鱼儿……”

（四）饮食保健理论系统基本形成，饮食、原料方面的专著大量问世

在有关饮食保健的著作中，东汉张仲景的《金匮要略》，列举了许多饮食禁忌的例子。唐代的药王，百岁名医孙思邈在它的《千金要方》第二十六卷《食治》（被后人誉为《千金食治》）中对 100 多种食物原料进行了食疗作用分析，并根据中国传统医学中的阴阳五行、辨证施治的基本理论，归纳食物味性、时序和人体健康之间的联系，探讨通过饮食达到保健治疗疾病的目的。此后，孟诜的《食疗本草》、昝段的《食医心镜》等著作的问世，使饮食保健理论系统逐步形成。而有关食品方面和市场饮食概况的专著，如林洪的《山家清供》、杨晔的《膳夫录》、陆羽的《茶经》、傅肱的《蟹谱》、陈仁玉的《菌谱》、赞宁的《笋谱》、王灼的《糖霜谱》和孟元老的《东京梦华录》等，对后人制作菜肴和选择原料都有较高的参考价值。

(五)烹饪能手和名厨

唐代,社会的进步和经济的发展,推动饮食业达到了一个新的高度。这个时期的烹饪能手有唐代的韦巨源、段文昌,他们也是当时一流水平的"知味者"即美食家。山东临淄人段文昌精于饮食又讲究烹调。据《山东通志》载:"段文昌为相,精饮食,庖以榜曰'炼珍堂',在途日'行珍馆'。又自编食经五十卷,时称《邹平公食经》。"其他还有段文昌的婢女膳祖、作五色鱼脍的余眉娘、开封名厨张手美、花式凉盘的女尼梵正、钱塘江卖鱼羹的宋五嫂等。

唐宋时期,由于食物种类和食品的进一步丰富,饮食业的兴旺、繁荣,呈现出多文化和一元化的饮食特点,饮茶风气的普及和蒸馏酒的酿造,以及以《饮膳正要》等为代表的大批饮食著作的出现,都表明了中国烹饪发展到繁荣的历史阶段。唐宋时期在中国烹饪史上称为饮食文化繁荣期。

三、明、清时期

我国历史上经过许多次的民族文化大交流,逐步形成了一个以汉民族为主体的饮食文化,各兄弟民族的饮食文化也不断溶入汉民族为主体的饮食文化中。这个时期由于封建社会经济和文化的大发展,促进了饮食文化的大发展。同时,也由于外来食物种类的巨大影响,烹饪原料和烹饪成品迅速发展,菜品的数量超过了以往任何时期。工艺的日臻精美,民族风格的绚丽多彩,地域性风格的形成,反映了这个时期的中国烹饪已进入到鼎盛时期。

(一)兄弟民族间的饮食文化交流和地方风味特点进一步明朗化

明、清时期,民族风味发展较快,饮食市场上供应的食品除了汉食,还有回回饮食、畏兀儿饮食、吐蕃饮食、女直(真)饮食、蒙古饮食、高丽饮食和西天(天竺)饮食食品。元代在北京定都后,中国菜谱中又增加了许多北方草原贵族们爱吃的河西肺、烧水扎、鼓儿签子、带花羊头、炙羊心、三下锅、水龙棋子、秃秃麻食等菜点。清代乾隆年间,一些大城市中与官僚美食家有来往的餐馆业商人,在当时"满席"、"汉席"的基础上挑选一部分南北名菜点,再加上满洲贵族爱吃的菜点,开发出一套商业性、诱惑性极强的"满汉全席"。此席不仅规格高、菜点数量多,而且所用原料来自四面八方,均是当地名菜。因此,豪门富商以能用这种酒席待客为荣。其次,地方风味特点进一步明朗化,如明代的《易牙遗意》所收以苏菜为主;《宋氏养生部》以北京、浙江为主,兼有广东、四川、湖北;《闽中海错疏》以福建海产入著。由此可见,鲁、苏、川、粤四大地方风味菜系基本明朗化,中国菜的构成基本形成民间菜、市肆菜、宫廷菜、官府菜、寺院菜和民族菜。

(二)饮食市场繁荣、经营方式灵活,刺激了都市经济的发展

依循唐宋饮食网点相对集中的特点,明清的茶楼酒肆进一步向水陆码头、繁华闹市和风景胜迹区集中,逐步形成各有特色的食街。如北京的大栅栏,酒商食贩,蜂攒蚁聚,茶楼饭庄,鳞次栉比;杭州的西湖,“卖酒的青帘高扬,卖茶的红炭满炉,仕女游人络绎不绝,真不数三十六家在酒店,七十二家营弦楼”;苏州的玄妙观“酒肆半朱搂,迟日芳樽开槛畔,明月灯火照街头,雅座列珍馐”。其次,上海的城隍庙、南京的夫子庙、江口的汉正街、重庆的朝天门、西安的钟鼓楼、天津南市的“三不管”等地段,都是商业繁盛、风景绮丽、名人汇集的地方,如“一客已开十丈筵,客客对列成肆市”来证实饮食市场生意红火的场面。其次,为了促进经济的发展,还颁布了一系列新的政策,据《大政记》载:“(明太祖)以内太平,思欲与民偕乐,乃命工部作十搂于东诸门之外(南京秦淮河一带),令民设酒肆其间,以接四方宾旅。”这些酒楼是官建老百姓承包的性质,主要用于网络人才,刺激都市经济发展。据《溉堂前集》载:“润州(镇江)郊外,有卖酒者,设女剧待客,时值五月,看场颇宽,列座千人。庖厨器用,亦复不恶,计一日可收十万。”由此可见,当时的餐饮业已与娱乐业结合,并通过娱乐业来刺激餐饮业的发展。据《侗桥倚棹录》载:虎丘的山景园、聚景园“每岁清明前始开炉安锅,碧槛红栏,华灯璀璨。过十月朝节,席冷樽寒,围炉乏伴,青望乃收矣”。由此可见,当时餐饮业已与季节性旅游结合,不仅给旅游者带来了方便,而且也给一部分厨师得到了大展身手的机会。除此之外,还有餐船以及一些著名寺庵提供素食和沿海一些城市开设西餐,全方位地促进了餐饮市场的发展和地方经济的发展。

(三)形成了较系统的理论体系

明、清时期,膳补食疗著作大量涌现。特别是元代饮膳太医忽思慧,集毕生精力写成了我国第一部较为系统的饮食营养学专著《饮膳正要》。书中总结了前代养生经验,强调“药补不如食补”,重视粗茶淡饭的滋养调配;从平衡膳食的角度提出健身益寿原则,主张饮食季节化和多样化,重视原料药用价值,防止食物中毒;倡导“饮食有节,起居有常,不妄作劳”,“薄滋味,省思虑,节嗜欲,戒喜怒”的养生观,并汇集了众多宫廷食谱,保存了很多民族饮食资料,对研讨元代饮馔甚有帮助。除此,元代还有邹纮的《寿亲养老新书》、倪瓒的《云林堂饮食制度集》、贾铭的《饮食须知》、无名氏的《居家必用事类全集、饮食类》等。明、清两代具有重大影响的食书著作有《宋氏养生部》(明代宋诩)、《闲情偶寄、饮馔部》(清代李渔)、《随园食单》(清代袁枚)、《养小录》(清代顾仲)、《调鼎集》(佚名)、《清稗类钞、饮食》(清代徐珂)等。

(四)名厨辈出、名菜五光十色

名菜来自于名厨巧师的辛勤劳动和艰辛的创造。明代,御厨、官厨、肆厨、俗厨、家厨和僧厨众多,并且常有记述。如《宋氏养生部》的作者宋诩,在母亲的影响和传授下,

学到了许多烹饪知识和技能，为后来编写此书打下了基础。由此可见，宋诩之母华亭朱氏不但烹调手艺高明，而且还是“炙鸭”名手（书中有“炙鸭”的具体制法）。南通的抗倭英雄曹顶、清代秦淮名妓董小宛，菜谱食经“莫不通晓”；被誉为“天厨星”的董桃媚、袁枚为之立传的王小余、慈禧御厨抓炒王王玉山等也是一代名厨。

丰富的烹饪原料、调料、器皿和众多的烹调方法，促进了菜肴的多样化。具有记载的名品有元代的肉珑松（肉松）、佛跳墙、柳蒸羊、金山豆豉、生肺、海螺厮（回族风味）、野鸡撒孙（女真族风味）、两熟鱼（素仿荤）、云林鹅、剪花馒头、高丽栗糕，明代的带冰姜醋鱼、盏蒸鹅、油爆猪、糟熊掌、烹河豚、套肠、蟹丸、一捻酥、绿豆粉糕，清代的带壳笋、泼黄雀、煮鱼翅、煨乌鱼蛋、荷叶包鸡、套鸭、罗汉菜、八珍糕和灌汤肉包等。

这个时期，由于外来食物种类的巨大影响，食物原料和菜肴成品的丰富程度超过了以往任何时期。工艺的日臻精美、民族风格的绚丽多彩、地域性风格的突出和地方风味的形成，以及中外饮食文化的交流，使明清时期在中国烹饪史上被称为鼎盛时期，不仅菜点数量剧增，而且兄弟民族间饮食习惯大交流、大融合，开创了盛名的“满汉全席”。

铁器烹饪阶段，经历了2300多年，中国烹饪也有了许多变化，其标志总结起来有：①烹饪原料的增多；②烹饪工具的进一步改进；③烹饪技法和菜点成品迅速增加；④内外交流促使饮食习惯有所改变；⑤烹饪方面的著作不断增加。

第五节　近现代烹饪阶段

清政府被推翻，揭开了中国烹饪的近现代阶段第一页。经过近一个世纪的发展，无论从实践和理论来看，现代阶段的烹饪与传统的中国烹饪有着很大的不同。现代烹饪阶段一般包括中华民国和中华人民共和国两个时期，这两个时期虽然时间短暂，但各有不同的社会背景与表现形式。

一、中华民国时期

从1911年推翻满清政府到1949年中华人民共和国成立，称为中华民国时期。这一时期，中国处在帝国主义、封建主义、官僚资本主义统治下的半封建半殖民地社会，百业凋敝，工农业发展缓慢，人民生活困苦，市场亦不活跃，烹饪演进速度不快，突出成就不甚明显。但是，由于世界经济危机的影响，日、美等国纷纷在中国抢占市场，加上战事频繁的刺激，局部地区的烹饪也出现了一些新的因素，并产生了深远的影响。

（一）引进新食料

20世纪以来，帝国主义列强大量向中国倾销商品，牟取暴利。其中就有机械加工生产的新食料，如味精、果酱、鱼露、蚝油、咖喱、芥末、可可、咖啡、啤酒、苏打粉、香精、人工合成色素等。这些食料的引进，改变了中国传统食品工业和餐饮行业的生产习惯、人们的生活习惯和成品固有的风味特点，无论其色泽、口味，都更加适合消费者的需求。因此，新原料的引进首先在沿海城市得到广泛的应用（饮食业和家庭制作菜肴已使用味精来提鲜），并迅速地被广大消费者所接受。

（二）食俗受西方文化影响

在广州、上海、青岛、大连、天津、长春、哈尔滨、北京、武汉、南京、成都等沿海城市和内陆大城市，由于西方教会、使团、银行、商行的不断涌入，西方科技、教育甚至食俗也跟着流传进来，西方饮食文化与这块土地上固有的传统饮食文化发生了交流。英法式、苏俄式、德意式、日韩式菜点在不同场合也相继出现，如洋蛋糕、洋蛋卷等洋饮食首先进入宫廷，又传向社会。官员们和其他“高等华人”越来越多地学会用刀叉吃西餐，对吃奶油、面包、番茄、咖啡先是皱眉头，后来也习惯了，甚至津津乐道什么“西法大虾”、“铁扒牛肉”。其次，还出现了《造洋饭书》和开始有人用生物化学去分析中国食物成分。当时，不仅出现了大量的西餐馆和“东洋料理店”，甚至也有不少中国人，利用掌握的一点西餐技艺开设“番菜馆”。“番菜”是一种仿制西餐而创制的“中式西餐”或“西式中菜”。无论“中式西餐”或“西式中菜”均是利用本地原料、进口调料、中西技法来进行制作的。但是，番菜的就餐形式或筵宴形式是采用西餐就餐形式，因此别有一番风味。

（三）仿膳菜、官府菜面市

仿膳菜就是仿制的清宫菜，或称因时而变的御膳菜，出现在19世纪20年代。辛亥革命后，清宫中数百名御厨被遣散出宫。为了谋生，许多人只能重操旧业，或到权贵之家卖艺，或到市场经营餐馆卖艺。其中，有10多名留京的御厨，在1925年合伙在北海公园挂出“仿膳饭庄”的招牌，以经营宫廷菜来招徕生意，并在北京产生了较大的影响。仿膳菜虽然直接来源于清宫菜，又有别于清宫菜，达到似像不像的地步。似像是指它的气质、风格、基本用料和烹调技法基本与清宫菜相似；不像是指它的服务对象、服务程序发生了一定的变化。同时，它在继承清宫菜的前提下结合市场餐饮的特点和为了迎合食客的喜好，赋予了仿膳菜新的内容和新的特点。如仿膳菜不仅有零点菜，而且还有整桌仿古席，既适应中上层文化界人士需求，也能适应个别小康市民的好奇性的需求，开创了宫廷菜为平民服务的先河。同时，官府菜也从庭园深处走向社会，如谭家菜。据邢渤涛《谭家菜史话》介绍，民国初年，北京有“食界无口不夸谭”之说。郭家声《谭馔歌》，将谭家菜与是时北京著名肴馔及历史名肴比较，以“谭馔精”（谐音谭瑑青）相夸。

（四）地方菜迅速发展

地方菜因西方教会、使团、银行、商行的不断涌入和各地间的交往增多而有所变化。在抗日战争时期，重庆成为陪都，党政要人、社会名流汇集，各地名厨汇集重庆，使菜式与口味得到了变化，自强不息的川厨“以变应变”，进行了革新，最终开发出具有影响力的新川菜。旧中国的上海，号称“十里洋场”、“冒险家的乐园”，是一座典型的半殖民地都市(1843年,上海被迫对外开埠)。随着外国资本主义的侵入,上海民族工商业也相继发展,对外贸易日益扩大。到了20世纪20年代末,上海除了本地菜馆,已有安徽、苏州、无锡、宁波、扬州、广东、河南、山东、北京、四川、福建、清真等十几种地方风味的菜馆林立于市。三四十年代,由于旧上海的畸形发展,上海饮食业达到了快速发展的新阶段。那时各帮菜众多,名菜云集于市,如上海的八宝鸭、虾子大乌参、糟钵头;扬州的鸡火干丝、拆烩鱼头、肴肉;北京的烤填鸭、醋椒鱼、烩熊掌;杭州的东坡肉、西湖醋鱼;四川的干烧鲫鱼、樟茶鸭子、麻婆豆腐;福建的佛跳墙、七星鱼圆;湖南的东安子鸡;无锡的青鱼甩水、炒蟹黄油;苏州的松鼠桂鱼、母油船鸭、黄泥煨鸡等,早已脍炙人口。旧上海《市场大观》曾以"吃在上海"为题,介绍了各种风味特色。

19世纪初羊城一度是中国的政治中心,特别是1929至1937年间,由于世界金融中心转向香港和国内战事的影响,广东经济有了较大的发展。加之临近港澳和东南亚,商贾云集,饮食业进入空前未有的黄金时代。仅广州就有著名的中餐馆、茶室、酒家、包办馆、西餐厅200余家。除了经营广东风味(风城、东江、潮州等地),还有京都风味(南京)、姑苏佳肴、扬州珍馔和欧美大菜。为了适应当地人三餐二茶的生活习惯,20世纪二三十年代,广州的陆羽居推出了"星期美点"来招引顾客,得到了消费者的欢迎。变革、创新促使了饮食业迅速发展,同时各店名品确立和影响扩大,如贵联升的"满汉全筵"、蛇王满的"龙虎烩"、西园的"鼎湖上素"、太平馆的"西汁乳鸽";广州的名师梁贤代表中国参加了巴拿马国际烹饪赛会,并获得"世界厨王"称号。

(五)中餐随着华侨的足迹走向世界

鸦片战争以后,帝国主义列强残酷掠夺劳工,使数百万华人背井离乡,流散海外。民国年间通过外交、贸易、宗教、军事、文化等渠道,出国的人更多。为了谋生,有三分之一的侨胞,利用仅有的一点技术,经营着家庭式的餐馆来维持生活,并代代相传,同时也把中国烹饪介绍给各国,使中餐逐步走向世界。为了迎合当地消费者的需求,中餐逐渐形成了三种趋势:一是为华侨、留学生提供正宗的中餐(包括各地风味)。二是为中国侨民和部分外国人提供改良的中餐(迎合消费者需求)。三是根据外国人的饮食特点和个人需求,提供变相的中餐(中名西实)。无论哪一种中餐均起到了宣传的作用,扩大了中餐的影响。孙中山先生在《建国方略》和《三民主义》中,多处提及这种盛况:"近年华侨所到之地,则中国饮食之风盛传";"凡美国城市,几无一无中国菜馆者。美人之嗜中国味者,举国若狂";"中国烹调之术不独遍传于美洲,而欧洲各国之大都会亦渐有中国菜馆矣"。目前中国餐馆在美国、法国、荷兰、英国等地随处可见,中国菜将成为世界公认的主流菜。

二、中华人民共和国时期

从1949年10月1日中华人民共和国成立,至今已有50余年。由于人民当家作主,解放了生产力,使国民经济得到了快速发展。物质资源的逐步丰富,使人民的生活质量也得到改善和提高。特别是旅游事业的快速发展和国际交往增多,促进了餐饮企业飞跃发展、烹饪技艺的不断提高和烹饪理论研究的不断完善。这个时期可以分为三个阶段。

一是复苏阶段,即1949到1956年。由于政局稳定,经济逐步复苏,各方面取得了突破性的发展。餐饮业也不例外,店家得到了恢复,名菜得到挖掘与整理,如20世纪50年代中期,广州举办了"名菜名点展览会",展出菜点有数千种之多。二是动荡阶段,即1957至1976年,由于政治运动频繁和自然灾害不断,经济不能得到发展,无论是工业品、日常生活用品,还是食物资源均处于紧张时期(凭票供应),所以,餐饮业和烹饪事业的发展均受到了严重的挫折。三是发展阶段,即1977年以后。由于党的十一届三中全会的召开和改革开放的不断深入,国民经济得到了飞速发展,物资资源充足、百姓收入增多,促进了旅游业的大发展。而作为旅游业的重要组成部分,餐饮业也得到了相应的发展,不仅餐馆店家增多,餐饮网点从20多年前的几十万家,发展到现在的400多万家(个体企业约380万家、外资合资与国有企业约20多万家),而且从原来简单、便宜的大众餐饮向多层次、多方式的低、中、高档相结合的餐饮方向发展。菜点种类不断充实完善和不断开发新品种,成为市场一个新的亮点或经济建设重要的组成部分。

(一)厨师地位提高

中国烹饪文化虽然从旧石器时代已经开始,可是自从社会上有厨师的几千年来,厨师一直被认为是贱业或认为厨师是社会的下九流,没有社会地位。新中国成立后人民当家作主,厨师是人民中的一分子,得到了全社会的尊重和认可,称呼也由"伙夫"、"厨子",到地位平等的"炊事员"、"厨师"。称呼的变化,象征着厨师社会地位的不断提高,甚至于有卓越贡献的厨师获得了各级人大代表、政协委员或劳动模范光荣称号。1963年全国有109人获得特级厨师称号,1982年有800余人达到这一标准。由此可见,厨师这一行业不仅得到了社会的尊重和认可,而且收入也是相当可观的。

(二)建立管理机构

几千年来,中国只有经办御膳的食官,从无管理全国餐饮业的行政机构,厨师如同散兵游勇,无人过问。新中国成立以后,从中央到地方,逐级成立了饮食服务公司,通过公司的管理来保证餐饮业的健康发展,增加服务网点,更好地为顾客服务;通过公司的管理来开展技术交流,推广创新产品,使就餐者能尝试新产品;通过公司的管理来检查产品与服务质量,为顾客提供安全、卫生的食品(非常时期尤为重要);通过公司的管理来解决职工劳保福利待遇和获得继续学习、提高技艺的机会,如派送到学校进修或参观学习。

(三)重视烹饪教育

几千年来,厨师的培养方式一直是以师傅带徒第的形式进行。新中国成立后,由于餐饮业发展较快,企业需要一大批有文化有技术的厨师,所以,在 1956 年全国若干个大城市相继成立了多所烹饪技校,通过教育方式来培养厨师。为了提高厨师的文化和技术水平,当时的国内贸易部在武汉、烟台、沈阳、重庆、福州、西安等地设立了 10 多个烹饪培训中心。为了与国际接轨,烹饪教育已形成多层次办学的形式,如职高、中技、中专、职业技术学院、烹饪专科学校、本科烹饪专业和烹饪硕士毕业生。担任烹饪教育工作的教师也被聘为讲师、副教授、教授或实验师、高级实验师。教材也由经验型总结,逐步在其他学科的影响下趋于理论型,更有利于培养学生的理论水平和操作技术,为 21 世纪中国烹饪的大发展提供了充足的资源和可靠的保证。

(四)重视烹饪文化研究

新中国成立后,国家大力抢救烹饪文化遗产,将《调鼎集》、《宋氏养生部》、《齐民要术》、《饮膳正要》等多部古籍相继整理出版。现每年约出版饮食文化类书籍近 500 种,与饮食文化直接相关或间接相关的期刊就有 100 多种。大体分为四种类型:一是偏重于理论探讨的;二是致力于传授技艺的;三是宣传饮食文化的;四是着眼于商业营销和信息传播的。某些精品书籍甚至作为外事礼品,如《中国名菜谱》、《中国小吃》、《中国烹调大全》、《中国名菜集锦》、《中国古典食谱》、《中国菜肴大全》、《中国筵席宴会大典》、《中国烹饪百科全书》和《中国烹饪辞典》等。各地还相继成立了食文化研究所、饮食文化研究所和烹饪研究所,通过研究、挖掘,开发出孔府菜、组庵菜、帅府菜、大千菜等名流菜种,还开发出了符合"小"(规模与格局)、"精"(菜点数量与质量)、"全"(营养全面)、"特"(特色浓郁)、"雅"(讲究饮食卫生、注重礼仪、陶冶情操、净化心灵)的现代筵席。

(五)加大交流力度

全国各地烹饪协会的成立,有力地推动了行业间的交流。不仅为个别、少数的单位提供了开展相互学习的对口交流机会,而且组织了各市、各省和全国的烹饪名师比赛、中国烹饪国际大赛和全国青工大赛等多次(1983 年开始)。还有 10 多次组团出国参加世界烹饪奥林匹克大赛和派遣数万名烹调技师赴五大洲 100 多个国家和地区进行交流。其中,仅北京市派往日本、美国、德国、法国、土耳其、荷兰、俄罗斯、加拿大等 30 多个国家的名厨,就有数千名。他们参与了讲学、传艺、表演、工作和经营等多项活动。一些文化名城、烹饪高校和著名餐馆,也与国外的友好城市,对口单位签订技艺交流合同,互派名厨指导、交流,或委托培训学员、交流烹饪书籍,或馈赠名特原料,彼此关系融洽,为中外饮食文化交流开辟出许多"民间通道"。通过交流更有利于中国烹饪了解世界,早日与世界接轨并走向世界。

第六节　古代文献典籍见证烹饪发展历程

中国古代烹饪典籍文献是指中华民国以前历代出版的书籍和画册等，这些文献典籍记录了中国历代珍贵的烹饪史料，见证了中国烹饪发展的历程。主要有《诗经》、《礼记》和《齐民要术》中有关烹饪的描述；又有专门记载烹饪的《食谱》、《食经》、《闲情偶寄》、《食疗本草》、《梦梁录》和《调鼎集》等方面的书籍，以及一些有烹饪美食描述的小说传记。它们从各角度记载了大量的食物、食谱，描述和反映了时代的饮食文化的情况，为后人留下了一批宝贵财富，对研究当时的历史和烹饪发展有着重要意义。如清代袁枚撰写的《随园食单》，记录了300多种的菜点，为后人研究烹饪发展和菜点技术积累了珍贵的历史资料。

一、诗　经

《诗经》是西周初至春秋时代中叶约500年间的民间诗歌选集。《诗经》分国风、小雅、大雅、颂四体，较全面地反映了当时的时代风貌，同时也大量记载了有关食物原料和饮食状况，是研究古代饮食文化的珍贵资料。

二、礼　记

《礼记》亦称"小戴记"，为汉戴圣所记。其中"檀弓"、"仲夏月令"、"内侧"等篇，记录了一些古代烹调、酿酒、造曲和腌制食品等技法，是研究我国古代饮食文化的重要参考资料。特别"内侧"中介绍了"周代八珍"，是我国古代最早的食谱。

三、吕氏春秋

《吕氏春秋》亦称《吕览》。战国末秦相吕不韦集合门客共同合撰，共二十六卷，其中卷一"本生篇"、"重己篇"阐述了一些养生理论，主张饮食有节制，不要大吃大喝；卷十四"本味篇"首创了中国烹饪的"本味"之说："凡味之本，水最为始，五味三材，九沸九变，火为之纪，时疾时徐，灭腥去臊除羶，必以其胜，无失其理。调和之事，必以甘酸苦辛咸，先后多少，甚齐甚微，皆有自起"和有关选料、火候等各方面的理论。《吕氏春秋》为研究我国古代饮食文化和历史提供了极其珍贵的资料，也是我国现存最古老的有关烹饪的著作之一。

四、黄帝内经·素问

《黄帝内经·素问》成书于战国时期，它汇集了古代劳动人民长期与疾病作斗争的临床经验和理论知识，奠定了我国医学的理论基础。其中《藏气法时论》篇指出了饮食与养生的关系："五谷为养、五果为助、五畜为益、五菜为充"。《素问》共八十一章，其中相当篇幅都论及饮食与养生，是研究我国医食同源的重要文献。

五、食 经

《食经》是我国古代饮食专著。据《隋书·经籍志》、《旧唐书·经借志》、《新唐书·艺文志》记载，六朝时有崔浩、竺暄、诸葛颖、卢仁宗等编写过《食经》。其中，诸葛颖编的《淮南王食经》就达 130 卷（也有说 120 卷）。现已亡佚。

六、齐民要术

《齐民要术》是北魏著名农学家贾思勰撰写的农业巨著。全书九十二篇，分为十卷，其中六十四和八十九篇，记录并保存了大量珍贵的烹饪史料，如炙法第八十（炙豘法）是我国烤乳猪最早最详细的记载。《齐民要术》中的菜馔品类齐全、花式繁多，一般分为荤菜、荤素结合菜、素菜、面点、饭粥、茶食、节日食品等，荤菜就记载了 100 多种。因此，虽为农书，也是一本影响很大的烹饪古籍。

七、千金要方

《千金要方》亦称《备急千金要方》，唐代医学家孙思邈著，共三十卷，卷中有养生文献、食物营养的论述。《道林养性》篇指出："美食须熟嚼，生食不粗吞"；"先饥而食，先渴而饮，食欲数而少，不欲顿而多"；"一日之忌，暮无饱食"；"一月之忌，晦无大醉"等。特别是《千金要方》第二十六卷《食治》被后人誉为"千金食治"，对研究饮食与养生、医食同源和发展药膳饮食具有重要的参考价值。

八、食 谱

《食谱》也称《食帐》、《食单》，唐代食谱专著，唐中宗神龙年间（705 年）曾任尚书令和左仆射的韦巨源撰。饮食有"食谱"之名，最早见于本书。正文前注："巨源拜中书令，上烧尾食其家，故书中尚有食帐，今择奇异者略记。"据此，可知本书当为他人抄撮韦巨源烧尾食帐而成。计饭食菜肴 58 种。饭食有饼、面、膏、饭、馄饨、粽子等。菜肴有鱼、鳖、鸡、鹅、鸭、鹑子、羊、豕、牛、熊、鹿、狸、兔等。每种饭食菜肴下均有注，说明配料或制法，是现存最古老的食品专著之一。

九、食疗本草

《食疗本草》是营养食疗专著。原名《补养方》，成书于唐武后垂拱二年，由孟诜撰。后经张鼎增补改名为《食疗本草》，是我国最早、内容也比较充实的记述各种食物、药材和疗效食品的专著，对形成我国传统的营养、防病、治病和颐养于饮食的传统，作出了重大的贡献。

十、茶　经

《茶经》为唐代陆羽撰，是世界上第一部论述茶的专著。陆羽(733—804)字鸿渐，号桑苎翁，隐居苕溪(今浙江西北部)，以著书为事。所著《茶经》3 篇，较系统地论述了茶树的来源、性状，茶叶的功用，采茶、制茶的方法，茶具设备以及煮茶、饮茶的方法，对我国及世界制茶和饮茶文化的影响极为深远，自宋代被尊称为“茶圣”。

十一、酒　经

《酒经》为酿酒专著之一，又名《北山酒经》，北宋朱翼中撰，写成于北宋徽宗政和年间(115 年前后)。作著曾在杭州开办酒坊，有丰富的酿酒经验。全书分上、中、下三卷。特别是记述加热杀菌、保存酒的方法，比欧洲早数百年，对酒曲酿造技术作了精辟的论述。它是继北魏《齐民要术》后又一部关于制曲、酿酒的卓越专著。

十二、笋　谱

《笋谱》为宋代吴僧赞宁撰，一卷。赞宁俗姓高，浙江德清人。该书共分五部分，一之名、二之出、三之食、四之事、五之说。在“三之食”中，记述了调治、收藏、食用笋的一些方法，如菹法、会稽箭笋干法和结笋干法等。并论述了解笋毒的方法：“麻油、姜皆杀笋毒。凡食笋之要，譬若治病。修炼得法，则益人，反是则损。”《笋谱》是我国关于笋的专著之一。

十三、蟹　谱

《蟹谱》为宋代傅肱撰，全书二卷，分总论、上篇、下篇三部分。“总论”论述了螃蟹的习性、形状、异名、种类等；“上篇”和“下篇”共记载 66 条关于螃蟹的故事、食品、诗赋等，是我国关于螃蟹的著名专著之一。

十四、东京梦华录

《东京梦华录》为宋代孟元老撰，全书十卷，记载了北宋汴京(又称东京，今河南开封)城市面貌、岁时物产、风土习俗等内容。此书饮食史料甚丰，卷二有酒楼、饮食果子，卷四有筵会假赁、会仙酒楼、食店、肉行、饼店、鱼行，卷五有民俗等节、饮食市场、食品名称、菜点、厨艺的资料，是研究北宋时期饮食的重要史料。

十五、菌　谱

《菌谱》是最古老的食用菌专著，南宋陈仁玉撰，成书于南宋理宗淳祐五年(1245

年)。书中论述了作者故乡台州所产的11种香菇的产区、形状、色味、采摘时间,以及毒菌的解毒方法,它是世界上第一部论述香菇的专著,对烹饪研究具有重要的价值。

十六、梦粱录

《梦粱录》为南宋吴自牧撰,全书二十卷。卷十六记茶肆、酒肆、分食、酒店、面食店、荤素从食店、米铺、肉铺、鲞铺。其余各卷,有南宋月令民俗、食俗,以及包办筵宴的"四司六局筵会假赁"等资料,反映了宋代南北烹饪文化的交流情况,是研究宋代饮食的重要史料。

十七、武林旧事

《武林旧事》为南宋周密撰。卷三对民俗、食俗,亦有详细的记录。卷六记诸市、酒楼、市食、果子、菜蔬、街……诸色酒名等,对南宋临安的饮食情况,进行了大量描述。卷九"高宗幸张府节次略",记载了张俊供进御筵完整菜点的食谱,是研究宋代饮食的重要史料。

十八、山家清供

《山家清供》为宋林洪著。全书分上、下二卷,收录以素食为主的糕饼、面饭、羹菜等馔肴,有九十九品。其中槐叶淘、玉糁羹、鸳鸯炙、东坡豆腐、木鱼子等,是研究宋代素食的宝贵史料。

十九、糖霜谱

《糖霜谱》为宋王灼撰,王灼字晦叔,四川遂宁人。全书一卷,凡七篇,首叙唐代糖霜缘起,次考古来已有糖霜,终篇论瓣糖霜性味及其制食之法。明代李时珍《本草纲目》评述《糖霜谱》言,古者惟饮蔗浆,其后煎为蔗汤,又曝为石蜜。唐初以蔗为酒,而糖霜则自唐大历年间(766—779)有邹和尚者,来住蜀之遂宁伞山,始传造法。其是研究宋代烹饪原料的重要史料。

二十、云林堂饮食制度

《云林堂饮食制度》是元代著名的烹饪著作。作者倪瓒(1301—1374)字元镇,号云林。倪瓒为元末著名的四大画家之一,他出生于无锡城东约20里的梅里祗陀村,家居豪富,家中有一座"云林堂"的建筑。因此,他编撰的食谱便叫做《云林堂饮食制度》,共收录50种菜点、饮料的制作,反映了元代无锡一带的饮食风貌,在我国烹饪史上颇有影响。

二十一、饮膳正要

《饮膳正要》为元代又一部饮食专著。作者忽思慧官至元代饮膳太医。该书是一部总结饮食保健经验的济世良书。全书分为三个方面，即饮食保健理论、食品原料和宫廷食谱。共三卷，第一卷记载“三皇圣纪”、“养生避忌”、“饮酒避忌”和“聚珍异馔”等94方；第二卷记载“食疗诸病”、“食物利害”、“食物相反”、“食物中毒”和“禽兽变异”等内容；第三卷记载食物原料235种，其中有米谷品、酒、兽、鱼、果、菜等品种。《饮膳正要》既有汉族饮食经验，也有兄弟民族的饮食经验，是我国医学和食品学的一部重要科学著作。

二十二、居家必用事类全集

《居家必用事类全集》为元代无名氏撰，甲集至戊集是农书，庚集饮食类以介绍当地汉族的菜点的烹调方法为主，同时介绍了一些当地的回回食品和女真食品的烹制方法及制酱方法，如“筵上烧肉事”的菜单（烧肉即烤肉），有羊膊（煮熟，烧），羊肋（生烧），黄羊肉（煮熟，烧），野鸡（脚儿，生烧），鹌鹑（去肚，生烧）等若干种。对研究元代饮食具有重要参考价值。

二十三、易牙遗意

《易牙遗意》是元末明初韩奕所撰的一部著名食谱。韩奕为平江（今苏州）人，字公望，号蒙斋，所撰《易牙遗意》共二卷，分12类，并借春秋时期齐桓公宠臣易牙之名，赞颂所收菜馔之精。其具有一定的地方风味特色和历史价值，对研究元末明初饮食具有一定的参考价值。

二十四、饮食禁忌

《饮食禁忌》是明代王蔡传所撰《修真秘要》中的一篇。书中言：“休欲常逸，食须常少。劳无至极，食无过饱。凡人食皆欲少而数，不欲顿而多。夫食不用急，急则不细，不细则损脾气。法当熟嚼令细，不用食坚硬难消之物。凡朝起食粥甚益人。日落后，不用食。夫食必先食热，然后食冷。热食灼唇，冷食冰齿，咸损脾胃。冷食不用热水漱口。必须叩齿十过，每食前后不用见悲哀喜怒之事。”对研究饮食与养生具有一定的参考价值。

二十五、饮馔服务笺

《饮馔服务笺》为有关烹饪古籍，是明万历（1573—1620）时人高濂撰《遵生八笺》之一。此书记载了一些食品的吃法和制造方法，如绿豆芽、黄豆芽的生发、吃法，建昌红酒酿造法，粽子、馄饨、粟子粉、山药粉、酱油等制作法和吃法，是研究明代饮食文化的重要资料。

二十六、本草纲目

《本草纲目》是明药物学家和博物学家李时珍(1518—1593)撰，成书于明万历六年(1578)，是一部在医学、药物学和博物学方面具有世界意义的医著。书中对各种动物、植物、食品，即所谓食物本草和各种加工食品的来源、性味、疗效以及烹饪方法都作了介绍，是一部我国食物本草、食法疗法集其大成的书，对研究明代饮食文化具有极其重要的参考价值。

二十七、天工开物

《天工开物》为明末科学家宋应星(1587)撰，是明代工农业生产技术总结巨著。全书三卷 23 篇，上卷记录衣食、生产技术和经验，包括谷物加工、碾米、磨粉、制盐、制糖、榨油、磨酱、制曲等技术和经验，提供了许多饮食原料，反映了时代的饮食文化情况，是研究当时饮食的重要的历史资料。

二十八、中馈录

《中馈录》是清代一部关于食物制作与食品保藏的专著。载《古欢宝全集》，作者曾懿，为四川华阳(今双流县)人。全书共 20 节，记有 20 种食物的制造和保藏方法，如制宣威火腿(附藏火腿法)、制香肠法、制肉松法等 20 余种，对食物制作和食品保藏有重要参考价值。

二十九、随园食单

《随园食单》是清代一部重要的烹饪著作，出版于乾隆五十七年(1792)。作者袁枚(1716—1779)，字子才，号简斋，随园老人，浙江钱塘人(今杭州人)，是清代著名的诗人和文学家，享文章之盛名达 50 多年，一生著有《小苍山房诗文集》70 余卷；《随园诗话》、《随园随笔》等 30 余部。《随园食单》分为须知单、海鲜单、戒单、口鲜单、特性单、杂性单、羽族单等 14 个方面。特别在中国烹饪艺术方面，总结要点如下：①选料决定菜肴质量，一席佳肴，厨师的功劳占六成，采办功劳占四成。②本身味道浓厚的主料，适宜单独独用。③筵席上菜，咸的、浓的、无汤的菜先上，淡的、薄的、多汤的菜后上。④芡粉的作用在于黏合和防焦老。⑤做菜不要外加油。⑥不同的菜肴尽可能分别锅灶烹制。⑦菜肴不是越贵越好，不是样数越多越好。⑧请客吃饭千万不要勉强。该书较系统地总结了我国古代烹饪技术的实践经验，记载了 14 到 18 世纪流行的 300 多种菜点，在烹饪著作中占有重要地位，为研究我国古代的烹调技术和菜点积累保存了珍贵的历史资料。

三十、闲情偶寄

《闲情偶寄》为有关烹饪古籍之一。清代戏剧家和美食家李渔(号笠翁,1611—1679)撰,写成于顺治年间。《闲情偶寄》中饮馔部论述蔬菜、谷物、肉类、禽兽、水产的性味和食法。他的饮食主张:“爱食者多食,怕食者少食。太饥勿饱,太饱勿饥。怒时、哀时勿食。卷时、闷时勿食。”颇有独到见解。此书对研究清代饮食有重要的参考价值。

三十一、养小录

《养小录》清代顾仲编著的饮食著作。作者浙江嘉兴人,字成山,号松壑。《养小录》共三卷,成书于康熙三十七年(1698),分饮之属、酱之属、嘉肴属等部分。以浙江风味为主,兼收中原及北方风味,是颇有影响的一本饮食著作。

三十二、日用俗字、饮食章

《日用俗字、饮食章》作者蒲松龄,成书于康熙四十五年(1706)。以山东鲁中地区的民间俗语、方言写成,七字一句,读来朗朗上口。全书共千余字,但记载着100多种菜点。特别指出,五味烹调的重要:“筵席五味要周全,茴香莳萝花粉糯”;各种烹调技术的运用:“胛月寿(即肘)烧烂加醋酱,头蹄镊刷始烹煎”,“姜加肚子椒加肺,横切白肠竖切肝,更把肥膘火勿作块,还将瘦肉剁为丸”。其是研究明末清初山东和北方地区饮食的重要资料。

三十三、调鼎集

《调鼎集》为清代厨师秘籍,海内孤本,现珍藏在北京图书馆善本部,原书“不著撰者姓名”。后人研究部分卷文知,作者为清代童岳荐,字北砚,绍兴人。原名《北砚食单》、《童氏食规》,《调鼎集》为后人所题。全书10卷,内容丰富全面,为当时厨师经验实录,实用价值较高。该书博取众家之长,理论联系实际,突出了江南风味,为当今烹饪发展提供了有益的经验。

三十四、醒目录

《醒目录》为烹饪专著之一。作者李化楠,字廷节,号石廷,乾隆七年进士,曾任浙江余姚、秀水县令。该书是李化楠“宦游所到,多吴羹酸苦之乡。厨人进而甘焉者,随访而志诸册”亲自笔录的饮食资料,由其子李调元汇集整理,计有39种烹调法以及食品加工、食品保藏、饮料制作等方法,如板鸭法、风鸡、风鸭,关东煮鸡、鸭法、燕窝、熊掌、鱼翅、鲍鱼等涨发方法。其吸收了江浙一带传统烹饪技术,对地方菜的发展有很大的影响。

三十五、记海错

《记海错》是清代一部记述海产品及其加工烹调方法的古籍。作者郝懿行,字恂九,号兰皋,山东栖霞人,清嘉庆四年进士,任户部主事达25年之久,终生仕途不显,毕生精力用于读书和著述之中。该书以品种详述,共记40余种海产品的形状、产地、产时、名称、食法、储法等。对有的海产品还作了考证、辨析,是一部研究烹饪原料和烹饪方法的珍贵史料。

三十六、吴中食谱

《吴中食谱》为烹饪著作,流传于19世纪20年代。原载民国15年一本杂志上。共分上、中、下三篇,以散文笔调介绍当年姑苏的各店、名菜点和饮食习惯。记述了苏城时令点心如汤包、京酵、汤面饺、烧卖、蟹粉馒头、粽子、团糕等,还介绍了苏州小吃重质量、讲信誉和重传统、重技巧的特点,是研究苏州菜和近代烹饪的一份珍贵资料。

思考题

1. 中国烹饪有着悠久的历史,其发展过程分为哪几个阶段?
2. 中国古代烹饪典籍文献是指哪些书籍?例举几本主要典籍的作者和内容。

第三章

烹饪基本技能

本章内容

- 烹饪原料的选择
- 鲜活原料的初步加工
- 原料的分档取料
- 干货原料的涨发

教学要点

1.烹饪原料是指能供烹饪使用的可食性原料，是制作主食、副食所使用的一切可食性原材料。

2.选择原料的目的是通过对原料的品质、品种、部位、卫生等状况进行综合的挑选，使其符合烹调和食用的要求。

3.为了延缓烹饪原料变质、腐烂，采取低温、脱水、密封和腌渍等措施加以妥善保管。

4.干货原料涨发就是利用水、油、盐作为介质或溶液，通过对干货原料加热或不加热，使其重新吸收水分，最大限度地恢复原有鲜嫩、松软的状态。同时去除腥臊异味和杂质，使其成为烹饪原料，有利于烹调，有利于食用，有利于人体消化吸收。

5.刀工的作用是使菜肴便于食用、便于烹调、便于入味，以及增加菜肴形状。

烹调是由多种工序构成的一个操作程序，其中，烹与调是整个操作程序中两个最为重要的程序，也是构成烹调的主体。但是，烹与调并不是孤立的，它不仅涉及原料的选择，还涉及原料的初步加工、原料的选料、干货原料涨发和刀工技术等多种程序的基本技能。由于上述内容是一个有机的整体，它综合地反映了每个菜的制作过程。如果其中某一个程序出现差错，将会严重影响到菜肴的质量，也会影响到菜肴的形状、质感，甚至于还会影响到菜肴的成熟度等。因此，我们将上述程序称之为烹饪基本技能。烹饪基本技能就是在制作菜肴的过程中所必须掌握的技术和操作要领，即操作的熟练程度。

第一节 烹饪原料的选择

一、烹饪原料概况

烹饪原料是指能供烹饪使用的可食性原料，也就是制作主食、副食所使用的可食性原材料[①]。烹饪原料主要来源于生物界，也有少量来源于矿物界和人工合成。烹饪原料与其他食品原料一样具有可食性，即安全卫生、有营养价值，并且具备食用者可以接受的感官性状。

(一)烹饪原料的资源特点

现在，地球上可供人类食用的植物约有 75000 种，但只有约 3000 种被人们尝试过，人工栽培的只有 200 多种左右。在这 200 多种植物中，人类利用最多的、年总产量超过 1000 万吨的主要粮食作物只有 7 种，即小麦、水稻、玉米、大麦、马铃薯、甘薯和木薯。豆科植物约有 10000 种，是植物世界最大的蛋白质来源。我们利用的仅仅是其中的大豆、花生等少数几种。有记载的真菌有 46983 种，其中可供食用的至少有 2000 种，但现栽培的食用菌不足 50 种。全世界 95%的畜禽产品来自于猪、羊、牛、鸡、猪等 5 种动物。全世界有记载的鱼类有 24618 种，占脊椎动物的一半以上，但目前人类利用的只有 500 多种，其中利用较多的仅 10 多种。记载的甲壳动物 38000 种，昆虫 75100 种，软体动物 50000 种，绝大部分种类还没有被开发利用。

作为烹饪原料，它们都具有时限性的特点，这个特点体现在两个方面：一是指烹饪原料本身有季节性，如一些蔬菜水果有采收季节（苹果、梨以秋季为采收季节）；水产品有捕捞季节（阳历三四月鲥鱼、鳜鱼最肥美，俗称“桃花流水鳜鱼肥”；中秋节前后的河蟹最肥美，民间有“九月团脐、十月尖”或“金菊盛开，丹桂飘香，螃蟹最肥美”等说法）。二是指烹饪原料在发展过程中，有不断被淘汰与替代的过程。烹饪原料被淘汰和替代有三方面原因：①因为有些原料资源减少而不再运用，如豹胎、驼峰、麋鹿、熊、锦鸡等。

---

① 王向阳.烹饪原料学.北京：高等教育出版社，2003

②因为有些原料质量较差或数量较少而被质优的原料所替代，如品质好的蔬菜取代了先秦时的藿(大豆叶)、葵(冬葵)等；牛蛙替代了林蛙、青蛙等。③食品加工技术的高度发展，为烹饪提供了更多的优质原料，并替代了某些野生原料，如人工合成的鱼翅、海参，甚至于利用小虾加工大虾仁等替代了靠捕捞的野生原料。

(二)烹饪原料的科学利用

烹饪原料的科学利用涉及以下两方面的内容。

1.有效保护

自16世纪以来，地球上已经绝灭了150余种哺乳动物、150余种鸟类、80余种两栖爬行动物。这些生物个体较大，尚能引人注目，至于绝灭的植物和个体微小的生物究竟有多少，就难以统计了。目前全世界濒临绝灭的野生动物已达1700余种，其中哺乳动物300余种、鸟类1000余种、爬行动物138种、鱼类193种。因此，对自然资源的保护已成为全球关注的问题，许多国家(包括我国)制定了野生动物保护条例或法规。中国的餐饮行业和厨师也自发地提出不采购野生动物、不制作野生动物和不销售野生动物的倡仪，并得到广大厨师的签名支持。另外，某些资源较为丰富的烹饪原料，人们在取之不尽、用之不竭的错误观念引导下，无节制地利用，超过了自然再生能力，导致资源濒临枯竭。如在20世纪六七十年代，我国“四大经济海产”的大黄鱼、小黄鱼、带鱼、鲳鱼和乌贼鱼的产量现已锐减。因此，我国政府正在积极倡导休渔期，希望通过近几年的休渔期来增加“四大经济鱼”的资源数量。

2.合理利用

原料资源科学、合理的利用，不仅仅指其可以制作什么样的菜肴，而是要通过合理利用，充分发挥原料各部位的作用，达到烹饪最佳的目的或绿色餐饮的标准，即遵循合理利用的标准开发菜品，并将传统烹饪习惯上被废弃的边角余料进行深度开发利用，达到物尽其用的目的。

二、原料选择的意义、要求和方法

(一)选择原料的意义

选择原料的目的或意义，就是通过对原料的品质、品种、部位、卫生等状况进行综合的挑选，使其符合烹调的要求和食用的要求，即为消费者提供安全、卫生、健康的菜点。选择安全、卫生的原料是保证菜点营养、健康的首要条件，比如，微生物引起的食源性疾病是影响食品安全的主要因素；种植业和养殖业的源头污染对食品安全构成了威胁；食品生产经营中使用不合格原料是食品安全的天敌；食品工业应用新原料、新工艺的不科学是食品安全的隐患……因此，为了能提供安全、卫生、健康的菜点，就必须科学、合理、严格地选择原料，从而避免不必要的突发事件发生。这里提到的安全、卫生、健康的菜点与选择原料的要求是相一致的，合理选择原料是保证安全、卫生、健康的菜点的基础或重要保证，即根据食用和美食的需求选择原料。

（二）选择原料的要求

选择原料的要求，主要是根据食用的要求和美食的需求来选择原料。因此，其要求有以下四个方面。

1.选择安全、卫生的烹饪原料

在选择烹饪原料上，要充分了解原料在生长或饲养过程中的安全性（是否带有有害或有毒成分，如农药、化肥的残留物和激素等），为烹饪提供安全、卫生的烹饪原料或绿色食品、有机食品，从而在源头上保证生产的安全性和卫生性。而目前市场上提供的食品或烹饪原料，安全、卫生状况很不乐观。有些不法商贩用块状碱加水稀释成溶液，将牛百叶浸泡至发胀，再捞出后掺入甲醛浸泡，最后用清水冲洗，这样，牛百叶就变得又硬又脆。有时，牛百叶的色泽不好看，他们就加点双氧水漂白，增加商品的“卖相”。还有，如果你在农贸市场上看到那些色泽鲜绿、肉质肥厚、光洁明亮，就像是刚从海里捞上来不久的海带丝、海带结时，那很有可能是问题海带，是用“连二亚硫酸纳”和“碱性品绿”等化工产品染色、发酵加工而成的；同时，在食品市场还有用双氧水泡菜、农药泡鱼干、硫磺熏笋干和用“敌敌畏”生产加工火腿等有害原料。因此，选择安全、卫生的烹饪原料是保证菜点的首要条件。

2.选择营养丰富的烹饪原料

不同的烹饪原料由于生长季节不同、品种不同、部位不同和加工方法不同，含有的营养成分也各不相同。因此，有目的地选择营养丰富的烹饪原料是保证菜点营养充足的基本条件，并通过生产过程中有目的地选择品种和数量，来达到合理搭配的要求、平衡膳食的要求，或满足人体营养需求的要求，即通过各种烹饪原料所含营养成分的不同，科学地进行搭配、组合或补充，真正使制作的菜点达到营养、健康的要求。因此，选择营养丰富的烹饪原料，是保证菜点营养、健康的重要条件或要求。

3.选择具有风味物质的烹饪原料

选择具有风味物质的烹饪原料，是形成菜肴特点和保持菜肴风味特点的重要基础。每一种原料都含有一定的风味物质，有些在加热过热中易挥发，有些则形成一定的香味或滋味。因此，在菜点的制作过程中原料的选择尤为重要，如有些含有特殊的香味（芹菜），有些含有特殊的滋味（海米），有些含有一定的弹性（胶原蛋白成分）。这些原料经过加工制作，不仅具有食用价值、营养价值和食疗功能，而且还具有一定的特殊风味，能给菜点带来特殊的效果。如芹菜叶可以制作冷菜“芹叶香干”，不仅具有丰富的营养和较好的降血压作用，而且还具有芹菜特有的清香味，能给菜点带来特殊的风味。再如淡水鱼的鳞片可以制作“鱼鳞冻”，不仅营养丰富、风味独特和具有美容作用，而且食用时还能产生滑溜感和弹性。更为重要的是具有风味物质的烹饪原料，都能使菜点带有一定的风味。因此，选择具有风味物质的烹饪原料，也是选择原料的重要条件或要求。

4. 选择原料性状好的烹饪原料

选择原料性状好的烹饪原料，是保证菜点质量的又一重要因素。原料性状包括营养素、原料质构两大方面内容。营养素是构成菜点的重要因素(已在第二条阐述)，而原料质构也是构成菜点的一个重要因素。原料质构包括原料的视感和触感、组织结构及状态等方面内容。因此，选择原料性状好的烹饪原料，有利于菜点的加工制作，有利于菜点色泽的多样化，有利于菜点形态的千姿百态。因此，选择原料性状好的烹饪原料，也是选择原料的重要条件或要求。

(三)选择原料的标准与方法

选择原料的方法主要有感官鉴定方法、理化鉴定方法、生物鉴定法等三种方法。而从烹饪原料的使用情况来看，后两种方法相对来讲会影响烹饪的生产(烹饪生产的特殊性所决定的)，因此，更加适合动物性原料屠宰、加工或冷冻、保藏的食品企业使用。而对于烹饪行业在选择原料时则选择感官鉴定的方法。所谓感官鉴定，就是凭借专业人员的专业知识和自身的感官器官，对烹饪原料的质量状况做出客观的评价。也就是通过五官(眼睛看、鼻子嗅、耳朵听、口品尝)和手触摸等方法，对烹饪原料的色、香、味、形、质等进行综合的判断或评价。感官鉴定的内容主要涵盖原料的品种、部位、色泽、气味、成熟度、完整性等六大方面，作为原料的选择标准和方法，用来判断原料的优劣或是否选择该原料进行烹饪生产。

1. 烹饪原料的选择标准

(1)品种的选择标准。不同的烹饪原料，其选择的标准也各不相同。但是，对于同一品种的原料却可以通过对比和原料本来的属性来进行选择。动物种属特性就是人们赖以识别肉的质量和选用哪种烹调方法制作的重要依据。①肉的颜色(畜类的肉呈红色，禽类的肉，腿肉呈红色、脯肉呈白色)；②肉的气味(山羊肉比绵羊肉膻腥气重些；犍牛肉的气味带有轻微的令人愉快的香气，幼公犊的肉带有酸气味)；③肉的坚度和弹性(阉牛肉结实、柔细、油润、切面细粒状，呈大理石纹样；用手指压肌肉，形成的凹陷能迅速变平，表明肉有弹性，其新鲜程度或品质较佳)；④肉的韧度和嫩度(韧度指肉在被咀嚼时具有高度持续性的抵抗力；嫩度是指肉入口咀嚼时对破碎的抵抗力，常指煮熟肉的品质柔软、多汁和易被嚼烂)；⑤肉的保水性(指肉在加工与烹制过程中，原料内本身水分的保持能力)。因此，必须根据烹调的要求和成品的质量来选择品种。

(2)部位的选择标准。部位的选择标准主要有两方面，一是同等部位原料的比较，如鸡腿、鸡翅。由于选用制作的原料质地老嫩状况不同，肉鸡的鸡翅、鸡腿的肉质就比较嫩或软，含水量较高；本鸡的鸡翅、鸡腿的肉质就比较老或硬，含水量较底，但香味较为充足。这与鸡的饲养方法、吃的饲料等有着密切的关系。二是同一品种的原料不同部位的比较，如春笋，笋的根部较笋尖部位质量差；猪的颈部、腹部肉的质量要比其他部位差。同样,猪的前腿部位肉质就比后腿部位肉的质量差。因此,必须根据烹调的特点和成品的要求来选择部位原料。

(3)天然和人工原料的选择标准。随着食品工业的快速发展,人工合成的烹饪原料、调味品和人工培育的原料越来越多。对于人工合成的烹饪原料在选择时因严格把关,杜绝使用一切有害或有毒物质。天然的烹饪原料在选择时应以安全、卫生、健康为标准,杜绝食用一切野生动、植物,以绿色食品和有机食品作为首选,从而达到安全、卫生、营养和健康的菜点。

2.烹饪原料的选择方法

(1)果蔬原料的选择方法。果蔬原料的选择主要是从色泽、形态、成熟度等几方面入手。虽然,果蔬的品种繁多,但选择的方法基本相同。

①色泽。果蔬的色泽丰富多样,而且颜色也特别鲜艳。因此,在选择时一般色泽鲜艳、有光泽等感官性能好的果蔬原料为新鲜原料,反之,为不新鲜原料。果蔬原料在阳光照射和温度等外界条件影响下,使其内部的色素成分发生了变化,失去原有的光泽和色泽,使新鲜度降低而成为不新鲜的原料。

②外观形态。果蔬原料除了固有的色泽外,一般都是以质地细嫩、含水量高为特点。正因为果蔬的这一特点,也造成了果蔬另一个特点:易损伤、易腐烂。因此,在选择原料时果蔬的外观形态是首选条件之一,如果蔬的外观形态,无损伤的为新鲜原料,反之为不新鲜原料。

③成熟度。原料的成熟度不仅影响到原料的口感、色泽和形态,有些还将直接影响到原料的风味和营养成分,如没有成熟的水果,其口感较硬、没有爽脆和含水量充足的感觉,具有苦、涩味。而成熟的水果口感松软、汁水充足、味甜。这是因为没有成熟的水果,其营养物质还没有完全成熟。而随着成熟度的提高,淀粉减少、糖分增多、原果胶下降、可溶性果胶增多,果实中酸和纤维素的含量逐渐减少,使成熟的水果口感变为松软、汁水变为充足、口味变为甜。

(2)动物性原料的选择方法。动物性原料的选择,在餐饮行业主要是鲜活原料和冷冻原料等两大类。其选择方法主要是针对原料的性质与特征来进行选择。

①鲜活原料。在餐饮行业选择使用的鲜活原料品种较多,既有水产类原料,又有禽类原料和畜类原料等。由于这些原料饲养情况、年龄、产地、公母不同,原料的状况和风味也各不相同,如老母鸡含有丰富的蛋白质和脂肪,而且蛋白质的品种齐全,特别是胶原蛋白含量较多。因此,制汤一般选用老母鸡,制作的汤不仅滋味鲜美,冷却后还会凝固成为稀的冻状。而制作黄焖鸡块、栗子鸡块、宫保鸡丁等菜肴则要选择仔鸡。这样既可保证菜肴在短时间内成熟,又能使鸡块吸收调料,融合成为滋味鲜美、肉质鲜嫩的美味佳肴。选择方法:活鸡以羽毛完整、有光泽、活泼好动、眼睛有神、肉质坚实为健康鸡;鲜鸡(白条鸡)以眼球饱满、皮肤有光泽、具有鲜鸡肉的正常气味、外表微干和指压后的

凹陷能立即恢复的为新鲜鸡。

②冷冻原料。冷冻原料是指屠宰后的动物原料的胴体，在－18℃的冷库内速冻形成的一种原料。原料的胴体在冷冻过程中会发生一些变化，使冷冻原料与新鲜原料具有一定的差异，并形成冷冻原料的风格。选择方法：色泽（冻猪肉色红、均匀，具有光泽，脂肪洁白）、组织状态（肉质坚密，手触有坚实感）、黏度（外表和切面微湿润、不沾手）、气味（无异味、有猪肉的正常气味）。

(3)干货原料的选择方法。原料经过脱水干燥，既有利于运输、保管，又有利于形成独有的风味，对丰富菜点的品种具有十分积极的意义。如何选择优质的干货原料来保证菜点的成品质量，显得尤为重要。一般选择的方法主要是目光鉴别，看是否有虫蛀或霉变等现象。如果发现有上述两种现象就说明品质较差。如果切割部位肉泽的色泽鲜艳、形态完整、干爽无破损、带有固有的气息（本身的气味），为优质原料，如鱼翅、鱼皮、鱼骨等。

(4)调味品的选择方法。调味品是改变菜点滋味，形成菜点风格或地方菜形成的重要因素之一。袁枚在《作料须知》中指出："厨者之作料，如妇人之衣服首饰也。虽有天姿，虽善涂抹，而敝衣监缕，西子亦难以为容。善烹调者，酱用伏酱，先尝甘否……其他葱、姜、椒、桂、糖、盐，虽用之不多而俱宜选择上品。"由此可见，调味品的好坏不仅对菜点的滋味有一定影响，而且决定了菜点的质量。调味品的选择方法主要是鉴别，一是否发现有霉变状况（酱油、米醋表面有一层霉菌）；二是否发现有氧化而造成的弃味状况（食用油脂氧化后产生的异味）；三是否发现有脱水干燥后成团的状况（绵白糖脱水干燥成团）；四是否发现有调味品之间互相串味的状况（香料影响其他调味品）。如果发现上述状况，说明调味品质量已变质不能使用；反之，为合格调味品。当前许多复合调味品在加工上使用工业原料。因此，在使用前必须严格检查，包括复合调味品的组成成分，以确保烹饪生产的安全性。如食品中"苏丹红一号"的加入，必然导致食品生产的不安全性，或会造成对人体的某些危害。因此在烹饪生产过程中应杜绝使用这些原料。

三、原料的保管

烹饪原料的保管是指根据烹饪原料现状和品质的变化规律，采取的一种妥善的保管方法，使其新鲜度得以延缓。为了防止烹饪原料变质、腐烂，应采取措施加以妥善保管。在饮食行业主要采取低温、脱水、密封、腌渍和活养五种方法。

(一)低温保管

低温保管能减缓微生物的生长繁殖，甚至完全停止原料内部组织的变化过程。因此一般原料均宜放在低温下保管，采取冷藏、冷冻都称为低温保管。由于原料的水分冷却、结冰，微生物的繁殖能力受到抑制，所以原料不易腐烂、变质。但是，低温保管的温度要根据原料性质而定，例如，蔬果类一般在0～4℃的低温中保管；生鲜肉类（鸡、鸭、鱼、虾、猪肉、牛肉、羊肉等)一般在－10～－18℃的低温中保管;熟的半成品或成品一般在0℃的低温中保管;水发干货原料一般在－7～10℃的低温中保管。

(二)脱水保管

脱水保管就是采取烘干、晒干、吹干的方法,也就是将原料中所含的水分部分或全部脱出,使原料保持干燥状态的一种保管方法。由于原料中水分含量较低使微生物很难繁殖,从而达到保管的目的,即不腐烂变质。但是在脱水保管时必须根据原料的不同情况,采取不同的方法。有些原料需要保持相对的湿度,过于干燥会使其萎缩、干瘪,甚至于硬化而不能食用。因此,脱水保管需要保持相对湿度的,一般不超过70%为宜;脱水保管需要减少湿度的,一般控制在90%～95%。总之,要根据原料含水量和受湿能力的不同,采取不同的脱水保管方法。

(三)密封保管

密封保管就是将原料严密封闭在一定的容器内,与日光、空气隔绝,使其不受微生物的感染或发生氧化。某些原料经过一定时间的密封保管,风味会变得更鲜美(酸黄瓜、渍香瓜、四川泡菜等)。因此,密封保管在饮食行业一般都需要用盐等调味品,进行腌渍或用调味品制成溶液,再进行密封的一种保管方法,即利用调味品抑制酶等细菌的活动,封闭后保管的效果更好。

(四)腌渍保管

腌渍保管就是将原料用调味品腌渍,利用调味品的渗透压力,排出原料中的水分,经过晒干、晾干、吹干等方法,使原料内部水分降低,使其不易腐烂、变质,从而达到保管的目的。某些原料经过一段时间的腌渍保管,风味更加突出,如腌渍泡椒、东北酸菜、雪里蕻咸菜等均采用腌渍保管的方法。因此,腌渍保管需要控制调味品用量,用量过少易造成腐烂变质,用量过多原料使用价值降低。所以,一般腌渍保管的含盐浓度,控制在3%～9%。

(五)活养保管

活养原料是目前饮食行业运用较多的一种方法,也可以说是烹饪原料的另一种保管方法。它主要是针对生命力强的家禽、水产类烹饪原料,如各类鱼、虾、蟹、贝、螺、家禽、野味等。活养原料的目的,一是延长其生命,随时给消费者提供一份鲜活的原料;二是保持和提高原料的质量,使体内腥味或异味减轻;三是起宣传和观赏作用,给消费者提供一次观赏的机会,并通过观赏达到宣传和引导消费的目的。由于活养原料的种类繁多,活养的方法也各不相同。现将主要活养原料的方法介绍如下。

1. 淡水活养

淡水活养主要针对活养的淡水鱼、虾等原料。技术要点:首先,水要宽,要能流动,严格控制水温在20～30℃,;活养鱼、虾的数量不宜过多;其次,严格控制室温,温度过高或长时间温度过高易造成鱼、虾死亡;再次,饲养时间一般控制在 2～3 天,时间过长易死亡或身体消瘦。另外,对于淡水贝、螺,基本情况相同,如田螺、螺丝在活养时,水中可加几滴油脂,可以帮助各种螺丝去尽污物。

2. 海水活养

海水活养主要针对活养的海产鱼、虾等原料。技术要点:水要宽,要能流动,水中必须加生化海水精、食盐、苏打。配制时先用 2/3 的生化海水精和 1/3 食盐混合,然后放入清水中(100 千克水,加 625 克混合物);配有盐度表,用盐度表测量盐度在 25℃左右,加入适量苏打,即可活养海产鱼、虾等。严格控制水温,一般在 15～18℃。控制室内温度,气温过高要通风处理,温度不宜超过水的温度。另外,对于海产贝,如象鼻蚌,可以在容器底部放一些水,中间放入象鼻蚌,表面再铺一层冰块即可;对于海螺可以放置在盐水溶液中(500 克清水加 2.5 克盐),但盐水溶液的用量较少,浸到海螺三分之一处即可。

3. 笼栏圈养

笼栏圈养主要针对家禽和野味等原料。技术要点:新购进的家禽和野味,不要急于喂饲料;要多给一些清水让家禽和野味自饮;每天 2 至 3 次清理笼、栏和一切饲养用具,保持饲养环境的清洁卫生,以防疾病发生与传染。

四、原料变质的原因

原料变质主要是指在原料保管过程中所引起的一系列原料变化状况。一般来说,引起原料变质的原因有物理、化学和生物三方面。

(一)物理原因

1. 高温

过高的温度,容易使原料脱水变干枯,体积缩小,口感变硬等。

2. 低温

一般在－4℃以下低温,会形成原料严重冰冻,待其化解时原料组织中的水分随着缓解而失去,使其变软容易发生变质或导致腐烂。

3. 干燥

原料在干燥状况下容易保管,但会引起原料内部水分挥发,使原料变得枯萎,影响原料的营养成分和质量。

4. 潮湿

空气潮湿容易引起原料变质发霉,有些原料还会在短时间腐烂,如蔬果类原料。

5. 光线

日光中的紫、红外线能使原料变色、水分和营养成分挥发,使其风味变异。有些还会引起原料的变质,如油脂在光线充足的情况下容易发生氧化作用,使油产生异味。

6. 污染

污染是指原料保管不当而引起的交叉感染，如腥臊异味重的原料与其他原料保管在一起，就会相互影响造成一定的异味。

（二）化学原因

1. 自体分解现象

在动、植物原料的组织里，有一种自体分解酶（或酵素）存在。当它的生长、成活时，这种酶被氧化酶所抑制。所以，自体分解酶不能发挥它的作用，但当动、植物被宰杀或采摘后，氧化酶停止了活动，自体分解酶就活跃起来，使动、植物原料的组织变软、多汁或气味加重，从而影响原料质量。

2. 氧化现象

有些原料长时间与空气中的氧接触，其成分也会因其氧化而变质，如新鲜肉类原料和蔬菜原料容易发生颜色变化，使其变色（脂肪变黄）或褪色。

（三）生物原因

1. 霉菌

霉菌在潮湿的环境中最易繁殖，原料在潮湿的环境中表面水分增多，容易被霉菌感染，从而使原料表面发霉，产生霉烂味，导致原料营养成分分解和变质。

2. 细菌

空气中有许多细菌会使原料腐败变质，如鱼、肉类原料感染了腐败细菌，就会使原料腐败变质，产生异味或臭味；甚至有些细菌还会产生有毒或有害物质。

3. 酵母菌

酵母菌也普遍存在自然界的空气中，有的酵母菌能使水果所含的糖分发酵转化成酒精，产生怪味；有些酵母菌能使泡菜变红；有些酵母菌可以使啤酒变浑浊。

4. 虫类传播细菌

原料因受到虫类的接触和蛀咬，容易腐败变质，导致原料不能食用，如肉类、内脏生蛆，米、面生虫，鱼、肉、蛋等受到苍蝇等的接触后，容易腐败变质。

第二节 鲜活原料的初步加工

鲜活原料的整理、宰杀、洗涤的过程，就是鲜活原料的初加工，即原料由毛料成为净料过程。鲜活原料的种类繁多，其中有很多是不能直接用来烹调的，而必须经过初步加工（也叫粗加工）和细加工，才能用以烹调和食用，如活鸡要经过宰杀、褪毛、去内脏、洗涤；活鱼要去鳞、去鳃、去内脏、洗涤；蔬菜有的要摘去黄叶老帮，有的要削皮去根。再将原料加工成烹调所需的形状，才便于烹调入味和便于食用。因此，动物、植物、矿物性原料都必须按照菜肴成品的要求，按原料的不同种类、性质、部位进行不同的初加工。不然，不但影响菜肴质量，而且也容易造成浪费和影响企业的经济效益。

一、原料初步加工的基本原则

（一）保证原料的清洁卫生

烹饪原料来自多方面，种类繁多，有许多带有泥污杂质和菌虫等，在初加工过程中必须把它们清洗干净，以避免造成不必要的后果或某些疾病，如食物中毒（农药残留物）、细菌性疾病等。

（二）使原料符合切配和烹调的要求

烹饪原料的初步加工是为切配和烹调服务的。因此，在初步加工中要考虑到不同的烹调方法、不同的刀工要求和不同的成品要求，有目的、有计划、有步骤地去加工烹饪原料，如杀鸡开膛时要考虑到鸡的用途，如果是做“清汤布袋鸡”则不能开膛，必须选用整料出骨的方法去除内脏和骨骼，便于原料造型和制作，使菜肴达到成品的要求。

（三）保持原料的营养成分

烹饪原料由于种类繁多，所含营养成分各不相同，某些原料含有水溶性维生素，在洗涤过程中浸泡时间过长或改刀后洗涤就容易使水溶性维生素流失；动物性原料脂溶性维生素在温水或热水中洗涤也容易流失。因此，必须根据原料的性质选择相适应的方法来加工原料，最大限度地保持原料的营养成分。

（四）合理利用原料

烹饪原料在加工时不仅要保证原料的清洁卫生和便于烹调，而且在初加工过程中更要注重原料的合理使用，尽可能做到物尽其用，如笋的老根可吊汤；鱼鳞可制作菜肴（鱼鳞冻）；芹菜叶可以制作凉菜和热菜（香干拌芹叶、香酥翠叶等）。

二、蔬菜的初步加工

新鲜的植物性原料是烹饪原料中的一部分，也是人们日常膳食中不可缺少的副食品，它含有丰富的维生素、碳水化合物和无机盐。蔬菜不但可以单独成菜，而且还可以配合其他原料一起组合成富有营养的菜品。蔬菜一般有根、茎、叶、花、果等五部分组成，由于可供食用的部位不同，所以加工处理也有一定的差异。

（一）蔬菜加工的目的与要求

蔬菜的品种繁多，食用的部位也各不相同。但其最终的目标就是通过加工处理，为烹调提供具有卫生性、营养性、风味性、美观性的原料。所以，加工的目的是去除不能食用的根、叶、皮、筋、籽核、内瓤、外壳、毛绒、虫眼等杂质，洗净泥沙、虫卵以及残留的农药、化肥和其他污染物质，修整形体，使之达到烹调所要求的标准。因此，蔬菜加工的要求有以下三方面。

1. 摘除废料，保证规格

蔬菜加工时必须去净老叶、黄叶及腐烂和损伤的部位，严格按照烹调要求或成品要求的规格来进行加工处理。

2. 洗涤得当，确保卫生

蔬菜加工时必须根据原料的品种、部位来选择加工方法和洗涤方法。特别对叶菜、茎菜类原料必须采用整棵或整叶洗涤的方法。若改刀后洗涤，既破坏了蔬菜表面固有的保护层，也容易造成水溶性营养物质的流失。对于根茎类原料，去皮后洗涤，还要放置在清水内浸泡。这样既可防止原料表面失水，又可防止原料所含成分单宁酸的褐变。但原料长时间浸泡也容易破坏其营养和风味。

3. 合理放置，厉行节约

洗涤后的烹饪原料必须放置在洁净的器皿中，避免再次污水。放置时要长短一致，排列整齐。对有些原料应采取综合处理的方法来加工，尽可能避免浪费，如菜心摘取后（鸡粥菜心），较嫩的菜叶仍可作它用（腐皮炒青菜等）。

（二）蔬菜加工方法

首先，蔬菜的种类很多，加工方法因料而异，大体有以下几种：摘（摘叶）、刮（刮毛绒）、削（削皮）、撕（撕筋）、剔（剔去废料、烂料）、掰（掰开原料）、挖（挖出废瓤）等加工方法。其次，蔬菜的洗涤方法有直接冷水洗、盐水洗和消毒水溶液洗三种。

1. 直接冷水洗

直接冷水洗就是将加工整理后的原料，放在清水中冲洗、浸泡、再冲洗的一种方法。

2. 盐水洗

盐水洗主要针对虫卵较多的蔬菜，在直接冷水洗的基础上，将原料放入盐水中浸泡5min（1%～1.5%浓度的盐溶液）。由于盐水对虫卵具有一定的杀伤作用，可以使虫卵脱落于水中，然后再用清水冲洗干净。

3. 消毒水溶液洗

消毒水溶液洗主要针对生食的蔬菜，为了达到杀菌消毒的目的，将原料放入消毒水溶液中浸泡 5min，即可达到杀菌消毒的作用。然后再用凉开水洗净，洗净后可供生食，如黄瓜、西红柿、生菜、香菜等。消毒水溶液一般有高锰酸钾水溶液（浓度在 0.1%～0.3%）和洗洁净水溶液（1 滴/kg）等几种。

三、家禽的初步加工

家禽是指人工饲养的鸡、鸭、鹅等动物性原料。由于家禽的形体一般特征相似（头、颈、躯干和尾），所以，其初步加工的方法基本相同。

(一)家禽加工的目的和要求

家禽加工的目的是为烹调提供洁净的烹饪原料。因此,必须对家禽进行加工处理,使之体外的羽毛、体腔内血渍、鼻嘴内黏液和其他杂质去除干净。为此,家禽的加工要求有以下四个方面。

1. 放尽血液

放尽血液就是宰杀家禽时必须将气管、血管割断,然后放尽血液。如果血液放不尽,肉色发红影响肌肉质量。

2. 褪净禽毛

褪净禽毛就是根据家禽的形体大小、老嫩状况,确定水温和泡烫时间,尽可能将羽毛泡烫均匀和拔净,时间不易过长,防止鸡皮烫熟。

3. 剖口正确

家禽的剖口主要是为了去除内脏,但是为了保证成品的特点,就必须根据烹调的要求和目的选择剖口。一般要求剖口正确,刀口不易过大,过大会影响成品的形体美观。

4. 洗涤干净

洗涤前必须摘除内脏、气管、食管、嘴壳、舌尖硬壳、腔体内的肺、颈部的淋巴、尾上腺等。然后用清水冲洗,洗净表面杂质以及腔体内血液和鼻嘴处黏液。

(二)家禽的加工方法

家禽的加工方法分为宰杀、褪毛、开膛去内脏和整理内脏四种。下面以鸡为例。

1. 宰杀

宰杀前应先准备一只碗,碗中放少量盐和清水。左手握住鸡翅膀,小指钩住右腿,大拇指和食指掐住鸡颈皮,下刀处拔去颈毛,右手持刀割断气管、血管,放下刀捏住头,倾斜地将血液放尽。宰杀方法一般有三种,如图 3.1 所示。

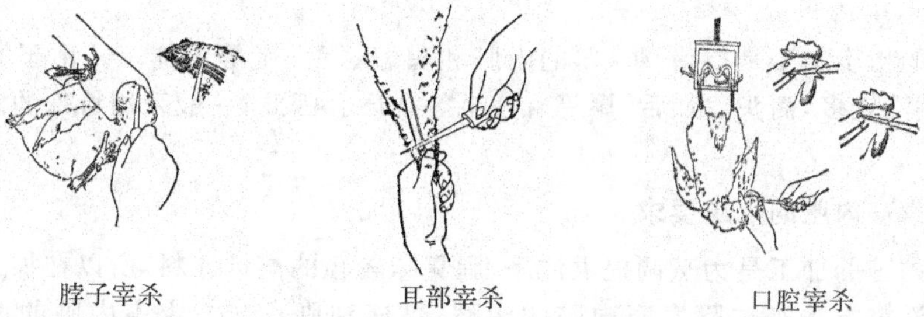

图 3.1　家禽宰杀方法

2. 褪毛

盆内放入 70～90℃热水,放入家禽泡烫,泡烫时间应根据家禽老嫩确定。一般家禽头、爪先泡烫，躯体后烫，烫制均匀后捞出，拔躯干羽毛时先拔翅膀羽毛和尾部羽毛。拔毛时必须顺毛拔，将绒毛一起带走。如果表面有小绒毛残留，可放入清水中用手指或镊子拔净。

3. 开膛去内脏

开膛去内脏必须根据烹调的要求进行，一般开膛分为三种：①腹开。先在家禽颈的右侧脊椎骨处横开一刀，取出气管、食管和素囔。然后在肛门和腹腔部横或竖的切割一刀。一般刀口不超过 6cm 长，用手指拔断内脏与禽体黏连的膜，手掌托住内脏轻轻拉出，再去净肺叶。②脊开（背开）。先在家禽脊背处剖开，刀口从尾部至禽颈部，刀口不易过深，避免割破内脏。然后从脊背处取出内脏、肺叶、气管、食管和素囔。③肋开（腋开）。先按腹开的方法去净气管、食管和素囔。然后在翅膀下方的躯体肋骨上剖开，刀口一般小于 5cm。用中指和食指伸入腹腔内划断内脏与禽体黏连的膜，将内脏从肋开处掏出。

上述开膛去内脏方法，都应注意不要碰碎肝脏和挖破胆囊，因为肝脏是软嫩的原料，碰碎后影响使用。而挖破胆囊，胆汁就会污染肝脏，使肝脏具有苦味而影响烹调制作。

4. 整理内脏

家禽的内脏有肫、肝、肠、油脂和宰杀时的血液等。整理的方法如下：①肫。割断与肫相连的食道及肠，再将肫剖开，去净污物，剥掉内壁黄衣，洗净即可。②肝。肝需摘除胆囊或切除胆囊，洗净备用。③肠。肠需先摘除胰脏，再用剪刀剖开肠子，去净污物，再用盐、矾、醋等反复搓洗，每搓洗一遍清水洗一遍，一般 2～3 次，使肠壁黏液去除。④油脂。将油脂洗涤干净，改成小块，放入碗内加葱、姜、料酒上屉蒸化，再去除葱姜，撇出油脂冷却后即为鸡油或称明油。⑤血液。将凝固的血块放入开水锅中煮烫成熟或放入蒸屉内蒸制成熟。煮烫和蒸制时必须掌握加热时间，防止血块出现蜂窝等现象，影响成品质量。

四、家畜的初步加工

家畜的初步加工是指猪、牛、羊的内脏和头、爪、舌、尾等的加工。由于家畜内脏污秽较重、黏液较多，而头、爪、舌、尾等有残毛等杂质。因此，一般采用特殊的洗涤方法来进行处理。

（一）家畜内脏的加工要求

家畜内脏的加工是为烹调提供洁净、腥臭味较轻的烹饪原料，所以在加工时必须采用特殊的洗涤方法来去除家畜内脏的污秽、黏液和腥臭味。家畜内脏的加工有如下要求。

1. 洗涤干净

家畜内脏必须摘除干净油脂（网油、肠油），再清除干净（残物及粪便），然后用清水冲洗干净，防止残物或粪便黏在内脏表面。

2. 去除腥臭味

家畜内脏都带有各自的腥臭味，必须选用盐、矾、醋、碱等物质进行搓洗，使家畜表面的黏液（腥臭味）脱落，再用清水洗净，使家畜内脏的腥臭味降到最低程度。

3. 避免污染

家畜内脏带有残物及粪便，如果不及时进行处理，内脏内的污物就会污染内脏，造成内脏发黑（青褐色），严重影响到成品的质量。

（二）家畜内脏的加工方法

家畜内脏的加工方法有以下六种。

1. 翻洗法

翻洗法又称里外翻洗法，是将家畜的肠、肚等内脏，去净内壁污物（里外翻、套肠翻），再放入清水中冲洗干净的一种加工方法。

2. 搓洗法

搓洗法又称盐、醋搓洗法或盐、矾搓洗法，是将翻洗后的肠、肚等黏性较多的内脏，放入盐、醋或盐、矾等物质反复搓洗，待黏液去除后再用清水冲洗干净的一种加工方法。

3. 烫泡刮洗法

烫泡刮洗法是指家畜内脏有些表面带有一层白膜（肚、舌），就必须放入开水锅中打焯，待白膜受热收缩（蛋白质变性），捞出放入清水中用刀刮洗干净的一种加工方法。

4. 烙烧刮洗法

烙烧刮洗法是指家畜的头、爪、尾等带有残留的毛和污垢，必须选用烧红的铁器烙烧或放入文火中火烧，再放入清水中浸泡，使烧焦的污垢表面回软，再用小刀刮洗干净的一种加工方法。

5. 漂洗法

漂洗法是指家畜的脑、脊髓等原料，表面带有血筋和血膜（质地柔软），必须放在清水中一边漂洗，一边挑血筋、血膜，使其漂洗干净的一种加工方法。

6. 灌水冲洗法

灌水冲洗法是指家畜的肺管套放在水龙头上，一边灌水一边拍打肺叶，促使水流入肺管和支气管等组织中，使肺叶扩张，冲净黏液，达到肺叶内洁净无异味的一种加工方法。

五、水产品的初步加工

水产品在烹调中运用较多，主要指鱼、虾、蟹、贝等水生动物性原料。由于水产品种类多，在烹调中使用方法各不相同。因此，水产品的初步加工的方法也应料而异。

（一）水产品加工的目的和要求

水产品原料种类繁多，有些鱼是有鳞的，还有一部分鱼是无鳞的。为了彻底清除表层的黏液、消除腥味，就必须选用特殊的加工方法来进行处理。其目的是为烹调提供洁净的、清洁卫生的合格原料。水产品初步加工的要求如下。

1. 除尽污秽杂质

水产品原料往往带有较多的黏液、血水、寄生虫等污秽杂质和腥味，必须按照烹调的要求去除干净，使其符合卫生要求和保证成品的质量。

2. 按用途或品种特性加工

水产品种类繁多，初步加工时必须根据水产品的特性和烹调用途来进行处理。加工时还要注意充分利用某些可食部位，尽可能做到物尽其用，避免浪费现象的出现。

3. 切勿弄破苦胆、保持原料形状完整

首先，水产品原料中的淡水鱼，一般均有苦胆，初步加工时尽可能不要将苦胆弄破。因为苦胆弄破，胆汁就会使鱼肉变苦，严重地影响到成品的质量。其次，剖腹和去鳃时尽可能保持鱼体的完整性，不然就会影响到成品的形态。

（二）水产品加工的方法

水产品加工的方法主要是根据水产品的特征来进行加工处理，一般可分为以下四种。

1. 刮鳞

有鳞鱼一般都采用刮鳞的方法来进行加工处理。一般选用刀具或特制的铁板刷，从鱼尾部向鱼头部逆向刮鳞。而对于表层无鳞的其他鱼类可采用以下几种方法。

(1)褪沙。有些鱼表面有一层细沙，如鲨鱼、鳐鱼等，必须采用褪沙的方法，将鲨鱼和鳐鱼表面的细沙去除，即将鲨鱼、鳐鱼等放入大盆内，用 70～90℃ 的热水泡烫 1～5min，捞出后用小刀刮去鱼体表层的细沙。褪沙时必须根据原料的老嫩情况、水温情况来确定泡烫的时间，防止皮破沙陷，影响成品的质量。

(2)剥皮。有些鱼表面有一层粗糙的皮质，如绿鳍马面鲀、半滑舌鳎鱼、条鳎等，必须采用剥皮的方法，将其表面一层粗糙的皮质剥去，使其符合食用的要求。

(3)泡烫。有些鱼表面有一层黏液，如鲶鱼、泥鳅、河鳗等，必须采用泡烫的方法来进行加工处理，既将其放置在 80～95℃ 的热水中，使其表层黏液凝结，再采用漂洗的方法将黏液彻底去除，使其符合食用的要求。

(4)宰杀。有些水产品因生命力极强，离水后不易死亡，如鳝鱼、泥鳅、甲鱼、乌龟等，必须采用宰杀的方法，将其杀死放尽血液。一般鳝鱼的宰杀方法有两种：一是活杀。剪断颈椎放血，然后剖腹去内脏或将其击昏，然后把头钉在木板上，在颈椎处扦入小刀，剔去椎骨，然后摘除内脏洗净，即为半成品原料。二是汆杀。将鳝鱼倒入 80～90℃ 的热水锅中，泡烫 10～15min，待鳝鱼张嘴后捞出，然后剔去椎骨，摘除内脏，即为半成品原料。汆杀时必须加盐和醋，一般 2 千克水加 20 克盐和 15 克醋。盐可以使鱼皮收缩增加弹性，而醋可以使鱼皮色素沉淀增加光泽，并具有去除鱼腥味的作用，即去除表面放线菌特有土腥味的作用。

(5)摘洗。有些原料表面具有一层皮膜和后唾液腺,必须采用摘洗的方法,将其废料去除,如乌贼、鱿鱼、章鱼等,即去除皮膜,前后唾液腺等内脏洗涤干净,使其符合食用的要求。

2. 去鳃

鳃是鱼的呼吸器管。由于鱼生长的水域的状况不同,鱼鳃中带有污秽和细菌,必须彻底清除。在清除鱼鳃时还需要把鱼的咽齿去除。去鳃的方法一般用剪刀和手挖,将鱼鳃清除干净。

3. 去内脏

去内脏的方法,一般是根据烹调的要求进行的。一般有三种去内脏的方法:一是腹出法(从鱼腹部开刀,再去内脏,如红烧鳊鱼、清蒸鲻鱼等)。二是脊出法(从鱼脊背开刀,再去内脏,如荷包鲫鱼等)。三是口腔出法(从鱼口腔或鳃盖部去除内脏,如锅烧河鳗、干煎黄鱼等)。

4. 修鳍和洗涤

修鳍是将取过内脏的鱼进行修理整形,一般采用刀剁和剪刀剪的方法。对于有毒而锋利的鳍(鳜鱼),应先剁去背鳍,再进行去内脏。洗涤时将鱼放入清水中漂洗,去除腹内黑膜、咽齿和血水等。

(三)常用水产品加工实例

1. 龟鳖的加工

龟鳖分为头、颈、躯干及尾四部分。龟鳖的加工以中华鳖最为典型。中华鳖又称甲鱼、团鱼、水鱼。其操作程序:宰杀(放血)—泡烫—刮膜—开壳—整理内脏—焯水—洗涤(待用)。鳖体边缘部位柔软,称为裙边,是鳖体最肥美的部位。鳖除膀胱、屎肠、食气管、胃和腹中黄油,其他均可食用。但死鳖不能食用。因为鳖死后体内的组氨酸就会发生变化,容易导致人体中毒,故必须选用活鳖。

2. 蛙的加工

蛙分为头、躯干和四肢三部分。蛙的加工以牛蛙最为典型(牛蛙、虎斑蛙、林蛙等)。牛蛙原产北美洲,体形大,肉质鲜美。其操作程序:摔死或用剪刀剪去蛙头—剥皮—剖腹—整理内脏—洗涤(待用)。牛蛙的内脏除肠、胃、胆、膀胱等不能食用,其他均可食用。特别林蛙(中国林蛙又称蛤士蟆,雌性腹内的输卵管色白如脂肪状,又称蛤士蟆油,是珍贵的烹饪原料之一),可用于高档宴席。

3. 蛇的加工

蛇分为有毒和无毒两种。我国食用的蛇大体有锦蛇、滑鼠蛇、三索线、白花蛇、水律蛇、蚺蛇、眼镜蛇、金环蛇和过树榕等。其操作程序:捏紧蛇头(左手食指和拇指捏紧蛇七寸)—宰杀(剪去蛇头或用刀把颈部割断)—剖腹—剥皮—去内脏—洗涤。蛇的血和胆一般都泡酒用或药用。蛇被广东人视为秋冬滋补珍品,素有“秋风起矣、三蛇肥矣、滋补其时矣”一说。

4.虾的加工

虾分为海虾、江虾、河虾、湖虾等,常用的品种有沼虾、鳌虾、对虾、毛虾、龙虾等。虾籽味道鲜美,加工时将虾放入清水中,漂洗出虾籽,过滤后晒干或烘干。虾子是烹饪原料中较珍贵的原料,用途较为广泛,如虾子冬笋、虾子大乌参、虾子蹄筋等菜肴。其加工方法有三种:

(1)挤捏法。捏住(一手捏住虾头,另一手捏住虾尾)—挤压(用力挤压,使虾肉从脊背处挤压出来)—去沙肠—洗涤(用明矾溶液洗涤,去除虾表面色素)。

(2)剥壳法。捏住(捏住虾头或虾尾)—剥壳(去除虾头或虾体壳)—去沙肠—洗涤。

(3)修整法。用刀、剪修去废料(额剑、眼、触角、颚足和步足)—剔除沙肠(脊背开刀或用竹签挑净沙肠和胃)—洗涤(待用)。

5.蟹的加工

蟹分为海蟹、江蟹、河蟹、湖蟹等。常用的品种有三疣梭子蟹、中华绒蟹(河蟹、毛蟹)和青蟹等。其操作程序有两种:

(1)整只加工。静养—洗刷—捆扎(清蒸大闸蟹)。

(2)出肉加工。静养—洗刷—蒸、煮—卸下蟹足—揭开背壳和摘下腹壳—剔出蟹体内和蟹壳内的脂肪和肌肉(去除胃和肺叶)—压挑出蟹足肌肉—剖开腹壳—剔出腹内肌肉(去除屎肠)—分质保管。

6.乌贼的加工

乌贼又叫墨鱼。乌贼分头、足和躯干三部分。其操作程序:摘洗(摘除墨囊、挤破眼,洗净吸盘,前、后唾液腺)—剥去皮膜—去除内脏(去除胃、育囊、胰脏、肾囊、羽状鳃、直肠、肛门、食道和船骨)—冲洗干净。

第三节 原料的分档取料

烹饪原料经过初步加工后,绝大多数可作为切配的原料。但是,其中有一部分原料,由于形体较大或带有骨刺或由于烹调的某种需要,还必须对这些原料进行加工处理。为此,将这些原料的加工处理,称之为烹饪原料的取料或分解工艺。分解工艺是指对整形原料进行有规则的分割,使之成为具有相对独立意义的更小单位和部件。通过取料,使原料变为更小的单位和部件(包括骨刺的去除),更有利于切配、加热、入味、食用和人体的消化吸收。

一、烹饪原料的出肉加工

烹饪原料的出肉加工就是按照烹调的要求，将动物性原料的肌肉组织从骨骼上分离出来或将骨、刺去除，达到净料要求。出肉加工是烹调前一项重要的基础工作，它不仅能使部位原料得到合理使用、避免浪费、降低成本，而且还直接影响到菜肴的质量。出肉加工有生出骨和熟出骨两种。生出骨是指将未经烹调加工的原料进行剔骨，去除骨、刺的一种出肉方法；熟出骨是指将加热成熟的原料进行剔骨，去除骨、刺的一种出肉方法。为了达到烹调的制作要求，无论生出骨还是熟出骨都要符合出肉加工的要求。

（一）出肉加工的基本要求

1. 按照烹调的要求出肉

如制作清汤鱼圆的鱼茸，必须在整鱼去骨、去刺、去鱼皮的基础上得到净鱼肉，而这里的去骨、去刺、去鱼皮，就是出肉加工的方法或步骤。

2. 出肉要干净

出骨必须去得干净，做到骨不带肉，肉不带骨，避免浪费。因此，去骨时刀刃要紧贴骨骼操作，重复刀口要一致。

3. 熟悉动物性原料组织结构

对于动物性原料要了解肌肉和骨骼的组织结构及其不同部位，出肉加工时尽可能按照生理组织结构的排列顺序来加工，避免出现不必要的损失。

（二）烹饪原料的出肉加工

1. 猪的出肉加工

猪的出肉加工也叫“剔骨”。先将半片猪肉平放在案板上（皮朝下），用砍刀将脊椎骨砍为三部分，即前腿部、中部和后腿部；再进行出肉加工，即剔去骨骼，成为净料。

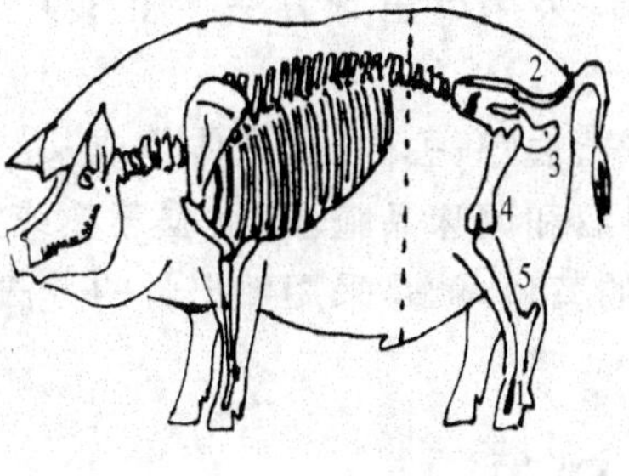

图 3.2　猪后腿部的出肉加工

1—荐骨；2—尾椎；3—髋骨；4—股骨；5—小腿骨

（1）前腿部出肉加工，需剔去第一颈椎骨、第一胸椎骨、肩胛骨和臂骨，即为净料。

(2)中部出肉加工,需剔去第一腰椎、肋骨和胸骨,即为净料。

(3)后腿部出肉加工,需剔去荐骨、尾椎、髋骨、股骨和小腿骨,即为净料,如图 3.2 所示。

2. 鸡的出肉加工

鸡的出肉加工,亦称“剔鸡骨”。先将鸡平放在案板上,将鸡分为鸡腿、翅膀和躯体三部分,再进行出肉加工,即剔去骨骼,成为净料。

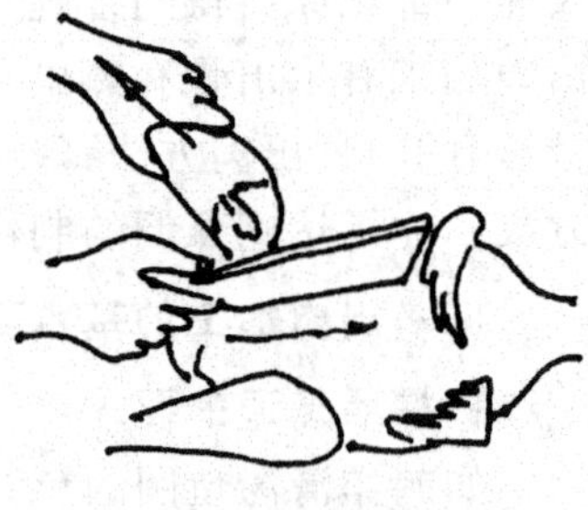

图 3.3 鸡的出肉加工

(1)鸡腿。右手握住鸡的右腿,使鸡腹向上,头朝外。将左腿与腹部相连的皮割断,右腿相同。把两腿向背后折起,在坐骨孔和鸡股骨连接处割断,把连接在脊背的筋及腰窝的肉割断,用力撕下两腿。剔去鸡腿内的股骨、髌骨、腓骨、胫骨,即为净料,如图 3.3 所示。

(2)翅膀。左手握住鸡翅,将臂骨与胸推处相连的筋割断,将鸡翅连同鸡脯肉用力扯下,将鸡翅与鸡脯肉分离。剔去翅膀内的臂骨、桡骨、尺骨,在腕骨处断开(翅尖),即为净料。

(3)躯体。躯体又称鸡骨架,在锁骨和乌喙骨处将鸡里脊的筋膜断开,顺鸡脯方位扯下(鸡芽子),即为净料。

3. 鱼的出肉加工

鱼的出肉加工一般有两种方法,一种是生出骨,另一种是熟出骨。

图 3.4 鳝鱼生出骨

(1)生出骨。将整鱼去鳞、去鳃、去内脏(形体大),再断下鱼头,将鱼在脊椎骨处一剖两片(雌、雄片)。然后,在将两片鱼,剔去脊椎骨、内腔弧骨和附肢骨,即为带皮净料。如炒鱼片、菊花鱼等均采用生出骨方法。图 3.4 所示是一种鳝鱼出骨方法。

(2)熟出骨。将整鱼去鳞、去鳃、去内脏(形体小或某些鱼头),洗净后用葱、姜、料酒和调味品腌渍,上屉蒸熟或煮熟,趁热去除全部骨骼,即为熟净料,如海参黄鱼羹中的黄鱼,就是采用熟出骨的方法;再如江苏名菜拆烩鲢鱼头,也是采用熟出骨的方法。

二、烹饪原料的分割加工

分割加工又称分档取料,就是对已宰杀和初步加工的家禽家畜的整个胴体,按照烹调的不同要求,根据其骨骼、肌肉系统和构造情况,准确地进行分割。挡是指原料的不同部位;料是指各部位原料的质量。

菜肴质量的好坏与原料质量的优劣是分不开的。一种原料可以烹制若干种菜肴，但每一种菜肴对原料的质量要求都有一定的要求。原料由于部位的不同，其质量也不一样。为了确保菜肴的质量，就必须通过分割的方法，将不同质地的原料分开，来满足和保证烹调的需要。

（一）分割加工的作用

1. 保证菜肴质量，突出菜肴的特点

家禽家畜由于各部位原料的质量不同，烹调时就必须进行有选择的取料，以确保菜肴的质量，突出菜肴的特点，如糖醋里脊、芫爆里脊、滑炒脊丝等菜肴。为了保证成品的质量与特点的需要，就必须选择猪外脊（通脊），而不是小里脊或材料肉。如果选用其他原料来替代里脊，成品质量就达不到菜肴的标准。

2. 保证原料的合理使用，做到物尽其用

动物性原料由于部位的不同，质量也存在着较大的差异。所以，要根据原料的差异，合理地选择相适应的烹调方法，才能达到物尽其用的目的，从而更加有效地杜绝浪费现象，如猪的前腿肉（夹心肉），肉质瘦中带肥，适宜于制作肉馅。猪五花肉，肥瘦相间，适宜于制作“红烧、白煮、蒸”的菜肴。猪头，皮厚、胶质多，适宜于制作“酱、扒、拌、腌腊”的菜肴。由此可见，只要我们能识其性而善于选用合适的烹调方法，就可以提高原料的使用价值，也能保证菜肴的风味特点，真正达到物尽其用的目的。

（二）分割加工的要求

1. 熟悉家禽家畜的生理组织结构，下刀部位准确

家禽家畜的生理组织结构之间，往往有一层筋络隔膜或结缔组织膜。所以在分割加工时，应从筋络隔膜处下刀，将肌肉与肌肉或骨骼分离，避免损伤原料，从而保证所取原料的完整性。

2. 掌握分割加工的先后顺序

家禽家畜由于骨骼组织结构的因素，分割加工时应掌握下刀的先后顺序。否则，不但操作困难，原料易损坏，而且容易造成不必要的损失和浪费，如猪的分割加工，一般分为三部（前肢、身肢和后肢）。后肢的分割加工顺序是：①从跗骨下关节处切割下后足，再从股骨与小腿骨处切割下后蹄膀。②从荐骨和尾椎处切开，斜刀将其从髋骨和荐骨连接处断开。③刮净髋骨表面腱膜，从髋骨与股骨的关节处取下髋骨。④顺股骨剖开，使股骨裸露，刮净股骨表面腱膜，取出股骨。⑤将后肢肌肉分割下来。

3. 刀刃紧贴骨骼，重复刀口要一致

首先，出骨取料时，刀刃要紧贴骨骼，主要是断开骨骼与腱膜，这样可以避免损失（骨头带肉太多），以免造成不必要的浪费。其次，重复的刀口必须在原来的刀口上运行，这样肌肉组织损伤较少，可以有效地保证原料的完整性。

(三)分割加工及用途

分割加工主要指动物性原料经分割加工后各部位的名称、特点,以及各自的用途,即适合哪些烹调方法和可以制作什么菜。分割加工主要以猪、牛、羊、鸡、鱼等为代表,分割加工的家畜,主要是指屠宰后去头、内脏、脊椎骨处一砍两片的家畜胴体。目前,分割加工主要指皮肉部位,常见家畜的分割如下。

1.猪

猪的皮肉部位如图3.5所示。

(1)猪头。包括上下牙颌、耳朵、上下嘴尖(拱嘴)、印合、眼眶、核桃肉等。猪头皮厚、质老、胶原蛋白含量较高,适合扒、烧、拌、卤、酱、煮、腌腊等烹调方法,如烧扒整猪头、猪头焖子、红油水磨丝、美味糟舌、五香拱嘴等菜肴。

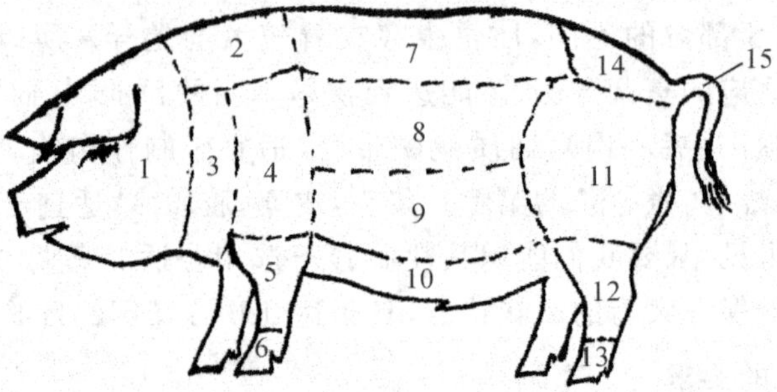

图3.5　猪的皮肉部位

(2)上脑,又称凤头皮肉、肩颈肉。位于肩胛骨处,质地较嫩,瘦中夹肥,适合炒、熘、炸、爆、炖、氽、焖、烧等烹调方法,如盐煎肉、糖醋肉段、酱爆肉丝等菜肴。

(3)颈肉,又称槽头肉、血脖。位于猪耳与猪第一颈椎骨下端的脖子肉,肉质较差,肥瘦不分,而且带有淋疤,一般多用于制作肉馅。

(4)前腿肉,又称前夹心、肩胛肉(哈力巴肉)。位于颈肉下方的肉,肉质较老,肉中带筋,瘦中夹肥,吸水性强,适合烧、焖、喂、炒、酱、熏、拌等烹调方法,如粉蒸肉、熘肉段、咕噜肉等菜肴。

(5)前肘,又称前蹄膀。位于前腿肉下方,肥少瘦多,瘦肉中夹带筋,肉质较老,皮厚,胶原蛋白含量较高,适合烧、扒、酱、喂、拌、熏等烹调方法,如红烧蹄膀、虎皮肘子、砂锅蹄膀、锅烧肘子等菜肴。

(6)前足,又称前蹄、前爪。位于前肘下端,肉少骨多,皮厚筋多,胶原蛋白含量高,适合酱、卤、拌、炖、烧等烹调方法,如红烧猪爪、酱猪手、猪爪黄豆汤等菜肴。

(7)脊背,又称里脊皮肉。包括小里脊、通脊或外脊,带骨切割又称大排。此肉质地嫩，肉纤维细，色泽浅，适合炸、炒、熘、烧、爆等烹调方法，如：炸大排、滑炒脊丝、菊花里脊、板筋炝芹菜等菜肴。

(8)和(9)肋条肉，又称五花肉。位于脊背下方处，肥瘦相间，肥肉多于瘦肉称硬五花，瘦肉多于肥肉称软五花，适合烧、焖、蒸、喂、煮等烹调方法，如东坡肉、百花酒焖肉、金牌扣肉、蒜泥白肉、龙眼烧白、酸菜氽白肉等菜肴。

(10)奶脯肉，又称肚囊子。位于肋条肉下方，猪的腹部。奶脯肉质量差，肉质以肥肉为主，肥肉呈泡泡状，一般用于烤油，也可绞茸作为制馅的辅料，能起松软作用。

(11)后腿肉。包括底板肉、黄瓜肉、上三岔、下三岔、磨挡肉等部位，统称材料肉。后腿肉，肉质坚实、细嫩，适合于炒、熘、炸、烹、爆等烹调方法，如宫爆肉丁、京酱肉丝、螺丝肉等菜肴。

(12)后肘，又称后蹄膀。质量较前肘差，肥肉多于前肘，用途基本相同。

(13)后足，又称后蹄、后爪。质量较前足差，用途基本相同。

(14)臀尖，又称尾尖。位于猪臀部的上方，脊背后端。其肉质地细嫩，略带筋，适合炒、熘、炸、爆、烧、蒸、扒等烹调方法，如糟蒸肉、香辣肉丝等菜肴。

(15)尾。皮多肉少，胶原蛋白含量较多，适合于烧、卤、酱、煮等烹调方法，如红烧猪尾、猪尾栗子煲、曲米酱猪尾等菜肴。

2. 牛

牛的皮肉部位如图 3.6 所示。

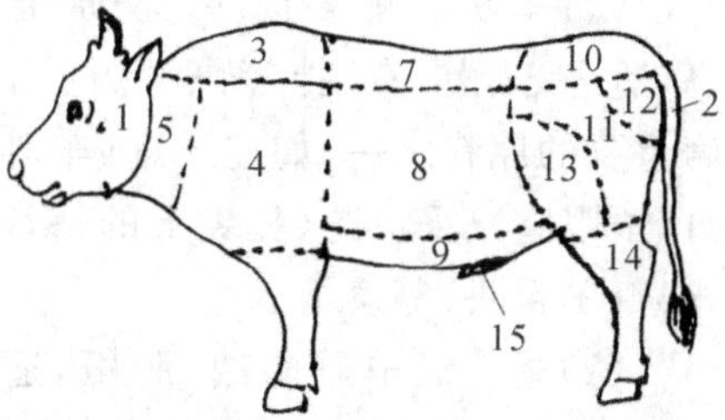

图 3.6　牛的皮肉部位

(1)牛头。包括舌、耳等。牛头皮多、骨多、肉少，有瘦无肥，适合酱、卤、扒、烧、拌等烹调方法，如三元扒牛头、云腿油卤牛头、酱牛舌、扒口条等菜肴。

(2)尾。骨多肉少，肉质肥美，适合炖、煮、烧等烹调方法，如砂锅牛尾、瓤牛尾、清炖牛尾等菜肴。

(3)上脑。位于牛的前腿最上方与脊背部相连的部位。上脑肥瘦相间，肉质肥嫩，适合焖、烤、炒、涮、爆等烹调方法，如焖烤牛肉、葱爆牛肉、蒜薹炒牛肉等菜肴。

(4)前腿。位于上脑下方，包括前胸和前腱子的上方，肉质较老，适合烧、卤、喂、煮、炖等烹调方法，如红烧牛肉、汤煨牛肉、土豆炖牛肉等菜肴。

(5)颈肉，又称牛脖子肉。此肉质地较老，适合制馅或煮汤、红烧等，如红烧牛肉、牛肉包子、牛肉炖萝卜等菜肴。

(6)前腱子，又称卷子肉、花腱肉。位于前膝的下部，筋肉相连，肉质老，适合酱、卤、煮、拌等烹调方法，如五香酱牛腱、红油拌牛腱子等菜肴。

(7)外脊,又称通脊,包括里脊。位于上脑的后端和通脊的斜下方。此两种肉质地细嫩、肉纤维细,适合炒、熘、炸、爆、烧等烹调方法,如滑蛋牛肉、蚝油牛肉、圆葱煎牛里脊、炸牛排、茄汁挂炉牛肉等菜肴。

(8)肋条,又称腑肋。此肉带有筋,肉质较老,适合烧、炖、煨等烹调方法,如土豆烧牛肉、鸡腿炖牛肉等菜肴。

(9)白奶,又称白腩。位于肋条下方,牛腹部。此肉肉层较薄,附有白筋膜,适合烧、炖、炸等烹调方法,如酥炸牛腩、清炖牛肉等菜肴。

(10)米龙。位于后腿的最上方,前连外脊、后接尾根的地方。此肉肉质细嫩,适合炒、熘、炸、烹、爆、烧等烹调方法,如锦绣牛肉丝、金钱牛柳、炸五香酥牛肉等菜肴。

(11)里子盖。位于米龙的下部。肉质细嫩,可替代米龙。

(12)子盖。位于里子盖的下面。肉质细嫩,可与米龙通用。

(13)和尚头。在子盖的上方,里子盖的下方,有一块肉俗称和尚头,是由五条筋合拢而成,肉质较嫩,炒吃较好,如清炒牛肉丝、牛肉末炒粉丝等菜肴。

(14)后腱子。质地与用途同前腱子。

(15)牛鞭,即公牛的生殖器,胶质含量高,多用于烧、炖、喂等烹调方法,如红烧牛鞭、栗子炖牛鞭、鹿茸牛鞭花等菜肴。

3.羊

羊的皮肉部位如图3.7所示。

(1)羊头。皮多肉少,胶原蛋白含量较高,适合酱、卤、煮、拌等烹调方法,也是全羊席重要的原料之一,如迎风扇(羊耳尖)、玉珠灯(羊眼睛)、采灵芝(鼻尖上的一块圆肉)、落水泉(羊舌头)等菜肴。

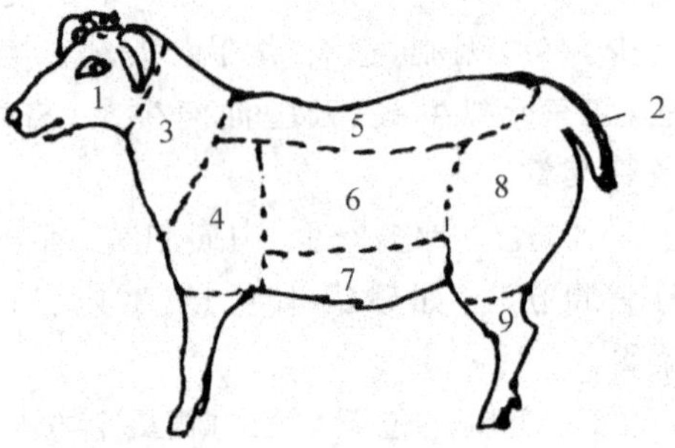

图3.7 羊的皮肉部位

(2)尾。绵羊尾多油,肥嫩,适合炸、卤、拔丝、炖、烧等烹调方法,如炸羊尾、拔丝羊尾、炖羊尾、红烧羊尾巴等菜肴。

(3)颈肉,又称脖子。位于羊头后端。肉质较老,夹有细筋,适合制馅和酱、卤、扒、炖等烹调方法,如扒颈脖、焦炒羊肉等菜肴。

(4)前腿。位于脖子后端下方,上连脊背,下接前腱。此肉肉质脆嫩,肥多瘦少,适合烧、炖、卤、酱、蒸、煮、拌、烤等烹调方法,如冻小羊肉、腊羊肉、锅烧羊肉、东坡羊肉、生扒羊肉等菜肴。

(5)脊背,又称通脊、外脊。此肉肉质细嫩,适合炒、熘、炸、烹、爆等烹调方法,如菊花羊肉、凉拌里脊丝、纸包羊肉等菜肴。

(6)肋条,又称方肉、羊肋。位于脊背下方,前腿后端。此肉肉质较嫩,外有一层云膜,适合焖、炖、喂、扒等烹调方法,如砂锅羊肉、清炖羊肉、扒羊肉条等菜肴。

(7)胸脯,包括腰窝肉。位于肋条下方,肉质较好,肥多瘦少,无皮筋。腰窝肉位于腹部肋骨近腰处,肉中夹有三层筋膜,肉质较老,质量较差,适合烤、爆、烧、炖、扒、酱、卤等烹调方法,如红烧羊肉、茄汁扒羊肉、五香酱羊肉等菜肴。

(8)后腿。包括臀尖、磨挡、黄瓜肉、元宝肉等。肉质细嫩,大多数可作为材料肉使用,个别部位可代替外脊肉,适合炒、烹、爆、烤等烹调方法,如涮羊肉、氽锅底、大葱炮羊肉、烤羊肉串等菜肴。

(9)后腱。其肉质与前腱相同。

4.鸡

鸡、鸭、鹅等家禽的骨骼和肌肉特征基本相同。以鸡为例,如图 3.8 所示。

(1)脊背。脊背两侧各有一块肉,俗称"核桃肉"或"栗子肉"。此肉质地细嫩,形状较小,适合炸、炒、熘等烹调方法,如串炸鸡球、油爆鸡花、香熘栗子肉等菜肴。

(2)腿。腿肉多筋多,骨骼多,适合炸、烧、扒、爆、炒等烹调方法,如鸡腿扒海参、香酥鸡腿、锣锤鸡腿、五味鸡腿等菜肴。

(3)胸脯,包括里脊肉,又称鸡芽肉、鸡柳肉,也是家禽肌肉中最嫩的肉。适合炒、熘、炸、烹、爆、烧等烹调方法,如软炒鸡茸干贝、熘鸡脯、芫爆鸡丝、软炸鸡条等菜肴。

(4)翅膀。翅膀骨多肉少、筋多,但其肌肉组织均为活肉,质地细嫩,带有筋膜,适合烧、炖、炸、酱、焖、蒸等烹调方法,如贵妃鸡翅、鲍鱼焖鸡翅、章鱼炖鸡翼、汽锅凤翅、咖喱葱油鸡翅等菜肴。

图 3.8　鸡的皮肉部位

(5)爪,又称凤爪,一般鸭和鹅称掌。皮多骨多筋多,肉少,胶原蛋白含量高,适合酱、卤、拌、冻、扒等烹调方法,如酱凤爪、凤爪扒鸡腰、冻鸭掌、芥末鸭掌、雪耳扒酿鹅掌、植物扒鸭掌、鲍汁鹅掌等菜肴。

(6)头,包括舌头,皮多肉少,骨多。一般鸡头用途不多,多用于制汤。鸭头和鹅头适合于烧、糟、酱、卤等烹调方法,如麻辣鹅头、香糟鸭头、鲍裙扒鸭舌、烧凤肝伴鸭舌、酱鸭舌等菜肴。

(7)颈,又称脖,皮多骨多,肉少,鸡颈一般淋疤较多。适合于制汤或炸、烧、炖、蒸等烹调方法,如酥炸鸡颈卷、彩酿鸡项、金钱鸡项、葡萄酒焗鸡颈等菜肴。

5.鱼

鱼分割加工,一般选用形体较大的鱼,可分为三部五挡,如图 3.9 所示。

(1)和(2)头部。头部包括头颅和颈圈两挡。头部肉少骨多刺少,鱼吻较肥美,除个别特殊菜用颈圈(烧颈圈、松鼠鱼),一般鱼头整个使用或与鱼尾配合使用。适合烧、烩、炖等烹调方法,如干锅鱼头、折烩鲢鱼头、砂锅鱼头、鱼头烧粉皮等菜肴。

(3)和(4)中躯部,又称中段。包括脊背和腹部两挡。中躯部肉多、刺多、骨少,适合炸、烧、熘、爆、炒、蒸等烹调方法,如菊花鱼、碧绿桂鱼卷、红烧肚挡、烧滑丝、抓炒鱼片、干烧中段等菜肴。

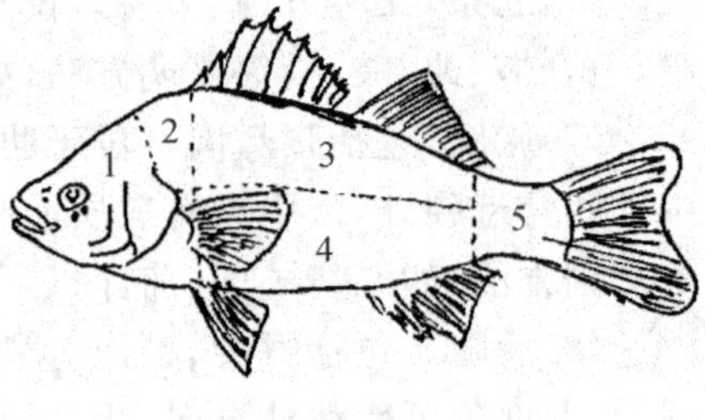

图 3.9　鱼的皮肉部位

(5)尾部,又称甩水。肉少骨多,一般与鱼头配合使用,适合烧、蒸、炖、焖等烹调方法,如葱油甩水、扇形鱼尾、烧头尾、孔雀鱼等菜肴。

三、整料出骨技术

整料出骨是指将整只原料中的全部骨骼或主要骨骼剔出,而仍然保持原料原有的完整形状。整料出骨具有良好的封闭性,不仅便于食用,而且便于菜肴的造型和滋味的融合。整料出骨是一项操作精细、难度高的技术。

(一)整料出骨的要求

(1)选料精。作为整料出骨的原料,必须选用健壮、大小适宜的原料,如家禽必须是仔禽,体重在1250～1750g。仔禽肉质细嫩,含水量较高,而且皮肤弹性强,韧性足,整料出骨时不易破损,加热时不易爆裂。

(2)初加工要严。凡用于整料出骨的家禽,初步加工时必须严格控制水温、浸泡时间,褪毛和刮鳞过程中严防出现表皮破损等现象,影响整料出骨。

(3)熟悉骨骼结构,下刀准确。整料出骨要熟悉原料的骨骼结构,根据烹爆的要求有顺序地将骨骼剔出。下刀时要精确,严防骨骼带肉过多,造成不必要的损失或浪费。

(二)整料出骨的作用

1. 便于造型,增加美观

整料出骨后的原料,由于去除了坚硬的骨骼,成为柔软的状态,便于改变其状态,使其成为造型新颖、形态美观的精美佳肴,如葫芦鸭、清汤布袋鸡、鸭包鱼翅、三套鸭、双皮刀鱼、怀胎鲤鱼、三鲜脱骨鱼、八宝桂鱼等菜肴。

2. 便于成熟、便于入味、便于食用

整料出骨后原料中的躯干骨去除,体积缩小,便于热能的快速传递,有利于调味品的渗透,促使原料和滋味的融合。同时,躯干骨的去除,便于人们咀嚼和食用,也避免了食用时吐骨、吐刺的情况发生。

(三)整料出骨的步骤

1.鸡整料出骨的步骤

鸡整料出骨如图 3.10 所示。

(1)出颈椎骨(划破颈皮,斩断颈骨)。出颈椎骨前必须剁下翅膀尖的指骨和腿部的爪。然后顺颈椎骨与两肩之间竖划一刀(3～4cm),分离颈椎骨与颈皮,从宰口处斩断颈椎骨和气食管,从肩颈的刀工处抽出。

(2)出翅膀骨。颈皮向下翻剥,使肩关节裸露,并将肱骨从肩关节处断开,划开肱骨的骨膜,然后抽出肱骨。

图 3.10　鸡整料出骨

(3)出躯干骨。将颈肉和翅膀肉朝外向下翻剥,划开胸椎和锁骨腱膜,剥到龙骨突前,手指伸进龙骨突两侧将肌肉与骨分离。断开龙骨突前上缘骨骼腱膜,将肉体剥落到双侧腿骨处,将两腿向上屈起,使大腿肱骨脱离坐骨,再剥落到尾棕骨处,并在尾棕骨与尾椎的关节处断开,取出躯干骨。

(4)出腿骨。在大腿的内侧剔开股骨的骨骼健膜,抽出股骨,再在股骨与胫骨处剔开骨骼腱膜,再抽出胫骨斩断。

(5)复原。将全部骨骼或主要骨骼剔净后,即可翻转,使其恢复原型,并检查表皮是否有破损,如小漏洞、刀口撕裂等现象。

2.鱼整料出骨的步骤

(1)脊出骨。从鱼的背鳍两侧剖开鱼脊背,取出鳍骨与椎骨,用斜刀剔出肋骨或保留肋骨,如图 3.11 所示。

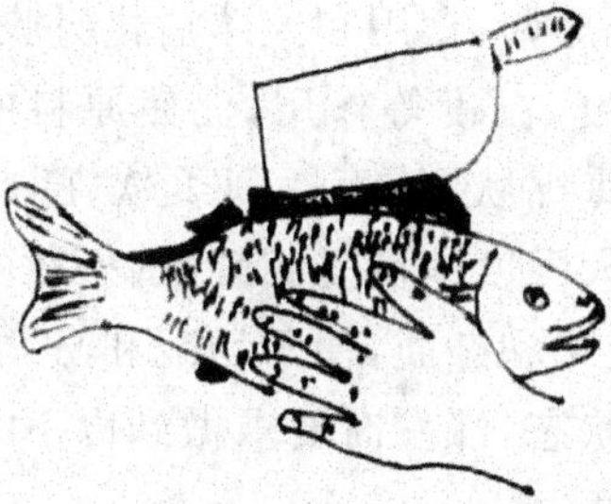

图 3.11　鱼脊出骨

图 3.12　鱼颈出骨

(2)颈出骨。从鱼体的一侧颈圈处直切一刀,切断椎骨,在鱼体的肛门处直切一刀,切断椎骨,如图 3.12 所示。用出骨刀由颈圈进刀,沿胸肋肌肉贴骨向肛门处运行,剔开胸肋骨和椎骨,使骨骼与肌肉分离,再从肛门处进刀向颈圈运行或从颈圈的另一面进刀,剔开另一侧骨骼,将全部骨骼从颈圈抽出。颈出骨技术难道相当大,特别对鲚鱼(刀鱼、凤尾鱼），颈出骨难度更大，正如林苏门诗曰："皮里锋芒肉里匀，精工搜剔在全身。"扬州名菜"双皮刀鱼"的加工就采用颈出骨的方法。

第四节 干货原料的涨发

干货原料是中国烹饪又一重要的原料来源，它不仅是中国烹饪的重要组成部分，也是构成中国菜点的重要基础，更是创造中国名菜不可缺少的原料之一。为了运输、贮藏或某种风味的需要，采用各种干制方法，使新鲜的食物原料脱水干制而成的干制品，统称为干货原料或干料。干货原料一般可分为动物性干制品和植物性干制品两大类。常用的动物性干制品有鲍鱼、鱼翅、海参、鱿鱼、鱼肚、干贝、燕窝、蹄筋、猪皮等；植物性干制品有玉兰片、发菜、菌类、莲籽、腐竹、金针菜、粉条等。这些干制品因其细胞组织处于基本脱水状态（含水量一般在3%～25%），达到抑制微生物繁殖和酶的水解作用，不仅提高了贮藏性能，而且形成了特殊的风味。干制品具有干缩、干裂，组织结构紧密，表面硬化，老韧等特点。植物性干制品内部还具有多孔的特征。有些干货原料还带有苦涩、腥臭等不良气味。

一、干货原料涨发的目的和原理

（一）干货原料涨发的目的

干货原料具有干、硬、韧、老等特点，所以不能直接作为烹饪原料，必须对其进行涨发才能使其恢复到原有状态。干货原料涨发就是利用水、油、盐作为介质或溶液，通过对干货原料加热或不加热，使其重新吸收水分，最大限度地恢复原有鲜嫩、松软的状态，同时去除腥臊异味和杂质，使其成为烹饪原料，有利于烹调、食用和人体消化吸收。

干货原料涨发主要是通过某些理化因素，如酸碱度、温度等作用，促使原料中的细胞膜充分吸收水分或胶原蛋白质变性形成蜂窝形的海绵状，从而达到柔软、膨胀的状态，其目的有两条：①促使干货原料重新吸收水分，最大限度地恢复到鲜嫩、松软的原有状态或接近原有新鲜状态。②去除原料本身的腥臊气味和杂质，便于切配和烹调。

为了实现上述目的，要想把干货原料涨发到最佳状态，涨发时要求做到以下几点。

1. 熟悉原料的产地与性质

干货原料由于种类繁多，产地不同，干制方法不同，性质各异。因此，必须了解上述情况，根据干货原料的实际情况来选择适宜的涨发方法，来达到最佳的涨发效果，如干鱼翅有吕宋黄、香港老黄等品种。这些鱼翅翅板较大，翅根较厚，质地坚硬，表面沙层紧密，涨发时必须采用反复浸、泡、煮、焖等方法，才能彻底去除表面沙层、杂质和腥臊味，使其回软到柔软的最佳状态。

2. 掌握干货原料涨发程序

干货原料涨发程序一般可分为三个阶段进行，即预发阶段、涨发阶段和辅助涨发阶段。

(1)预发阶段。即在原料正式涨发前的一种准备过程，如浸、泡、洗、烘焙或烧烤和修整等，其目的是为涨发扫除障碍或做好基础准备。

(2)涨发阶段。就是利用适宜的温度和碱浓度来影响干货原料，使其基本膨胀，形成疏松、饱满、柔软的质态。涨发阶段主要采用炸、炒、浸、泡、煮、焖、蒸等方法，促使干货原料涨发后形成特定的品质。

(3)辅助涨发阶段。即涨发结束后，干货原料基本涨大，但某些介质或碱溶液仍然存在于涨发后的原料中，有必要进行彻底的清理，使其符合卫生和食用的要求。辅助涨发阶段主要采用浸、泡、漂等方法，促使干货原料达到烹饪的要求。

3. 选用适当的容器

涨发干货原料的容器最好选用搪瓷、不锈钢和陶瓷，并且不得附有油脂、盐、碱等物质，避免这些物质影响涨发或造成腐烂变质等现象。

(二)干货原料涨发的原理

干货原料涨发的原理一般有以下两种。

1. 水渗透涨发原理

将干货原料放入水中，干货原料就能吸水膨胀，质地由干、硬、韧、老变为柔软、细嫩或脆嫩、黏糯，从而达到切配和烹调的要求。干货原料的涨发原理是：①毛细管的吸附作用。原料干制时由于水分的失去会形成多孔状，干货原料浸水后，水分会沿着原来的孔道进入原料中。这些孔道主要由生物组织的细胞间隙构成，呈毛细管状，具有吸附水和保持水的能力。②渗透作用。干货原料内部含水量较低，细胞中可溶性固形物的浓度较大，渗透压高。而外界水的渗透压较低，就形成了渗透与反渗透，使水分通过细胞膜向细胞内渗透，即形成吸水膨胀过程。③亲水性物质的吸附作用。原料中的糖类和蛋白质分子结构中，都含有大量的亲水基团，它们能与水以氢键的形式结合。亲水性物质的吸附作用则是一种化学作用，它对被吸附的物质具有选择性，即只要与亲水基团缔合成氢键的物质才可被吸附。另外，其吸水速度慢，而且多发生在极性基团暴露的部位。

2. 热膨胀涨发原理

热膨胀涨发就是采用多种工艺，促使原料的组织结构变性，膨胀成蜂窝状，再使其复水，成为松软的半成品原料。那么，要弄清干货原料的热膨胀原理，关键的问题是：为什么干货原料会膨胀成蜂窝状？其原因与原料中水分存在的形式有关。水在原料中存在的形式有两种：①自由水。采用压榨的方法从食物中挤出的水分或干制时所失去的水分均为自由水。②束缚水。束缚水因与原料组织通过氢键结合成一体，通常条件下不易失去(不具有一般水的理化性质,在原料体内不流动、不表现为溶剂的作用等)。氢键是束缚水与原料中亲水基团相结合的纽带,它主要是由水中氢原子和氧原子与亲水基团中氧或氢原子缔合而成。而干货原料在涨发过程中,随着温度的不断升高,积累的能量大于氢键健能(200℃左右即可破坏氢键),就能破坏氢键,使束缚水脱离组织结构,变成游离的水。这时水就具有一般水的通性,在高温条件下快速汽化膨胀,促使干货原料形成气室。并在一定温度下焙制一段时间,使组织结构彻底变性,气室定型成为固定的蜂窝状,这就是热膨胀的原理。

二、干货原料涨发的方法

干货原料的涨发方法因介质和溶剂的影响,涨发方法主要有以下几种。

(一)水发

用水作为助发溶剂,直接将干货原料浸润到膨胀、松软、柔嫩的一种涨发方法,统称为发。根据涨发所用水的温度不同,又分为冷水涨发和热水涨发两种。水发的原理是利用水的溶解性、渗透性及原料成分中所含亲水基团,使原料失去的水分得到复原,并使可溶性风味物质得以再现。同时,使其组织结构、口感等方面更加适合烹调和食用的要求。其吸水途经有细胞膜的通透性、亲水基团因素和毛细管现象。

1. 冷水涨发

冷水涨发又称自然涨发,用纯净清水直接采用浸、漂等方法,促使其缓慢吸收水分,达到柔软,接近新鲜时的状态。冷水涨发适合植物性干料,如银耳、黄花菜、口蘑等。对动物性干料的涨发,冷水涨发只是其重要的预发阶段,其目的是通过冷水涨发促使其表面回软,为涨发作好基础准备。同时,冷水涨发还是油发、碱发、盐发的辅助涨发方法。当然,对于形体较小的动物性干料也可采用此方法,如虾皮、海蜒等。冷水涨发一般夏季为常温、冬季为温水,即温度在60℃左右,故又称温水涨发。

冷水涨发常采用的方法是浸发和漂发。浸发就是把干货原料洗涤干净,放入冷水中直接浸泡,使干货原料充分吸收水分,恢复到原有软、嫩、脆等状态的过程。漂发就是将经过涨发后的干货原料放在清水中,利用水的对流性去除残余异味和杂质,并使干燥的凝胶块遇水吸收水分,从而达到或保证原料膨润、饱满的目的。

2. 热水涨发

热水涨发是对预发后的干货原料通过升温加热,即煮、焖、蒸、泡等方法,来提高水分子的渗透能力,强化蛋白质充分吸收水分,促使其体积膨胀,达到柔软或接近新鲜时的状态。热水涨发适用于动物性干料和少数植物性干料,如鱼翅、海参、鲍鱼、干贝、熊掌、猴头蘑、玉兰片等。因为上述干货原料具有组织紧密、蛋白质含量高、脂肪多,以及干、硬、厚、大等特点。采用冷水涨发难以达到预期效果,而热水涨发可提高水分子渗透能力,具有涨发快、出品率高、品质优良的效果。热水涨发采用的加工方法是煮法、焖发、蒸发和泡发四种。

(1)煮发。将预发后的干料放入冷水锅内,逐步加热到沸腾,并保持10～20分钟微沸,这一过程称为煮发。这时水分子运动激烈,促使原料加速吸收水分和将水分强力地向体外排出。对体大质厚或特别坚韧的原料,必须采用反复煮发的方法,保持干料外部和内部水化程度达到平衡状态,避免一次性长时间煮发,外部水化程度过快,而造成不必要的损失,即表面糜烂。

(2)焖发。将煮发后的干料放置在密闭容器中,保持一定温度,使热量持久地渗透到干料内部,达到温度平衡的要求,这一过程称为焖发。由于动物性干料都具有腥臊气味,煮发后必须换开水焖发。这样可以通过煮发去除干料的部分腥臊气味,再通过焖发促使干料重新吸收净水,使涨发后的干料具有良好的味感。

(3)蒸发。将预发后的干料装入容器内,添加鲜汤、葱姜和料酒,放入蒸屉内利用蒸汽加热来促使干料迅速膨胀回软,这一过程称为蒸发。蒸发一般适合体小、质薄、无味和带有鲜味的动物性干料,如干贝、虾籽、乌鱼蛋、蛤士蟆以及猴头蘑等。通过蒸发能有效地保持干料鲜味或增加干料鲜味,能有效地保持原料形态,避免原料破损。

(4)泡发。将预发后的原料装入容器内,用沸水进行浸泡,使原料迅速膨胀回软,这一过程称为泡发。泡发一般适合植物性干料和体小的动物性干料,如粉条、腐竹、木耳,以及海米、虾皮等。通过泡发能有效地将热水分子渗透到干料内部,促使变性蛋白质或糊化淀粉迅速膨胀回软。同时,在泡发时必须加盖,避免温度过快冷却,影响膨胀效果。

在涨发过程中,泡发称为"一次性涨发",煮发、焖发和蒸发称为"反复多次性涨发"。无论哪种涨发必须适应原料的特性,在涨发过程中避免油、盐、碱等物质的混入而影响涨发效果。特别在"反复多次性涨发"中,某些原料需要褪沙,去内肠、去骨和残肉等杂质,必需勤观察,勤换水,分质提取,最后浸漂干净。在浸漂过程中利用水的对流去除杂质和异味,使原料恢复到最佳状态或接近新鲜时的状态。

(二)碱发

碱发是在预发的基础上采用强化方法,达到涨发目的,即为了缩短涨发时间,提高成品涨发率和涨发质量,在水溶液中添加适量的碱性物质,使坚硬的原料迅速膨胀回软,达到质地柔、软、嫩的要求,恢复其原来状态的一种方法。碱发的原理是利用碱是一种强电解质,具有很强的腐蚀性,促使原料表面膜发生水解和皂化等反应,腐蚀原料表面保护膜。同时,增强蛋白质分子间亲水基团电荷,提高亲水基团的水化能力和蛋白质的凝胶作用,可使水分扩散在蛋白质中,使原料迅速地得到复原,并具有一定的形状、弹性和风味,更有利于切配、烹调和食用的需求。

1. 碱发溶液配制

碱发用的碱发溶液一般有单一碱溶液和混合碱溶液两种。

(1)单一碱溶液配制。单一碱溶液是由一种碱性溶剂配制而成,常用的有以下几种：①碳酸钠溶液。碳酸钠溶液在饮食业称为生碱水溶液。碳酸钠溶液腐蚀性较弱，配制浓度在1%～10%，如燕菜和猴头磨等高档原料的提碱涨发（热碱水提质）。②氢氧化钠溶液。氢氧化钠溶液腐蚀性较强，配制浓度在0.4%～0.5%，如鱿鱼干、海螺干、乌贼鱼干等的涨发。③硼砂溶液。硼砂溶液是弱碱性的两性介质，腐蚀性小，对干货原料的水化作用能稳定持久地进行。配制浓度在1%～4%，如鲍鱼、蹄筋等的涨发。

（2）混合碱溶液配制。混合碱溶液是由两种碱性溶剂配制而成，常用的有以下几种：①氧化钙＋碳酸钠＋水＝熟碱溶液。该方法在饮食业又称熟碱水发料法，一般氧化钙200克，加碳酸钠500克，再加4500克沸水搅拌，溶解后再加4500克冷水搅匀，澄清后过滤，即为熟碱溶液，如乌贼鱼干、八带鱼干、鱿鱼和海螺等的涨发。②硼砂＋氢氧化钠＋水＝混合碱溶液。一般硼砂15克，加氢氧化钠25克，再加水1000克搅拌均匀，即为混合碱溶液，如鲍鱼、鱿鱼等的涨发。

2. 碱发注意事项

（1）碱发必须根据季节和干货原料的形状、质地、硬度来确定碱溶液的浓度和温度。一般来说，碱溶液浓度高，涨发时间短，浓度低、水温高，涨发时间也短。但水温不宜超过60℃，否则碱溶液易使原料表面糜烂，达不到原料内外碱浓度平衡的要求，严重影响涨发，并造成不必要的损失。

（2）碱发必须根据干货原料的等级情况，分别进行浸泡。干货原料用清水浸泡回软，可避免碱溶液对原料表面的直接腐蚀，有利于水分子向原料内部渗透。由于原料等级不同，渗透的速度也各不相同，就容易造成外部糜烂、内部干硬等情况。为了使涨发后的原料达到富有弹性、体态饱满、质地脆嫩、软滑的半透明状，就必须分等级进行涨发。

（3）碱发过程中避免油、盐等其他物质的混入和使用不净的容器。油、盐等物质易使碱发的原料表面糜烂，其主要原因是油由脂肪构成、盐是电解质，碱发时混入了这些物质，易产生化学变化，造成原料表面糜烂。所以，只有在碱发过程中避免上述情况的发生，才能保证碱发的顺利进行。

（三）油发

油发就是将干货原料放入油锅中，利用油的传热作用，促使原料膨胀涨大，形成空洞结构的一种涨发方法。油发的原理是利用油的热传导作用，促使胶原蛋白变性形成气室。胶原蛋白属于糖蛋白的一种，在水中加热即溶解成胶，故称胶原蛋白。胶原蛋白含有一定量的水，当原料放入热油中，由于油的沸点较高，促使原料结构中的水分气化膨胀，形成无数气室，使胶原蛋白失去了凝胶作用，表面蛋白质迅速变性脆化产生完全与水发不同的品质与结构特征，即表面的胶原蛋白内的连接键——氢键受热断裂，螺旋状结构破坏，形成分散的多肽链。衡温时胶原蛋白收缩，热量继续向中心传递，多肽链进一步交联收缩，使体积收缩结构更加紧密。同时，内部的热量受到压缩产生压力，使原料周围出现小气泡。当温度升高,原料组织内部的压力加大,部分胶原蛋白变性,水分气化,原料体积增大,形成膨松酥脆的组织结构。

油发程序有烘干、油焐、炸发、浸泡四个步骤。

1.烘干

油发的干货原料由于贮藏或干制的原因,不可避免地在表面带有灰尘和杂质或原料受潮等现象。涨发前必须将干货原料用温水或碱水洗净表面,再进行烘干处理或其他干燥处理,使干货原料的含水量严格地控制在10%以下。

2.油焐

烘干后的干货原料同冷油一起加热,到油温70℃左右时原料收缩,到110～115℃时原料中胶体呈半熔状态,衡温一段时间,使干货原料表面热量与内部热量基本相同,即形成收缩和压力。将干货原料置于衡温的多量油中,这一过程称为油焐。

油焐的目的是折断肽键之间的联系键,破坏胶原蛋白的螺旋型结构,使胶原结晶区域“熔化”而收缩,具有弹力和足够的张力,为原料在炸发中骤然遇高温产生爆发式气化膨松奠定基础。油焐不彻底,阻碍炸发,影响成品涨发率。油焐时间则根据原料而定,一般要求油焐后的原料,重量减轻,具有弹性,手捏有空松感,目测有白色条丝或具有透明度。

3.炸发

炸发是将油焐后的原料投入到180～210℃的热油锅内,使之骤然受热产生爆发式气化膨松现象,即原料中所含的水分在高温下迅速气化,逐步形成气室,随着温度的升高及时间的延长气室越来越大。当胶原蛋白变性失去弹性,强度降低完全丧失了凝胶特性而将气室固定下来,从而形成酥脆的质感。炸发时间可根据原料而定,一般要求炸发后的原料重量变轻,色泽浅黄或金黄,体态饱满膨松,质地酥脆,空洞结构分布均匀。

4.浸泡

原料经油发后只是半成品,还需要放入温水中浸泡使之吸水回软,回软后再加入适量纯碱,去除原料表面的油脂,经过两三次碱水漂洗,投净后放入清水中浸泡,使空洞组织结构中的毛细组织吸收水分,达到柔软、松嫩的状态。一般要求浸泡后的原料,色泽洁白或浅黄,质地柔软、松嫩,呈富有弹性的海绵状。

(四)盐发

盐发就是将干货原料放入加热的多量盐粒中,通过盐粒的翻炒、焐焖使原料受热,逐渐膨松胀大的一种涨发方法。盐发的原理是利用盐粒能吸收热量和保持热量的原理,通过对干货原料的焐焖,将热能传导给干货原料,促使干货原料中的胶原蛋白变性和水分气化,从而迅速破坏体内维系蛋白质空间结构的键链,使胶原纤维由于水分的完全丧失而显得极脆,呈不可逆变性。

盐发程序有预热、焐焖、炒发、浸泡四个步骤。

1.预热

预热是将盐粒翻炒加热，完全脱水后盐粒温度保持在100℃左右。

2.焐焖

焐焖是按1∶5的比例，将干货原料焐焖在盐粒中。由于盐粒完全脱水具有较高的热能，促使干货原料中的水发蒸发，破坏了键链。焐焖到干货原料具有热能，重量减轻，即可翻炒。

3.炒发

焐焖使盐粒与干货原料的温度基本达到平衡、加热炒发可促使干货原料中的水分充分气化，原料体积逐渐膨胀，胶原蛋白彻底变性，形成空洞的结构，使其外部和内部的构象与油发的半成品相似。

4.浸泡

炒发后的半成品，需要清水浸泡回软，回软后用清水冲洗净表面杂质，洗净后放清水中浸泡，促使空洞的海绵状充分吸收水分。

(五)火发

火发就是通过直接加热或间接加热的方法，把僵皮、毛、鳞、角等富含角蛋白的原料表面焦化，为水发提供基础的一种涨发方法。火发原理是利用火烧、火烤，促使角蛋白变性。角蛋白分子量很大，由多条肽链排列而成，链与链之间主要是硫键。同时，角蛋白极稳定，只有在火烧等情况下，才能使硫键氧化还原，失去坚固、稳定性，达到去除表面角蛋白的目的。

火发程序有烧烤、刮或剥两个步骤。

1.烧烤

某些特殊的干货原料，如乌皱参、岩参、熊掌、犴鼻等，因僵皮坚硬或带毛、鳞、角等物质，不易直接水发或涨发不开，可采用烧烤的方法。将其烧烤，但不易烧烤过焦影响涨发质量和造成浪费。由于干货原料品种不同，烧烤时一般可分为直接烧烤和间接烧烤(泥包烧烤)。乌皱参、岩参等海参僵皮原料直接烧烤；熊掌、犴鼻等带毛原料间接烧烤。

2.刮或剥

烧烤的干货原料，如直接烧烤，采用刮的方法将烧焦的僵皮刮净；如间接烧烤，采用剥的方法将泥与毛质剥落。洗涤干净后再采用水发的涨发方法。

(六)混合涨发

混合涨发是将两种以上不同性质的介质，对一种干货原料进行涨发，也称半油半水涨发。这种涨发方法主要针对形体较小，质地较簿，含胶原蛋白丰富的干货原料，如蹄筋、鱼肚、海参等。促使干货原料在两种以上不同性质的介质作用下快速达到膨胀的目的。目前，采用混合涨发有油炸和油焐两种方法。

1. 油炸法

油炸法是将干货原料（洗净烘干），直接投入到180℃的油锅内，余炸到原料表面起泡，内部仍呈僵硬状捞出，再投入到3%当量浓度的碱溶液中，水温保持在60℃左右，涨发4小时左右，待原料基本涨大捞出，洗净碱溶液，再放冷水锅中加热，保持80～85℃焖发2小时左右，见原料松软取出浸泡在清水中待用。

2. 油焐法

油焐法是将干货原料（洗净烘干），直接放入到凉油中加热，加热到110℃左右时衡温焐焖30分钟左右，见原料收缩周围有小气泡捞出，投入到冷水锅中加热煮沸，并保持微开40分钟左右，原料有弹性后捞出，放入5%当量浓度的碱溶液中，水温保持在50℃左右，涨发6小时，见原料基本涨大捞出洗净碱溶液，再放冷水锅中加热，保持80℃焖发4小时，见原料呈软滑状，分质提取，浸泡在清水中待用。

此外，也有用酶来涨发干货原料的，并已获得了优化的工艺条件（温度条件、时间、对比浓度、酸碱pH值等）。由于，在饮食业运用很少或不运用，在此不作介绍。

三、常见干货原料涨发的加工实例

（一）菌类

1. 木耳（黑木耳和银耳）

将木耳用清水冲洗干净，用15～25℃的冷水长时间浸泡，使木耳组织结构缓慢地吸收水分（水分渗透缓慢接近生长状态，涨发率就越高），使涨发出来的木耳脆嫩爽口，便于存放。如果急用，可用温热水涨发，但涨发出来的木耳绵软发黏，涨发率低，不易存放。待木耳涨足发透，去除杂质，摘去耳根，再用清水反复漂洗，即可用凉水泡上待用。

2. 香菇（冬菇、毛菇、厚菇、草菇和口蘑）

将香菇表面的浮灰和杂质擦净或清水冲洗干净，倒入70℃以上的热水焖2小时左右，待水温冷却下来，用手循着一个方向搅拌使菌褶中的泥沙落下，将香菇控净水分，凉水浸泡待用。原汤汁沉淀后滤出泥沙等留用（香菇细胞内含有核糖核酸），受热70℃以上，使酶失去活性，核糖核酸分解成5′—鸟苷酸，此物味鲜，鲜度比味精鲜度高160倍。

3. 猴头蘑

将猴头蘑用温水或冷水冲洗干净，再用温水浸泡24小时，待其基本回软后修去根部和杂物洗净后放入开水锅内煮焖或蒸制，待猴头蘑基本恢复，控净水分装盆，加鲜汤、葱姜、料酒、精盐和猪板油，上屉蒸1小时左右，待猴头蘑入味呈松软状，即可捞出，将原汤滤出杂质，把猴头蘑仍浸泡在原汤中待用。

4. 发菜

发菜的杂质较多，涨发时应先摘去较明显的杂质，再用开水泡上。涨发后，用温水漂洗，边洗边拣去杂质，然后再用凉水浸泡待用。

（二）笋类

1. 玉兰片

将玉兰片用清水冲洗干净，用温水浸泡回软，再批成片状，放盆内加热水浸泡至水温凉时再换热水浸泡，连续3～4次浸泡，待玉兰片胀足发透，再用冷水浸泡备用。

2. 笋干（黄笋干或板笋）

将笋干洗净后用清水浸泡12小时左右，再用热水90℃浸泡6小时左右，待笋干表面基本回软，放入冷水锅中，煮沸后保持微开20分钟左右，离火后自然冷却。再放入冷水锅中煮焖10分钟，捞出后放入淘米水中浸泡12小时，再连淘米水一起煮10分钟，反复2～3次，待笋干无硬心，洗净后放入清水中浸泡4小时，再洗净后用凉水浸泡待用。

（三）海味类

1. 鱿鱼（墨鱼干和章鱼干）

（1）碱水发。将鱿鱼干洗净后用冷水浸泡3～5小时（夏冷水冬温水），待鱿鱼干基本回软，放入混合碱溶液中浸泡4～6小时，待鱿鱼基本胀开，恢复其原有形态，并富有弹性时捞出，用清水反复冲洗，去净鱿鱼表面碱溶液，再放入清水中浸泡10～12小时，使鱿鱼体内碱溶液吐出，体积膨胀，成为结实而富有弹性的透明状鱿鱼，漂洗干净放清水中浸泡待用。

（2）碱面发。将鱿鱼干用冷水浸泡回软，撕下明骨、血膜和头足，改刀成形，用碱面拌和均匀装盆（8小时后即可使用，如不马上使用可放阴凉干燥处存放7～15天，随用随取）。使用时用开水烫泡，待鱿鱼缩卷时盖上盖，焖到水冷，将碱水倒出一半，再冲入等量的开水焖至，待鱿鱼干膨胀，根据膨胀程度分别放在清水中浸泡待用。用此法涨发鱿鱼不宜久存。

2. 海米（虾干）

将海米用冷水洗净，再用温水或冷水泡透。如果急用，可将海米放一小碗内，加水没过原料，再加葱、姜和料酒，上屉蒸到海米松软，自然冷却后即可使用。一般可将海米保存在原汤里。

3. 虾籽或蟹籽

先将虾籽用冷水漂洗干净，澄去泥沙，放入小碗内，加水没过原料，放入葱、姜和料酒，上屉蒸熟即可使用。一般保存在原碗内。

（四）其他类

1. 腐竹

腐竹是豆腐衣加工而成的干制品。将腐竹放置在容器中加入冷水或温水（冬季），浸泡2～4小时，待腐竹回软涨透，再冲洗并挤出水分待用。

2. 莲籽

将干莲籽放开水锅中加碱(每 500 克干莲籽加碱 25 克左右),再用竹丝帚不停地在锅中搓莲籽红皮衣,见水呈红色时即倒入另一开水锅,仍不停地搓莲籽直至搓尽红衣(中间需换开水两三次),然后用热水浸泡,先去两头,捅出莲心,换水入笼屉蒸 20 分钟左右取出,换水浸泡待用。

3. 白果

白果涨发方法有两种:①水发。将白果冲洗后,砸至外壳裂开,放入冷水锅煮熟,然后剥去硬壳和红皮衣。将果仁洗净,放入容器内加沸水浸泡待用。②油发。将白果硬壳除去,洗净晾干后放入温油内氽炸,并不停用手勺底在油锅中不停地搓动旋转,待果衣褪尽,捞出沥净余油待用。此法果仁色淡绿宜人。

四、名贵干货原料涨发的加工实例

(一)山珍类

1. 蛤士蟆

将蛤士蟆用温水洗净泥沙或杂质,用温开水浸泡 4 小时左右,待蛤士蟆表层回软,摘净表面黑膜,洗净后装容器加清水上屉蒸制,蒸制到蛤士蟆膨胀,达到柔软状态,取出自然冷却。饮食业使用的蛤士蟆是指雌性蛙的卵巢、输卵管等干制品,又称蛤士蟆油,而不是指整只蛤士蟆(林蛙或雪蛙)。

2. 熊掌①

熊掌有干、鲜之分。涨发熊掌必须采用冷水浸泡或淘米水浸泡的方法,先将干熊掌浸泡回软或将鲜熊掌泡出血水,一般 1～3 天(经常换水)。然后用温碱水刷洗净熊掌皮毛上的油脂和杂质,冲洗干净后可采用两种方法涨发:①火发。将湿黄泥逆毛方向均匀地抹在熊掌表面(包裹上一层黄泥),采用烘烤的方法,把湿黄泥烘烤干或呈裂纹状,趁热剥去黄泥将熊毛和掌老皮去除。作为水发的基础原料。②水发。将洗净的熊掌放入大水锅中,加热烧开,保持微开煮焖 3～4 小时(中间换水数次),待掌皮鼓起后捞出,放入温水盆内拔净熊毛和去净掌皮,冷水洗净后放入容器,加葱、姜、料酒,继续煮焖或蒸 1～2 小时,待熊掌内大骨棒松动,将熊掌放温水盆内拆除掌骨和爪尖,去骨时要保持熊掌的完整性。然后,用纱布包扎起来,装容器加调味品和鲜汤上屉蒸透,一般熊掌异味较重,必须反复加调味品和鲜汤等蒸几次,待熊掌无异味,皮色洁白,质地酥烂,即可使用(如不使用可与原汤一起冷冻)。

3. 鹿筋、鹿鞭、鹿尾

鹿筋、鹿鞭有干、鲜之分。涨发干料应先用酒精灯将干料表面的残毛燎净,洗净后

① 熊是国家保护动物,熊掌涨发的加工不作教学之用,仅供参考。

再用冷水浸泡 12～24 小时(冬季),回软后放入大水锅中煮焖,保持微开 2 小时左右,煮到软熟后捞出,在温水中去除残肉和皮膜(鹿鞭用剪刀或小刀破开尿道,刮净尿道内的一层皮膜),再用温水洗净,放入容器加葱、姜、料酒等蒸制 2 小时左右,以无硬心为标准,捞出凉水冲洗,存放时用冷水浸泡上即可。涨发鲜鹿筋、鹿鞭时,只要洗净后直接放冷水锅中煮焖,熟软后去残肉和皮膜(尿道内),洗净后加葱、姜、料酒等蒸制柔软即可。

鹿尾的干料涨发,是先用清水洗净表面杂质,再用冷水浸泡回软,回软后用猪网油或菜叶包裹起来,装盆干蒸。蒸时要小火,需反复蒸几次,待鹿尾彻底回软,放砂锅内加鲜汤、葱、姜、料酒等,用小火煨制到柔软状态,即可使用(如不使用,浸泡在原汤中)。

4. 犴鼻

犴鼻有干、鲜之分。涨发干犴鼻一般需要冷水浸泡 36 小时,鲜犴鼻冷水浸泡 12 小时。然后放入温碱水中刷洗,冲洗干净后放入大水锅中,煮开并保持微开 4～6 小时,待拔毛时能将毛根和表面黑皮扯掉,捞出放温水中拔毛,毛拔净冷水冲洗干净,去除鼻中软骨,再洗净装盘,加鲜汤、葱、姜、料酒和调味品等,反复蒸几次,待犴鼻无异味自然冷却待用。

(二)海味类

1. 燕窝

将燕窝放在白色搪瓷盆或陶器的容器里,用水(冬温夏凉)浸泡 2～3 小时,待其回软后用清水漂洗,将燕窝内的细小杂质、绒毛等漂洗掉一部分,控净水分,将燕窝放在盆内放入温水浸泡,待其松软,用镊子摘净燕毛和杂质,漂洗干净后用沸水略烫,烫泡几次使燕窝糯软,捞出浸泡在冷水中待用。另外,也可采取提碱的方法,即将浸软的燕窝用碱面拌和,用沸水冲烫(15 克燕菜加食碱 3～6 克,开水 750～1000 克,可分 2～3 次提碱),使燕窝体积涨大呈软柔滑嫩的状态,再用冷水反复漂洗,去净碱味再浸泡于清水中待用。

2. 鱼翅

(1)鱼翅(黄肉翅、群翅、白沙翅)。用剪刀剪去鱼翅的边缘,洗净后放入大水锅内浸泡 12 小时,换水用小火加热煮焖 1～2 小时,待鱼翅表面沙粒突起,将鱼翅捞出放温水盆内刮净或搓擦,去净鱼翅表层沙粒和黑皮,切下翅根,洗净后用小火煮焖 4～5 小时离火,待水温下降后去除残肉和翅骨,反复冲洗。然后换开水浸泡 12 小时,待鱼翅回软收缩,吐出腥味即可使用。另外,也可将上述鱼翅装盆加葱、姜、料酒和鲜汤,上屉蒸至 2 小时左右,待鱼翅糯软,分质提取,分别浸泡在清水中待用。

(2)杂翅(青翅、小翅)。用剪刀剪去翅边缘,洗净后放入大水锅内,用 85～90℃的热水浸泡(中间可换水 2 次、约 2～3 小时)。待翅表面沙粒突起,将翅搓擦净表面沙粒和黑皮,清水冲洗后去净翅根和残肉,分质装锅加水煮焖 3～4 小时,待翅糯软,捞出分别浸泡于清水中待用。

(3)散翅或翅饼。将散翅和翅饼用清水冲洗干净,用纱布包裹或直接装盆,加葱、姜、料酒、鲜汤和调味品蒸制,蒸 2 小时左右待散翅或翅饼糯软入味,自然冷却后即可使用。

3. 海参

(1)刺参。将刺参先用冷水冲洗干净,再用冷水或温水浸泡 12 小时左右,放入锅内加多量的水,加热煮焖 20 分钟左右(保持微开),捞出装盆再倒入开水浸泡 10～12 小时,待刺参回软剖腹去内脏和腔膜,洗净后装锅再加水煮焖 15～20 分钟(保持微开),捞出装盆再倒入开水浸泡 12 小时左右,反复煮焖 4～6 次,即 2～3 天。待刺参富有弹性,柔软滑软,捞出用冷水浸泡待用。一般每天换水 2～3 次或放 0℃的冰箱中保存。

(2)乌皱参。将乌皱参先用火烧至表层焦脆,用小刀刮净焦皮,洗净后放入冷水中浸泡 12 小时左右,回软后装锅加水煮焖 20 分钟左右,离火浸泡 10～12 小时,待乌皱参回软后剖腹去内脏和腔膜,洗净后再用水煮焖 20 分钟左右(保持微开),捞出装盆再倒入开水浸泡 12 小时左右,反复多次,待乌皱参柔软、富有弹性时,即可捞出用冷水浸泡待用。

(3)梅花参。将梅花参表面洗刷干净,用冷水或温水浸泡 12～24 小时,再上火煮焖 20 分钟左右,倒出脏水加入开水浸泡 10～12 小时,待梅花参基本回软剖腹去内脏和腔膜,洗净后装盆加水或鲜汤反复蒸制或煮制,待梅花参柔嫩,富有弹性,即可使用。一般鲜汤煮或蒸的梅花参必须当天使用,不易保存。但能增加梅花参的滋味,排除涩、苦等异味。

4. 鱼肚

(1)油发。将整块鱼肚用温水洗涤干净、晾干,再放入温油锅内浸软,切成一寸见方的小块,放入油锅内加热,经常翻动鱼肚,使其全面受热(110～115℃);待鱼肚表面出现气泡温焐一段时间,使鱼肚内外温度基本相等,逐步加热促使鱼肚迅速膨胀或等油温上升到 180～210℃再投入鱼肚,促使鱼肚快速膨胀;待鱼肚完全膨胀后,再衡温一段时间,使鱼肚内胶原蛋白完全变性,即用手勺敲打响声松脆或用筷插入无阻碍。证明鱼肚已发透,捞出用温水浸泡回软,再用热水加食碱洗净鱼肚表面油脂,再用温水漂洗多次,无碱味和油腻感,放入清水中浸泡待用。

(2)水发。将鱼肚用冷水浸泡,泡到鱼肚回软,把回软的鱼肚放入冷水锅中煮焖(保持微开 10～20 分钟),捞出放入米汤中浸泡,反复多次煮焖,待鱼肚富有弹性,呈洁白色,无硬心即可,捞出洗净后用清水浸泡待用。水发鱼肚一般用于扒菜,如白扒广肚、乌龙扒广肚等。

5. 鲍鱼

将鲍鱼先用温水或冷水浸泡 12 小时,换水后反复搓洗,放入铝锅中煮一昼夜(锅底应放两三个竹箅子,水要宽)。待其发软,即鲍鱼的边缘容易撕下时,放入温水盆中(原汤留用，去掉边和嘴），再洗一遍放原汤中继续煮，直到煮透能用为止（如急用，第二次煮时可加碱，每 5 千克干鲍鱼加碱 25 克）。鲍鱼发好，待汤凉后，放冰箱保存。

6. 干贝

将干贝先剥去筋（它与干贝的颜色不同，并突出于干贝的外围），用冷水洗净表面泥沙，装入小碗，加水、葱、姜和料酒，上屉蒸约 2 小时，直到干贝松散时把它捞出，原汤留下澄清。将干贝在冷水中揉洗数遍，直到无细沙为止，将澄清的原汤徐徐倒入盛干贝的容器即可使用。

7. 鱼皮

将鱼皮放入温水锅内用小火微开煮焖，待鱼皮表面沙质软化离火。待水温下降后，用手搓掉表面的沙粒，刮净黑膜，洗净；再用宽水焖煮，煮到鱼皮发软时离火。然后在温水中轻轻剪掉残肉和边沿，洗净，再用宽水煮透，原汤自然冷却，再用清水冲漂，冲去鱼皮的腥味即可使用。一般浸泡在清水中待用。

第五节　刀工技术

刀工是每一名厨师必须掌握的一门基本技术，它是烹制菜肴过程中最为重要的一项操作程序或操作技术。刀工的优劣将直接影响到菜肴属性的要求，如形、质等内容。因此，刀工技术是烹饪基本技能中最为重要的技能之一。

一、刀工的意义与要求

刀工是按照食用和烹调的要求，使用不同的刀具，运用不同的刀法，将烹饪原料或半成品原料，切割成各种不同形状的一项操作技术。由于烹饪原料品种繁多、性质各异、形状较大，不能直接用来烹调。所以，必须根据食用和烹调的要求，将食用原料切割成形状大小一致、厚薄均匀的小型形态，更便于烹调和食用。因此，刀工的目的就是对完整或大型的原料进行分解切割，使之成为配菜所需的基本形状，便于烹调、食用。随着人们生活水平的提高和烹饪技术的不断发展，对于刀工技术的要求已不局限于改变原料的基本形状和食用要求，而是希望成品能达到形态美观、赏心悦目的境界。因此，刀工技术自然成为中国烹饪最为重要的技术之一，同时也是衡量厨师技术水平的一项重要指标。

烹饪原料经过刀工处理，不仅具有各种不同的形状，更为重要的是为烹调提供了方便，为原料成熟度一致提供了前提。所以，刀工的意义是对烹饪原料进行分解切割，使之成为配菜所需的基本形状，便于传热、便于入味、便于形状多样化、便于人体消化吸收和有效地提高其营养价值。由此可见，刀工的作用是便于食用、便于烹调、便于入味和便于菜肴形状的多样化。为了达到这四个便于，刀工的基本要求必须做到以下几个方面。

(一)必须掌握原料的不同特性

烹饪原料种类繁多,在分解切割原料时,必须了解加工对象的原料特性,并根据原料的不同部位和质地,采取不同的加工处理手段,如猪瘦肉中有材料肉、里脊肉之分。一般猪里脊肉结缔组织少、含水量较多、肉纤维细,相对来讲肉质细嫩,一般可采取顺纤维切割的方法来加工肉丝;而猪材料肉相对来讲结缔组织较多、肉纤维较粗、含水量较少,因此肉的质地自然较猪里脊肉要老。为此,烹饪行业自然采取斜切的方法来加工肉丝,这样烹制出来的鱼香肉丝或滑炒、滑熘类的肉丝菜肴才能保持软嫩或鲜嫩的食用标准。

(二)必须使刀工处理后的原料形状整齐划一、清爽利落

刀工处理后的原料形状,要均匀一致、清爽利落,绝不能出现藕断丝连的现象。这样有利于菜肴形状的美观,有利于加热和调味,也可避免菜肴成品出现生熟不均、老嫩不均、滋味渗透不均等现象。为此,无论切割任何原料,都必须达到形状整齐划一、清爽利落的操作标准。

(三)必须与烹调方法相适应

烹饪原料种类繁多,质地各有差异。在对原料进行刀工处理时,必须根据烹调方法的特性或特点,将原料切割成相适应的基本形状,如炒、熘、炸、烹、爆等烹调法,一般使用的火候要求是旺火、操作迅速、加热时间短、成菜快。因此,切割的原料形状一定要小、薄、细,而且要均匀。反之,就不容易成熟或达不到软嫩、滑嫩、鲜嫩和脆嫩的要求;再如炖、焖、煨等烹调方法,一般使用的火候要求文火、加热时间长,成品要求达到形状完整、酥烂入味等特点。因此,切割的原料形状一定要大些、厚些、粗些,不然就容易出现碎烂、散形等现象,严重影响到成品的质量。

(四)合理用料,物尽其用

合理用料,物尽其用,是指烹饪原料在刀工技术的处理下,做到各取所需的要求,尽可能体现每一部分原料的食用价值和营养价值。因此,在刀工处理时,必须充分认识原料的特性,注意原料合理应用,做到大材大用、小材小用、边角余料综合利用,达到物尽其用的目的,如板筋(猪通脊底板)在餐饮业一般不使用,如果我们在加工猪里脊时,将板筋处理干净,再切割成丝状,就可以与芹菜段、青椒丝等原料,制作成板筋炝芹菜、板筋炝青椒等冷菜。

二、刀具的种类与保养

(一)刀具的种类

为了适应不同种类原料的加工要求,就必须掌握各种刀具的性能与用途,并选择相

应的刀具,来保证切割的方便性和实用性。常用的刀工工具种类有切刀、片刀、砍刀、专用刀等四种。

1.切刀

切刀又称方刀,有大方刀、小方刀之分。一般切刀呈长方形,刀身上厚下薄,刀口锋利,使用方便灵活,具有前批、后剁、中间切的特点。最适用于切片、条、丝、丁、粒等形状,也可用于加工带小骨和加工形状较大的块、段等形状,如剁排骨块、剁肉段等。切刀,由于使用的地区不同,形状上也略有区别,例如,广州地区使用的双狮刀,刀身呈长方形;哈尔滨地区使用的方刀,刀刃部分是带有弧度,即中间略高、锋利,二头略短,前部切,后部剁;上海地区使用的仰脸刀,前部呈月牙形,薄而锋利,中部与后部呈平形,中部切,后部斩;北京地区使用的马蹄刀,前部与中部呈平型,可片可切,后部呈马蹄形(半圆形)可斩、剁。如图 3.13 所示。而江浙一带使用的刀,介于广州刀与哈尔滨刀之间。

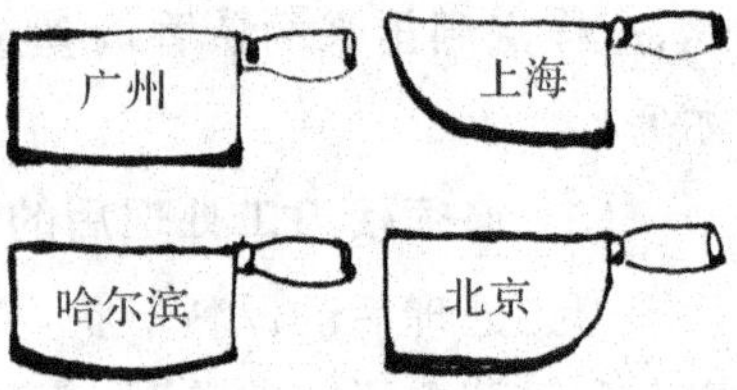

图 3.13 切刀

2.片刀

片刀又称批刀,如图 3.14 所示。一般片刀刀身较窄、较轻便,刀刃较长,刀口锋利,使用灵活方便。最适用于切丝,也可切片、条、丁等小型的形状,如北方地区一般切肉丝和切酸菜丝,均使用片刀进行加工,既有利于放片,又有利于切丝。因此,片刀是切丝最为有效的刀具之一。由于片刀的形状有大小,小的那种片刀又称烤鸭片。

3.砍刀

图 3.14 片刀

砍刀,刀形较大,分量较重,刀刃薄而锋利,刀背略厚,宜用于砍、斩带骨或冷冻的大原料。砍刀一般有两种:一种为大砍刀,形状与方刀相似,但刀身较长;另一种为砍刀,形状与仰脸刀相似,但刀身较短。

4.专用刀

专用刀,是指因某种工作的需要而特制的一种刀具,如涮羊肉刀、剪刀、尖刀和镊子刀等。

(二)刀具的保养

俗话说:“工欲善其事,必先利其器。”刀具的保养既是为了达到刀刃的锋利,使原料切割后达到截面光滑、完整、美观的要求,而且还是为了操作时的多快好省和减轻操作强度(减轻疲劳)。因此,刀具的保养在烹饪行业尤为重要。

1.刀具的一般保养方法

刀具的一般保养方法分为三种:一是使用中的保养,就是根据原料性质选择刀具来进行加工,在加工过程中如遇到特殊情况,如有小骨或结缔组织较多不易强行操作,避免损伤刀具或碰伤手指。二是使用后的保养，一般使用后的刀具必须清理净刀面上的残物，擦干后放置在干燥的通风处，避免潮湿而生锈。特别是在加工盐、酸、碱含量较多的原料后，必须用热水清洗干净，擦干后放置在干燥的通风处，避免盐、酸、碱物质腐蚀刀面。三是不经常使用的刀具，一般用完后清洗干净，擦干后抹上一层油，以避免腐蚀生锈。为了保证刀具的锋利程度，一般常用的刀具要经常磨刀，一是准备磨石（粗磨石、细磨石和油石）。二是掌握磨刀的方法（平磨、翘磨和平翘结合磨）。三是检验刀具是否锋利（试锋有滞涩的感觉，无卷口或毛锋现象）。

2. 墩的使用与保养

大多数菜墩是选用银杏、榆树和柳树等材料制成，这些树的木质坚固而具有韧性，既不伤刀刃，又便于切割原料。但是，使用不当或保养不到位，也容易造成菜墩出现凹凸现象和腐烂现象。因此，菜墩的使用与保养可分为三种：一是使用前的保养。将新菜墩用盐溶液浸渍，或放入大锅内煮透，使木质紧缩致密（树浆变性），使菜墩不易断裂和腐烂。二是使用前要将菜墩放入大锅内煮制，使残留在墩内的物质和异味去除，清净后再用。三是工作结束后，菜墩必须清理干净，擦干后立起，使菜墩上下面通风，避免腐烂。四是在使用中经常调换角度，避免墩面出现凹凸不平的现象，如出现凹凸不平的现象，应经常修整（用刀砍平或电刨子修理平整）。五是选用砍刀进行切割原料，应选用专用菜墩来进行加工，防止菜墩表面出现不可逆转的宽的刀痕。

三、刀法的种类与运用

刀法是指对原料切割的具体运刀方法。烹饪原料种类繁多、质地和形状各有差异，加上烹调方法对原料的规格要求不同。因此，根据刀刃、原料和菜墩的接触角度，刀法可划分为直刀法、平刀法、斜刀法、其他刀法和混合刀法等五大类。

（一）直刀法

直刀法是指刀刃与原料和菜墩呈垂直角度的一类刀法。根据用力大小的不同，可分成切、剁、砍等三种。

1. 切

切是指刀刃对原料进行垂直切割的一种方法。由于用力的方向不同又可分为直切、推切、拉切、锯切、铡切、滚料切等六种。

(1)直切。直切是指垂直上下运动的一种切法，适用于质地脆嫩的植物性原料，如莴笋、茭白、卷心菜等。直切时下刀要垂直，左手按住原料不断地等距后退，右手持刀，运用腕力上下运动，连续迅速地切断原料。由于刀具上下运动的速度较快，故又称跳切，如图 3.15 所示。

(2)推切。推切是运用推力切断原料的一种切法，适用于质嫩的、无骨的动植物原料，如卷心菜、土豆、猪材料肉等。推切时刀由后向前推动，一刀推到底，由刀刃后端断开原料，一般视原料厚薄和质地状况来决定推力的大小，如图 3.16 所示。

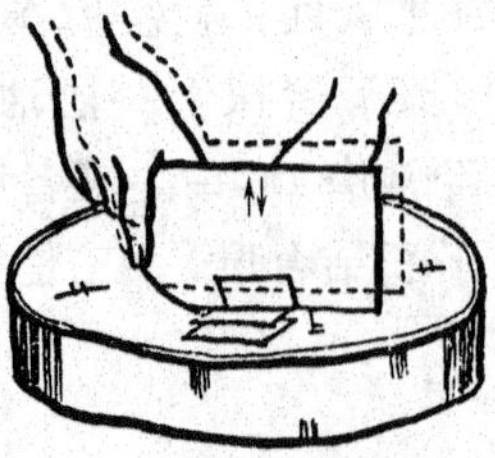

图 3.15　直切

图 3.16　推切

(3)拉切。拉切是运用拉刀切断原料的一种切法，适用于质嫩的、无骨的动植物原料，如猪肝、鸡脯肉、猪材料肉等。拉切时刀由前向后拉动，一拉到底，由刀刃前端断开原料，一般视原料厚薄和质地状况决定拉力的大小。如图 3.17 所示。

图 3.17　拉切

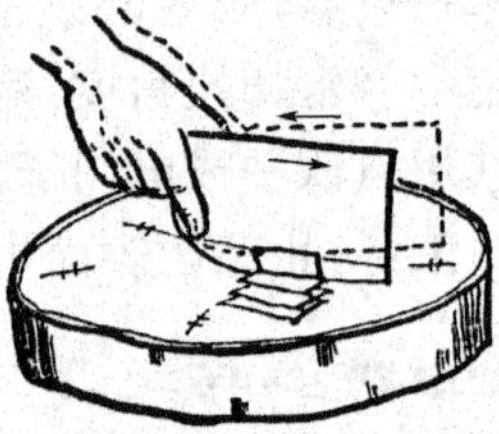

图 3.18　锯切

(4)锯切。锯切是指刀刃垂直，用力小，靠刀刃来回的多次运动切断原料的一种切法，适用于质地松软、易碎的动植性原料，如熟白肉、羊膏、涮羊肉片等。锯切时刀的着力点轻，来回次数要多，好像拉锯木头的形式，故称“锯切”。如图 3.18 所示。

(5)铡切。铡切是指刀刃垂直、交替、击掌和压下而断开原料的一种切法，适用于花椒、仔蟹和松花蛋等原料。交替铡切是指左手握住刀前端刀背，右手握住刀柄，两手交替用力垂直将原料断开。击掌铡切是指右手握住刀柄，刀刃垂直按放在原料断开处，然后左手用力猛击在刀背上将原料断开。压下铡切是指左手握住刀背前端，右手提起刀柄，刀刃垂直放置在断开处，然后用力压下将原料断开(好似铡刀切草)。如图 3.19 所示。

(6)滚料切。滚料切是指左手控制住原料，并按照原料成形的规格要求滚动原料，手持刀，刀刃垂直将原料断开的一种切法，适用于质地脆嫩、软嫩、体积较小的圆形或圆柱形的动、植性原料，如茄子、土豆、黄瓜和猪材料肉等。如图 3.20 所示。

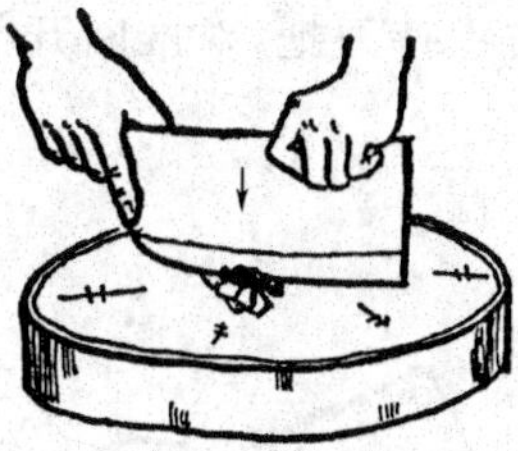

图 3.19　铡切

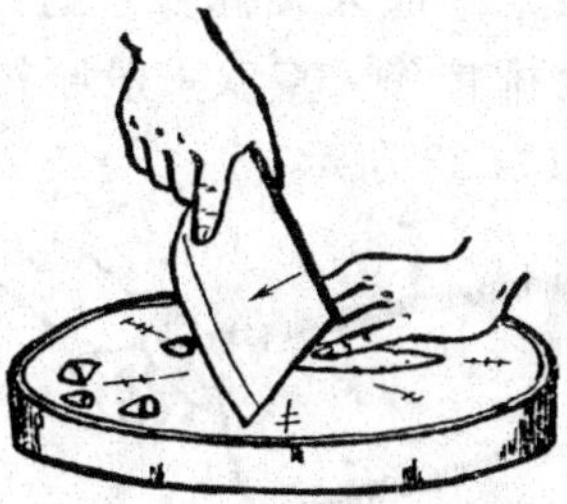

图 3.20　滚料切

2. 剁

剁是指刀刃垂直向下,用力于小臂,迅速击断原料的一类刀法。根据用力状况的不同,剁一般可分为直剁和排剁两种。

(1)直剁。直剁是指左手按稳原料,右手持刀对准原料断开部位,猛力一刀断开原料的一种剁法,适用于带骨和质地较坚硬的动物性原料,如鸡翅膀、猪肋骨、整鱼、大块肉等。一般需要一刀剁开原料,因此带骨原料和坚硬原料要求原料形状不宜太大、骨头也不要太大,如图 3.21 所示。

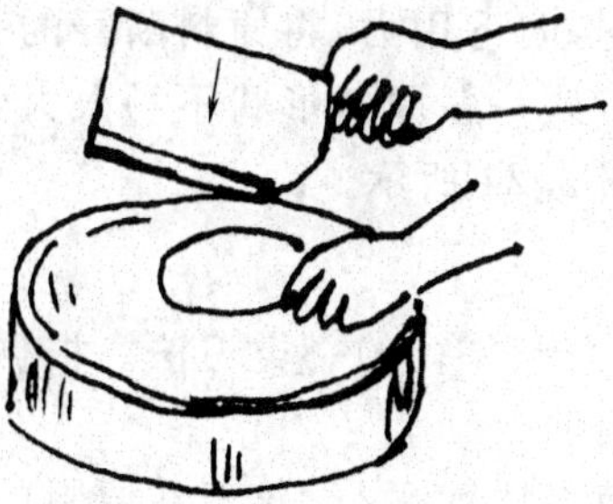

图 3.21　直剁

图 3.22　排剁

(2)排剁。排剁是指右手持刀或左右持刀,举刀不易过高,用力不易过大,有节律、连续地剁开原料的一种方法,适用于质地软嫩、鲜嫩、无骨的动、植物原料,如净鱼肉、净鸡肉、净猪肉或打焯过的蔬菜等。一般需要调换排剁的方向或翻动原料,由于用力不大,因此原料中结缔组织不能过多,过多不易剁开原料,容易造成藕断丝连等现象,如图 3.22 所示。

3. 砍

砍是指刀刃垂直向下,用力于手臂和上身,刀高扬,猛力击断原料的一种方法。根据用力形式的不同,砍一般可分为直砍和跟刀砍两种。(砍一般用砍刀,即刀背厚、重量大的一种刀具)

(1)直砍。直砍是指刀刃对准原料断开处,猛地向下用力,将原料断开的一种方法

(如同劈柴，故某些地区又称劈)，适用于形状大、质地坚硬和带骨的动物性原料，如猪头、整片猪、大排骨等。直砍一般原料要放平稳，左右手持刀把，对准断开部位一刀或数刀断开。如图 3.23 所示。

图 3.23　直砍

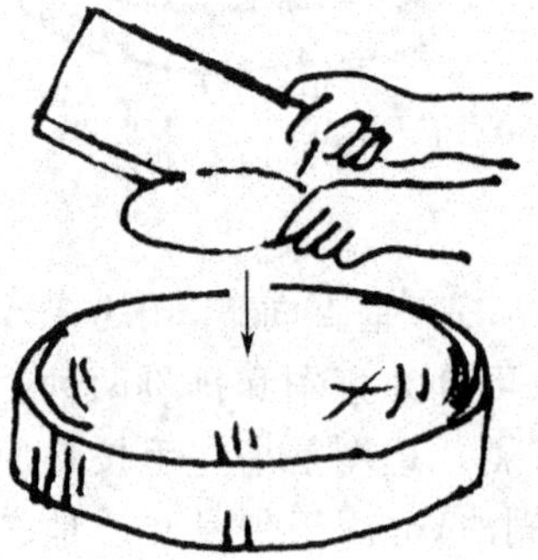

图 3.24　跟刀砍

(2)跟刀砍。跟刀砍是指刀刃对准原料断开处，先轻轻砍一刀，让刀刃嵌在原料中，然后左手拿稳原料，右手持刀，左右手共同举起，向下用力，将原料断开的一种方法，适用于带骨的动物性原料，如猪蹄、鱼头等。跟刀砍一般原料形状不易太大，需要一刀将原料断开，使断开后的原料形状大小相似，如图 3.24 所示。

(二)平刀法

平刀法是指刀刃与原料和菜墩呈平面，着力点平行的一类刀法。根据用力方向的不同可分为推刀片、拉刀片、平刀片和抖刀片四种。

(1)推刀片。推刀片又称推刀批，是指刀面与墩面平行，落刀在原料的右侧向左侧推进的一种方法，适用于形状小、质地脆嫩的植物性原料，如冬笋、莴笋、榨菜等。一般右侧落刀，即用刀前部落刀，由刀后部断开原料的一种片法，如图 3.25 所示。

图 3.25　推刀片

图 3.26　拉刀片

(2)拉刀片。拉刀片又称拉刀批，是指刀面与墩面平行，落刀在原料的右侧向左侧拉回的一种方法，适用于质嫩、无骨，形状小的动、植物原料，如鸡脯肉、猪里脊肉、猪材料肉等。一般右侧落刀，即用刀后部落刀，由刀前部断开原料的一种片法，如图 3.26 所示。

(3)平刀片。平刀片又称平刀批，是指刀面与墩面平行，落刀在原料右侧向左侧平行、缓慢地片进的一种方法，适用于质地软嫩，易碎散的动、植物原料，如豆腐、香豆腐干、血块等。一般右侧落刀，即用刀中部落刀，平行推进断开原料的一种片法，如图 3.27 所示。

(4)抖刀片。抖刀片又称抖刀批，是指刀面与墩面平行，落刀在原料右侧向左侧上下晃动推进的一种方法，适用于质地软嫩或柔软细嫩的动物性原料，如腰子、蛋糕、皮冻、午餐肉、西式火腿等。一般右侧落刀，即用刀中部落刀，上下晃动刀刃，使原料表面呈波浪状，推进断开原料的一种片法，如图 3.28 所示。

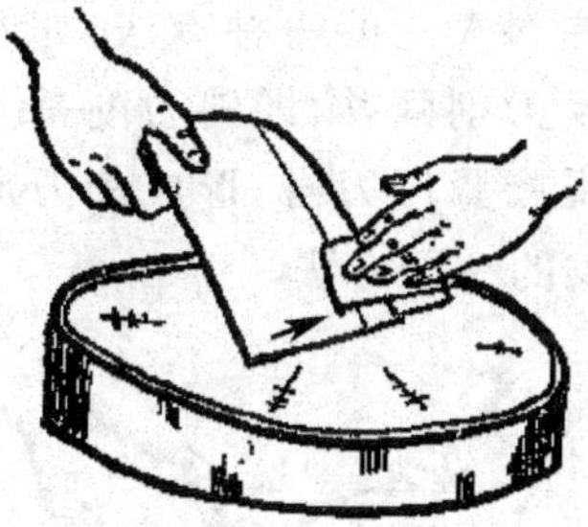

图 3.27　平刀片

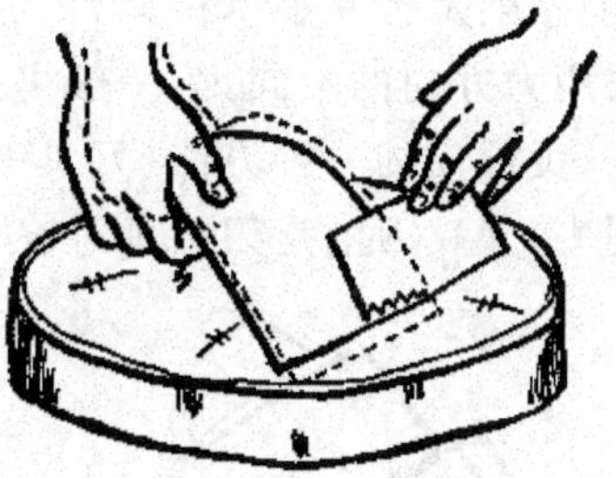

图 3.28　抖刀片

(三)斜刀法

斜刀法是指刀面与原料和菜墩呈一定的倾斜度，用力断开原料的一类刀法。根据用力方向的不同，一般可分为斜刀片和反斜刀片两种。

(1)斜刀片。斜刀片又称斜刀批，是指刀面朝内倾斜，刀刃朝内，左手按稳原料，右手持刀呈一定倾斜度，由外往里拉的一种方法，适用于无骨、质嫩、脆嫩的动植物原料，如鸡脯肉、腰子、鱼肉、熟猪肚、大白菜叶、油菜叶等，如图 3.29 所示。

(2)反斜刀片。反斜刀片又称反斜刀批，是指刀面朝外倾斜，刀刃朝外，左手按稳原料，右手持刀呈一定倾斜度，由里向外推的一种方法，适用于质地脆嫩的植物性原料，如芹菜、玉兰片、腰子、熟肚等，如图 3.30 所示。

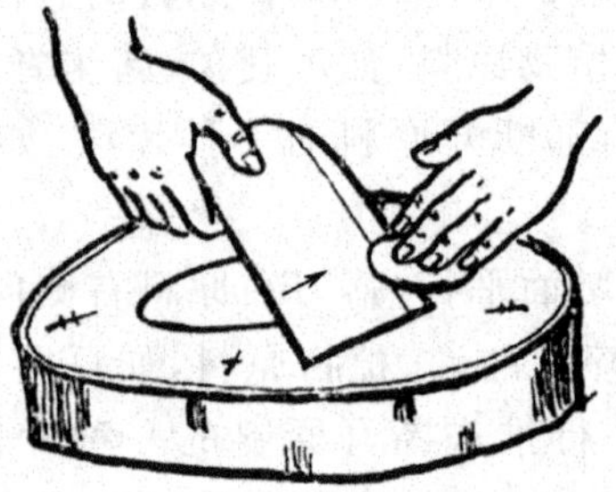

图 3.29 斜刀片

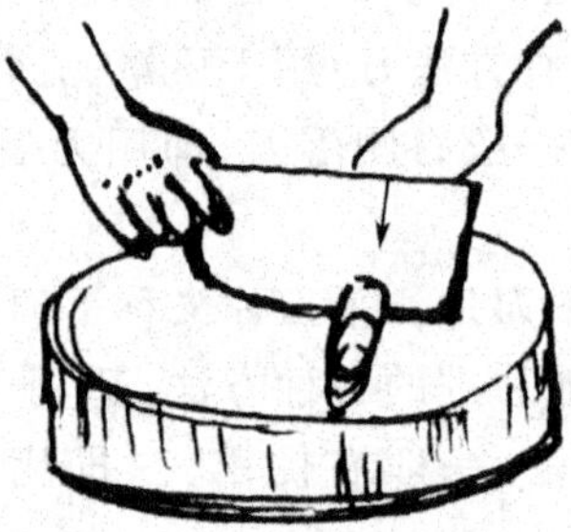

图 3.30 反斜刀片

(四)其他刀法

其他刀法是指这些刀法无法包含在上述三类刀法中,而在烹调中运用又较多的一类刀法。根据使用状况不同,一般常用的刀法有削、旋、剔、刮、拍、排、起、剜等。

(1)削。削是指左手拿稳原料,右手持刀,去除原料表皮的一种方法,如图 3.31 所示。根据用力方向的不同,削一般可分为斜刀削和反刀削两种,即斜刀削是刀刃朝内,去除茄子、黄瓜皮的一种方法(刀具一般是片刀,用拇指紧压刀身,形成削刀形状,将原料表皮削去)。反刀削是刀刃朝外,去除土豆、萝卜皮的一种方法。

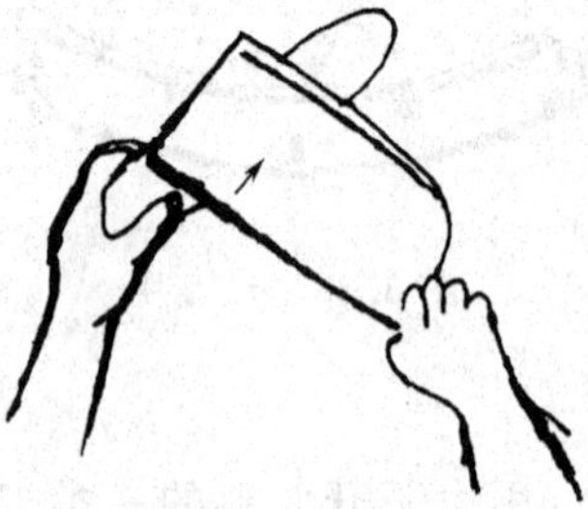

图 3.31 削刀法

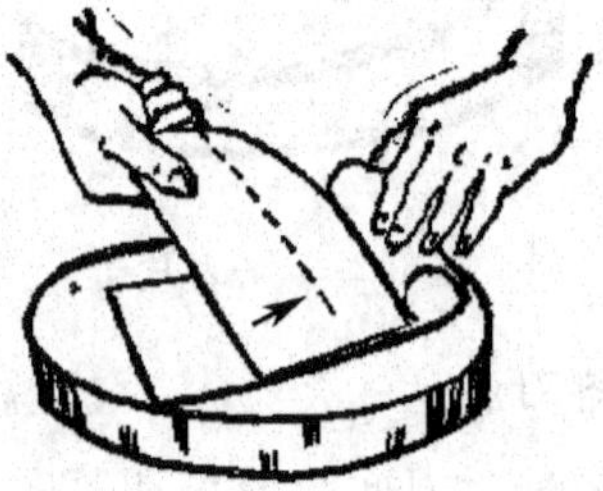

图 3.32 旋刀法

(2)旋。旋是指左手拿稳或按稳原料,右手持刀从原料右端进刀,一边转动原料,一边推进刀具,去除原料表皮的一种方法。根据使用情况不同,一般分为墩上旋和手中旋两种。该方法适用于质地脆嫩、圆柱形的植物性原料,如山东菜中的炝瓜皮,就是采用旋的方法来加工黄瓜,使黄瓜皮呈一定厚度的大片状,再改成条状作为炝瓜皮的原料形状,如图 3.32 所示。

(3)剔。剔是指左手按稳原料,右手持刀,利用刀刃前端去除骨骼的一种方法,如图 3.33 所示。该方法适用于动物性原料,如鸡腿、鸡翅、猪蹄髈和鱼的出骨等。

(4)刮。刮是指左手按稳原料,左手持刀,利用刀刃去除废料的一种方法,如图 3.34 所示。根据用力方向的不同,一般可分为顺刮和逆刮两种。该方法适用于动物性原料，如刮鱼鳞、刮鱼茸和鸡茸等。

图 3.33　剔刀法

图 3.34　刮刀法

(5)拍。拍是指将原料放置在菜墩上，右手持刀，将刀身平行后用力拍砸成较薄形状的一种方法，适用于无骨的动植物原料，如拍姜块、拍猪排等，如图 3.35 所示。

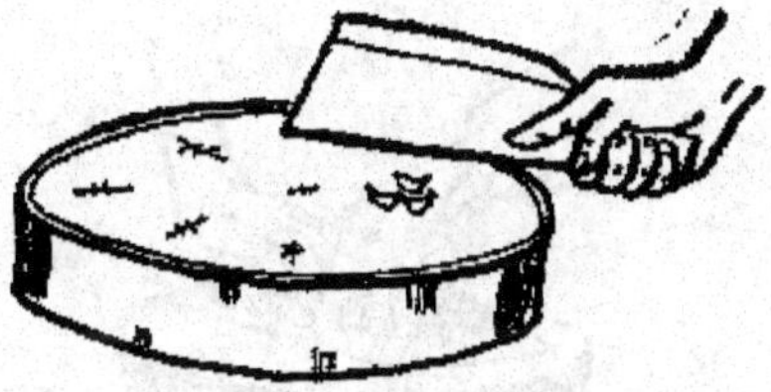

图 3.35　拍刀法

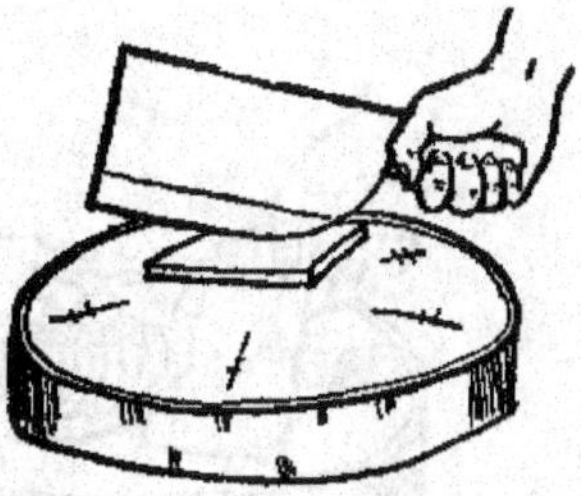

图 3.36　排刀法

(6)排。排是指左手按稳原料，右手持刀，将刀刃在原料上有顺序地进行垂直运动，使原料表面疏松，而不断开原料的一种方法，适用于无骨质嫩的动物性原料，如炸百花大虾、酱爆肉丁等，如图 3.36 所示。

(7)起。起是指左手拿住原料一角，右手持刀，切至一定深度，刀刃朝外用力，将原料分离的一种方法，适用于猪肉、鱼肉的去皮等。如图 3.37 所示。

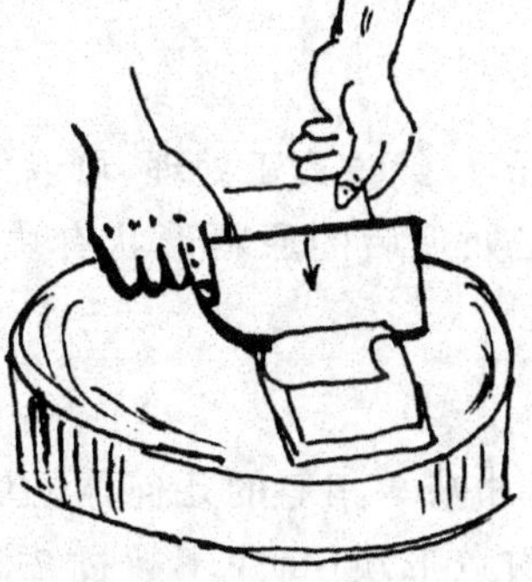

图 3.37　起刀法

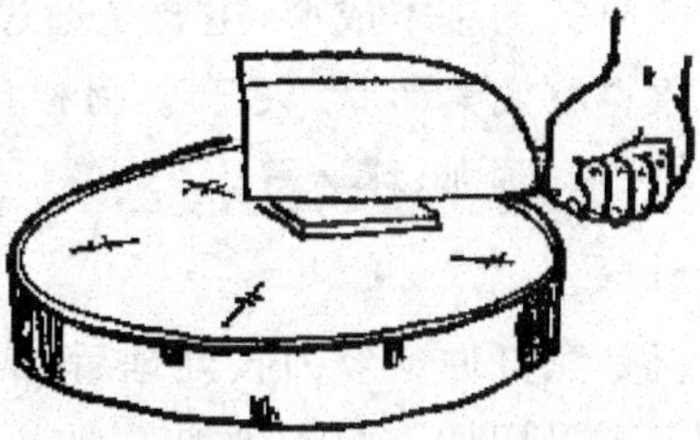

图 3.38　敲刀法

(8)敲。敲是指左手拿稳原料,右手持刀,刀背朝下用力猛击原料,导致肉质由厚变薄或骨骼折断的一种方法,适用于加工无骨或带骨的原料,如猪里脊材料肉和猪腿骨等,如图 3.38 所示。

(五)混合刀法

混合刀法是指刀工处理原料时,运用两种刀法实施在一种原料上,使加工后的原料呈现一定形状的一类刀法。根据其加工的原料性质不同和深浅度的不同,混合刀法一般有浅刀剞、深刀剞两种。

(1)浅刀剞。浅刀剞是指刀刃垂直或倾斜切入原料,然后顺骨骼平刀片,使其肉质翘翻的一种方法。根据浅刀剞的方向不同,有直刀剞、斜刀剞和平刀剞三种。

浅刀剞是美化原料形状的一种刀法,主要用于整鱼的改刀,如黄河糖醋鲤鱼、葱油鲈鱼(斜刀剞、平刀剞)和浇汁鱼、醋椒鳜蒸鱼(直刀剞、平刀剞)等,如图 3.39 所示。

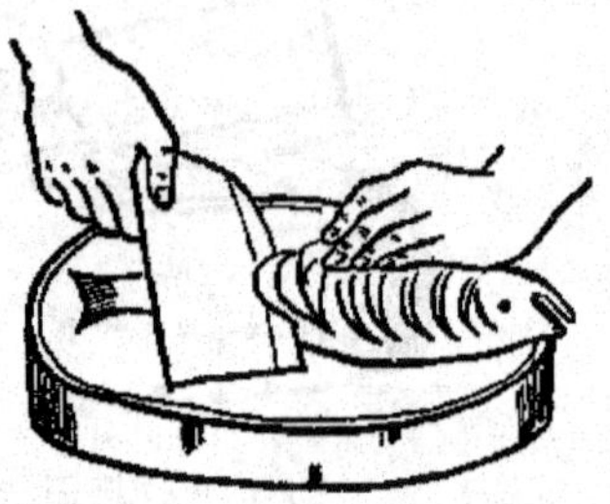

图 3.39 浅刀剞

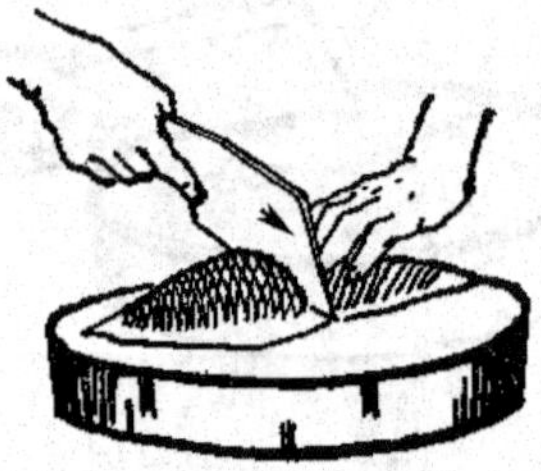

图 3.40 深刀剞

(2)深刀剞。深刀剞是指刀刃垂直或倾斜切入原料的三分之二深度,再调换一个角度再切入原料三分之二深度,后改成块状,加热后使其受缩卷成一定形状的一种方法。根据剞的方向不同,可分为直刀剞、斜刀剞和平刀剞三种。该方法适用于质地脆嫩的动物性原料,如猪腰、鸡肫、鱿鱼、墨鱼、猪肚、带皮鱼肉等,如图 3.40 所示。

四、烹饪原料的基本成形

烹饪原料的基本成形,主要是通过刀工处理产生的。经过刀工处理,可以使整形或大型的原料改变其形状,便于烹调和食用。经过刀工处理后的原料形状有块、片、条、丝、丁、粒、末、茸泥、球珠等。

(一)块

块就是烹饪原料经刀技处理后,成为各方向上尺寸基本相等的几何体。块在成形过程中主要采用切、砍、剁等加工而成。常用的块状有菱形块(每边不超过 2.5cm)、正方块(每边不超过 3cm)、长方块(烤方 25cm×20cm×4cm;酱方 16cm×13cm×3cm;蒸方 5cm×3cm×2cm；骨排块 2.5cm×2cm×1.5cm）、三角块（每边不超过 2.5cm）、梳子块（3.5cm×0.8cm）和滚料块（多面体，每边不超过 4cm）等多种。

（二）片

片就是烹饪原料经刀技处理后，成为厚度一般在 0.2－0.3cm，厚薄均匀的几何体。片在成形过程中主要采用直刀法、平刀法和斜刀法等加工而成。常用的片状有柳叶片（长 5cm，宽 1.5cm）、菱形片（每边不超过 2.5cm）、月牙片（长不超过 4cm）、佛手片（长 3.5cm，宽 2cm）、长方片（长 5cm，宽 2cm）、连刀片又称蝴蝶片（长 8cm，宽 3.5cm）和灯影片（长 8cm，宽 4cm）等多种。

（三）条

条就是烹饪原料经刀技处理后，成为截面积在 0.75～1.5cm^2，长度小于 9cm 的几何体。条在成形过程中主要采用直刀法和平刀法等加工而成。常用的条状有大一字条（6cm×1.2cm×1.2cm）、小一字条（5cm×1cm×1cm）、筷子条（4cm×0.6cm×0.6cm）和象牙条（5cm×1cm×1cm）等多种。

（四）丝

丝就是烹饪原料经刀技处理后，成为截面积小于 0.15cm^2，长度小于 10cm 的几何体。丝在成形过程中主要采用直和平刀法等加工而成。常用的丝状有头粗丝（10cm×0.4cm×0.4cm）、二粗丝（10cm×0.3cm×0.3cm）、细丝（10cm×0.2cm×0.2cm）和银针丝（10cm×0.1cm×0.1cm）等多种。

（五）丁

丁就是烹饪原料经刀技处理后，成为边长小于 2cm 的正方体。丁在成形过程中主要采用平刀法和直刀法等刀法加工而成。常用的丁状有大丁（每边不超过 2cm，又称指头丁）、小丁（每边不超过 1.2cm，又称筷头丁）等多种。

（六）粒

粒就是烹饪原料经刀技处理后，成为边长小于 0.6cm 的正方体或菱形状。粒在成形过程中主要采用平刀法和直刀法等加工而成。常用的粒状有黄豆粒（每边不超过 0.6cm）、绿豆粒（每边不超过 0.4cm）和大米粒（0.2cm×0.2cm）等多种。

（七）末

末就是烹饪原料经刀技处理后，成为边长小于 0.1cm 的小米粒形状或不规则的形状。末在成形过程中主要采用剁、铡、切等刀法加工而成。

（八）茸、泥

茸、泥就是烹饪原料经刀技处理后，成为无明显颗粒状的形状。茸、泥在成形过程中主要采用剁、刮、捶、排等刀法加工而成。习惯上称将动物性原料加工而成的称为茸，如鱼茸、鸡茸、脊茸等；将植物性原料加工而成的称为泥，如土豆泥、南瓜泥等。

(九)球珠

烹调常用的球珠有青果形、算盘珠形、圆珠形等，一般采用植物性原料加工而成(莴笋、马蹄、胡萝卜、萝卜、冬瓜、菜头等实心原料)。青果形是先将坯料加工成长方形，再修理成青果形状(削的刀法)；算盘珠形是先将坯料加工成正方形，再修理成算盘珠形(削的刀法)或先将坯料加工成长方形，修理成圆柱状后，再逐个切下即成算盘珠形；圆珠形是用规格不同的专用刀具，在坯料上剜挖而成，其规格大小可根据菜肴的需要而定，如北京名菜三圆扒牛头。另外，某些球珠还需要采用镂空雕刻的方法加工而成，如绣球等。

五、烹饪原料的剞花工艺

(一)剞花工艺的性质和目的

剞花工艺又称锲花工艺，一般由浅刀剞和深刀剞两种混合刀法构成。剞花工艺是指在原料的表面切割成某种图案条纹，使之受热均匀或收缩成一定形状的加工方法。剞花工艺既是烹调的需要，更是为了满足消费者的审美需要，即产生形态美的效果，能给消费者带来美的享受。因此，剞花工艺的目的：①缩短成熟时间；②使热渗透均匀；③使成品内外成熟度趋于一致或成品质感相似；④易于成形，便于入味。剞花工艺不仅能使菜肴受热均匀、质感一致，还能改变菜肴的表象，使菜肴达到千姿百态美的要求，而且，这些形态美的菜肴还能满足不同层次要求、不同口味要求、不同质感要求和不同年龄要求的消费需求，如选用一条鱼来制作菜肴，由于剞花工艺不同、烹调方法不同、调味品不同就能设计出千变万化的菜品。

(二)剞花工艺的原料要求

并不是所有的烹饪原料都可以用来剞花，它必须符合剞花工艺的要求。剞花工艺在具体实施过程中必须符合三方面的要求。

1. 具有剞花工艺的必要

所用原料由于体积较厚或质地紧密，不利于热的均衡渗透，或过于光滑不利于裹覆卤汁，或带有异味的原料不易在短时间散发，均具有剞花工艺的必要。

2. 利于剞花工艺的实施

所用原料必须具有一定面积的平面结构，有助于剞花工艺的实施和成品的成形。

3. 突出刀纹的表现力

所用原料应具备不易松散、破碎，还有一定韧性和弹力的条件，具有受热收缩或卷曲变形的性能(原料表面必须带有结缔组织和膜)，才能展现剞花工艺形态美的特点。

根据上述三方面的要求，剞花工艺的原料一般可分为两大类，即表面带有结缔组织和膜的原料（鱿鱼、墨鱼、腰子、鸡肫、鱼等）和质地紧密的原料（豆腐干等）。

（三）剞花工艺的形状

剞花工艺的刀法主要是浅刀剞和深刀剞，使改刀后的原料形状呈现出花刀形和花刀块两种形态。

1. 花刀形

花刀形主要用于整鱼的表面，运用浅刀剞形成各种花刀形。由于浅刀剞的深度较浅，成品表面的形状主要靠刀纹来体现。常用的花刀形有以下 10 种：

(1)秋叶花刀形。在鱼体表面剞上象征树叶筋脉的刀纹（直剞），深度至鱼的脊椎骨。该方法适合较窄的鱼体，如白鱼、鲚鱼、鲻鱼等，一般适用于蒸。

(2)波浪花刀形。在鱼体表面剞上象征波浪形的曲线刀纹（直剞），共三层，深度至鱼的脊椎骨。该方法适合较宽的鱼体，如鳊鱼、鲳鱼、鳜鱼等，一般适用于蒸。

(3)蚌纹花刀形。在鱼体表面剞上象征河蚌壳纹理的刀纹（直剞），深度至鱼的脊椎骨。该方法适合较宽的鱼体，如鳊鱼、鲳鱼、鳜鱼等，一般适用于蒸。

(4)人字花刀形。在鱼体表面剞上象征人字的刀纹，为相背五对人字形（直剞），深度至鱼的脊椎骨。该方法适合较宽的鱼体，如鳊鱼、鲳鱼、鳜鱼等，一般适用于蒸。

(5)双十字与一字花刀形。在鱼体表面剞上双十字或一字的刀纹（直剞），深度至鱼的脊椎骨。对体厚的鱼体宜用此法，双十字为扇面鱼头尾的花形；一字为一般头尾的花形。一般适用于红烧（红烧青鱼头尾）、干烧（干烧岩鲤）等方法。

(6)小字花刀形。在鱼体表面剞上象征小字的刀纹（直刀剞），深度至鱼的脊椎骨，呈弧形排列。该方法适合于窄而厚长的鱼体，如青鱼、草鱼、鲮鱼和大马哈鱼，一般适用于烧、煎等方法。

(7)散线花刀形。在鱼体表面剞上三条单线一组，共六组呈八字排列（直剞），深度至鱼的脊椎骨。该方法适合于体壁宽薄的鱼，如鲫鱼、鲳鱼等，一般适用于烧、炖等方法。

(8)牡丹花刀形。在鱼体表面斜剞上弧度刀纹（斜刀剞），深度至鱼的脊椎骨，使鱼肉翻翘呈花瓣状。该方法适合于形大体厚的鱼，如鲤鱼、鳜鱼等，一般适用于焦熘、醋熘等方法。

(9)瓦楞花刀形。在鱼体表面斜剞上横向刀纹（直刀剞），深度至鱼脊椎骨，再平剞进 2～2.5cm，使鱼肉翻翘呈瓦楞排列状。该方法适合于体轴长窄、肌壁较薄的鱼，如黄鱼、鲈鱼、鲷鱼、鲤鱼等，一般适用于焦熘、醋熘等方法。

(10)菱格花刀形。在鱼体表面斜剞上相叉十字刀纹（直刀剞），深度至鱼的脊椎骨，使刀纹呈菱格图案，刀距约 2cm。该方法适合于体轴长窄、肌壁较薄的鱼，一般适用于炸、烤。但是，在制作过程中原料一般要拍粉、挂糊和上浆，加热时可防止表皮脱落。

2. 花刀块

花刀块主要用于鱿鱼、乌贼鱼、腰子、肚子、鲍鱼和带皮方肉的表面，运用深刀剞形成各种花刀块。由于深刀剞的深度为原料的三分之二或五分之三，再加上表面有结缔组织或膜，使原料受热后卷曲，形成一定的形状。常用的花刀块有以下 12 种。

(1)麦穗花刀块。逆肌纤维排列方向斜剞深三分之二，刀距约 0.2cm 的平行刀纹，再顺向直剞同等深度和刀距，顺向切成 5cm×2.5cm 的块状。该方法适用于鱿鱼、乌贼鱼、腰子等，如火爆麦穗腰花、油爆鱿鱼卷等。

(2)卷筒花刀块。顺肌纤维排列方向，略斜向直剞交叉十字刀纹，深三分之二，刀距约 0.2cm。顺向切成约 5cm×3cm 的块状。该方法适用于乌贼鱼、鱿鱼等，如爆鱿鱼卷筒等。

(3)荔枝花刀块。在原料表面直剞十字交叉刀纹，深三分之二，刀距 0.25cm，切成 3.5cm 长的菱形块。该方法适用于腰子、肫、肚子等原料，如爆炒荔枝腰花等。

(4)蓑衣花刀块。在原料表面斜向直剞一字刀纹，再翻过原料在直剞一字刀纹，使刀纹两面交叉，深度各为三分之二，刀距约 0.2cm，再切成 3.5cm×3.5cm 的块状。该方法适用于腰子、肚子，如蓑衣腰花等。

(5)菊花花刀块。在厚度 2.5cm 以上的原料上，用直刀剞 0.4cm 宽的垂直交叉十字花纹，深度为原料五分之四，再切成约 2.5cm 见方的块，受热卷曲呈菊花状。该方法适用于鱼肉、里脊肉、鹅肫等原料，如菊花里脊、菊花鱼等。

(6)竹节花刀块。将原料切成 4cm×2.5cm 的长方块，顺长直剞 4 条深约五分之四的平行刀纹，再横向在原料两端约 1cm 处各直剞两道深约三分之二，刀距 0.2cm 的平行刀纹，受热卷曲呈竹节状。该方法适用于鱿鱼、猪肝等原料，如炒竹节腰花等。

(7)眉毛花刀块。眉毛花刀块又称梳子花刀块、鱼鳃花刀块。在原料表面先直剞深约三分之二，刀距约 0.25cm 的平行刀纹，再顶纹切或斜批成片，单片为梳子片、三片连刀片呈眉毛状。该方法适用于乌贼鱼、鱿鱼等原料，如花技炒双椒、雪菜目鱼花等。

(8)葡萄花刀块。在原料表面交叉斜剞深约五分之四，刀距 1.2～1.5cm 的斜向平行刀纹，受热卷曲呈一串葡萄状。该方法适用于带皮、肉质较厚的净鱼肉(不带骨刺)，如葡萄鱼等。

(9)万字、回字、棋格花刀块。在原料的表面直剞为万字、回字和棋格的刀纹，深度一般为三分之二，受热后原料收缩呈现出上述形状。该方法适用于生猪肉和熟猪肉等原料，如乳方、樱桃肉等。

(10)螺旋花刀块。从原料一侧进刀，平剞至四分之三深度，旋转平剞至四分之三深度，再反复旋转平剞，直至中心，受热后原料收缩呈现出螺旋状。该方法适用于生猪肉和熟猪肉等原料，如螺旋肉、螺旋肫花等。

(11)水草丝花刀块。从原料两侧各平剞一刀，使原料中心部位相连，再将两侧各用刀切成 0.25cm 的丝状，改成 4cm 宽的块状，受热后卷曲呈现水草丝状。该方法适用于鱿鱼、乌贼鱼等原料，如芫爆鱿鱼丝等。

(12)金鱼花刀块。将原料先改成金鱼形(鱼身和三条鱼尾)，在鱼身上纵向斜刀�、横向直刀剞，深度三分之二，刀距 0.4cm；鱼尾用刀尖剞上秋叶花形，受热后卷曲呈金鱼状。该方法适用于鱿鱼、乌贼鱼等原料，如双色金鱼、金鱼戏莲等。

六、茸胶的制作

(一)茸胶的特征

茸胶又称缔子或糁子，是动物性肌肉经粉碎性加工成为颗粒细小的茸状物体，再加入水、盐和调料等，并将茸状物体搅拌成黏性的胶状形态。茸胶在烹饪中应用十分广泛，既可独立成菜，也可作为花色菜肴的辅料或黏合剂。茸胶的形成是对动物性肌肉组织和风味进行特殊处理的一种结果。因此，茸胶具有以下三方面的特征。

1. 可塑性强，便于菜肴造型

烹饪原料经粉碎加工后，原料的组织结构发生变化，成为颗粒细小的茸状物体，经加水、盐等物质后搅拌成黏性(柔软而有弹性)，使其可塑性加大，便于菜肴造型，如翠鸟鱼丝，既可塑造翠鸟的头部与身体，又可制作鱼丝(鱼线)；再如可塑造鱼圆、鱼线、鱼米、鱼饺和鱼糕等形状。

2. 黏性增大，便于菜肴点缀

茸胶在搅拌过程中加入鸡蛋清、淀粉等辅料，增加了茸胶的黏附能力，在制作酿菜、包卷菜、锅贴菜等花色菜时，不仅可以塑造形体，而且还具有黏合剂的作用，使点缀物在受热过程中不易脱落，如百花大虾、金鱼草芯、蝴蝶海参、纸包鸡等。

3. 易于成熟，便于食用

茸胶是一种颗粒细小的茸状物体，而且含水量较高。因此，茸胶具有良好的导热性能，一般易于成熟(控制加热时间和加热温度)。而且，动物性肌肉的纤维组织已被基本破坏，而茸胶中又没有筋络和骨刺。因此，口感特别细嫩爽口，既便于食用又有利于人体消化吸收，得到了广大消费者的欢迎。

(二)茸胶的形成机理

茸胶形成的主要过程是加水搅拌，加盐上劲。动物性肌肉粉碎后成为颗粒细小的茸状物体，茸状物体越小其截面增加越多，其吸附水分的概率就越大。茸状物体对水分的吸附既可以是蛋白质极性基团的化学吸附，也可以是非极性基团的物理吸附以及水分子与水分子之间发生的多分子层吸附；茸状物体在搅拌过程中，原料内部形成了大量的毛细管微孔道结构，在毛细管内水所形成的蒸汽压低于同温度下水的蒸汽压，所以毛细管能固定住大量的水，这是茸状物体能吸附大量水分的原因。同时，加盐则可使茸胶具有更大的黏性和弹性。首先，盐是一种易溶于水的强电解质，能使茸胶内水溶液的渗透压增大。其次，肌肉中的球蛋白易溶于盐液，加盐后增大了肌肉球蛋质分子在水中的溶解度，这样也就加大了球蛋白分子的极性基团对水分子的吸附量；再次，肌肉中的蛋白质是以溶胶和凝胶的混合状态存在，胶体的核心结构——胶核具有很大的表面积，在界面上有选择地吸附一定数量的离子。而食盐解离为带正电荷的钠离子和带负电荷的氯离子。不管钠离子和氯离子，它们都是水化离子，所以都能被界面吸附，从而产生黏性和弹力。

(三)茸胶的种类

首先，茸胶的原料一般为动物性肌肉(成熟期的肌肉组织)，如鸡、鱼、虾、猪、牛、羊、鲜贝、乌贼鱼等，也有少量的植物性原料，如土豆、山药、南瓜等。其次，在调制过程中除了水、盐等调味品以外，还必须根据茸胶的种类添加适量的淀粉、鸡蛋清和肥膘茸。由于使用方法、烹调方法和成品质感的不同，茸胶的种类一般有以下几种。

1. 硬质茸胶

硬质茸胶是指茸胶的料形较稠或调茸胶时水分加入量较少，茸胶的浓稠度较大，一般适用于炸、煎、贴等烹调方法，如红烧狮子头、酥煎鸡腿、锅贴鲈鱼等菜品。

2. 软质茸胶

软质茸胶是指茸胶的料形细腻，掺水量比硬质茸胶要多，茸胶的浓稠度较小，一般适用于水氽、蒸等烹调方法，如清汤鱼圆、翠鸟鱼丝、琵琶大虾、三色鱼糕等菜品。

3. 嫩质茸胶

嫩质茸胶是指茸胶的料形特别细嫩，在水调茸胶的基础上加入鸡蛋清或蛋泡糊，使茸胶更加膨松软嫩、色泽洁白，一般适用于油氽、蒸、滑炒、软炒等烹调方法，如鸡茸蛋、芙蓉鱼片、软炒鸡茸干贝、香炸云雾、鸡茸口蘑等菜品。

4. 稀质茸胶

稀质茸胶是指茸胶的料形如水状，即加水量较多，并且还要加入鸡蛋清，使茸胶成稀糊状，如鸡粥菜心，海鲜鸡羹、三色鸡粥等菜品。

思考题

1. 简述烹饪原料的概念。
2. 简述选择原料的目的。
3. 采取什么措施来延缓烹饪原料的保鲜、保质期？
4. 简述干货原料涨发的原理和作用。
5. 简述刀工处理的作用。列举直刀法中的各种刀法。

第四章

烹调基础知识

本章内容

- 火候的运用
- 原料的初步熟处理
- 制汤技法
- 糊、浆与勾芡
- 配菜技术（菜肴组合）
- 调味技法

教学要点

1. 火候就是根据原料的性质、形态和菜肴的特点或要求，给予原料加热的量。

2. 焯水、油炸、汽蒸、走红四种初步熟处理，可以使烹饪原料发生质的变化，其目的是使菜肴去腥解腻、杀菌定型、增加色泽、同步成熟，便于烹调。

3. “汤”在烹调中有两个含义，一是指汤菜，二是指含有一定鲜味的“水”，又称“鲜汤”。鲜汤是烹调中不可缺少的辅助性原料。

4. 挂糊、上浆是一些菜肴的烹制工序，通过挂糊上浆能保持原料中的水分、鲜味成分、营养成分和风味物质，能保持原料形状和成品特点，促使成品光润饱满、色泽鲜艳。

5. 调味就是调和滋味。它是根据原料的性质和成品的要求，通过各种调味品的合理配合来影响原料，形成菜肴滋味的一种操作技术。通过调味能使菜肴除异解腻，从而确定菜肴的味道，增加菜肴的色泽，促使菜肴品种的多样化。

烹调基础知识是烹饪工作人员在操作过程中应该掌握的最基本的知识，这些知识既包括火候的运用、原料的初步熟处理、制汤技法、挂糊上浆勾芡、配菜和调味六方面的内容。这些内容是一个有机的整体，它反映在菜肴制作的全过程中，如果其中一个环节出现差错，就会影响到菜肴成品的质量。因此，我们将上述六方面的内容称为烹调基础知识，这些知识的掌握程度直接关系到菜肴制作的质量。

第一节 火候的运用

烹调离不开加热，而在制作菜肴的过程中，“加热”这一词却被“火候”所取代，并赋予了更深刻的含义。同时，也将火候视为烹调技术的核心，或衡量菜肴优劣的重要指标和内容。火候就是根据原料的性质、形态和菜肴的特点或要求，给予原料加热的量。这里指的火候包含着两方面的内容，一是指菜肴的成熟度，二是指菜肴质地所要达到的标准。由此可见，火候的实质是给予原料加热的量，是烹饪行业中习惯的叫法。而构成加热量的因素很多，主要有三点：一是火力的大小；二是加热时间的长短；三是传热介质及传热炊具的传热速度。这三种因素对菜肴特点或风味的形成都起着极其重要的作用，也是形成菜肴特色的重要因素之一。因此，火候的作用主要表现在以下两方面：

(1)烹饪原料发生质的变化。生的原料变为熟的菜肴，就其原料本身来说，发生了质的变化。但这里的质变，并不单指由一种物质变成另一种物质的化学变化，主要指由不符合生理需要的原料变为易咀嚼、好消化、滋味美的食物，如蛋白质的热变性、淀粉的糊化性等。这种变化是客观的，是加热所产生的基本变化，也是人类最起码的要求。

(2)构成菜肴属性的重要条件。菜肴的属性是由菜肴本身所具有的特性所决定，而火候是构成菜肴属性的重要因素之一。无论是菜肴的形状、色泽还是质地等都离不开火候，如油爆鱿鱼卷，如果切后不加热就不可能呈现麦穗花形；糖醋黄河鲤鱼，如果不加热就不可能形成跃跃欲跳的形态；北京烤鸭，如果不加热就不可能形成外酥脆里鲜嫩的口感。由此可见，火候是形成菜肴质感的重要因素，也是人类对烹饪艺术追求的结果。

一、热的传递方式

烹调离不开加热，加热可促使原料发生质的变化。原料由生变熟需要获得热量，而原料获得热量则需要热量传递的过程。在烹调过程中热的传递方式有以下三种方式。

1. 传导换热

传导换热只发生在固体物质之中，热的传递过程则是由固体的高温区域影响或转移到低温区域的过程。不同固体之间的传导过程只有在它们接触时才能发生。

传导的基本原理是由于一切物体的分子总是处于振动的状态。由于分子的加速振动，能量逐步扩散，传导给能量较低的分子。如盐焗鸡，热量是由外部向内部传递，一直传到鸡的中心部位，最终达到内外温度相似的要求。

2. 对流换热

对流换热只限于液体和气体物质。其实质是在一个加热系统中（水锅），由于温度的关系，其物质的密度产生了差异，密度高的向密高低的移动，密度低的向密度高的移动，这种流体微团或气体微团改变空间位置的移动被称为对流。如煮肉，水的高温移动到肉的表面，并通过传导向中心部位渗透，而肉的中心部位低温则移动到肉的表面，从而形成了一个对流、传导的形式，最终达到内外温度相似的要求。

3. 辐射换热

辐射换热是由热源发射高频振动，并在空间快速传播的能量波来产生的。当这种能量波被碰到的物体吸收后，便加快了自身的振动，从而逐步提高温度（烹调中的辐射换热只触及原料的表面，而不能穿透到原料的内部，内部温度的提高仍需要传导换热）。如北京烤鸭，辐射的热量被鸭表面吸收，鸭表面的温度逐步提高，传导到鸭肉的中心部位，从而形成辐射和传导的两种形式，最终达到内外温度相似的要求。

以上三种热传递方法，在烹调中往往交叉起着作用。通过各种热能之间的变化才能使食物变性成熟，食物吸收热过程谓之热传递的综合效应过程。热传递多数是由媒介来完成，这种媒介就是烹调的传热介质。

二、传热介质

烹调中使用的传热介质主要有水、油、蒸汽、盐粒和空气等五种。这些传热物质由于它们的组织结构和化学成分的不同，在传热过程中具有不同的特点。

1. 以水作为传热介质

水是烹调中最常用的传热介质，也是构成菜肴必不可少的一部分。纯水是无色无味的流动液体，在 1 个大气压下，纯水的沸点为 100℃。当锅中的水加热时，锅底受热的水体积变大、密度变小而上升，而锅面冷水向下运动，形成热量对流。通过对流作用把热量传递给原料，使原料温度不断升高，最终达到原料成熟的要求。水作为传热介质具有以下几方面特点：

(1)水能形成均匀的温度场，使原料受热均匀。水在加热中其缔结的水分子逐渐地离解，单个水分子增加。随着温度增高，分子间距也不断增大，促使体积增大，密度减小。这种现象首先发生在受热面上，形成各处水的密度不同，而引起对流。如煮白肉，原料在锅内不用翻动，通过水的对流，使白肉能达到同时成熟的要求。

(2)有利于原料组织的分解，形成酥烂的质地。原料组织的分解是原料酥烂的标志。水作为一种溶剂，有利于原料组织结构的分解，如含结缔组织多的原料，适合长时间的烹调方法。其原因：结缔组织是由胶原蛋白和弹性蛋白组成的。胶原蛋白加热到80℃时才能分解成明胶，而明胶易溶于水。所以，肌肉组织中含结缔组织较多的原料，适合水作为传热介质的各种烹调方法，通过水的作用使肉的质地变的柔软(酥烂)。弹性蛋白在正常的情况下，不易转变为明胶，但其在结缔组织中含量较少，对肉质的柔软度影响不大。另外，植物性原料在水中加热，使原果胶水解成果胶，使纤维素暴露出来失去生时挺拔坚硬的状态，使其变得柔软(酥烂)可口。

(3)不影响原料本来的味道。纯水不仅无色，而且无味。烹调任何原料除了本身的味道外，不会产生其他的影响。因此，一些要求原汁原味的菜肴大多数是选用水作为传热介质，如清炖甲鱼、汤爆肚仁、水爆牛百叶等菜肴都是利用这一特点来突出原料的本味。

(4)可以溶解呈味物质，形成菜肴的滋味。菜肴滋味的形成主要有两个因素：一是原料的本味；二是调味品的味道。原料的本味是指构成原料的鲜味成分的各种物质，如氨基酸、糖类、核苷酸(特别是肌苷酸和肌苷)等水溶性成分。当这些呈味物质溶解于水，就形成味道较浓的鲜汤。调味品则溶于水，加热形成对流和渗透压，均匀地将调味品的味道渗入原料中，同原料中本身呈鲜物质混合，形成一种新的滋味。另外，水溶性的维生素、无机盐等营养物质，加热时部分溶于水中或被水破坏，造成成品营养素的损失，如芹菜等植物性原料在打焯时，芹菜中水溶性维生素就会流失一部分。

(5)不利于形成菜肴的色泽。水作为传热介质能保持原料的本色，但不能增加或改变原料的色泽。其主要原因：形成色泽往往与温度和环境有关，如老红色、枣红色等红色的形成需要焦糖化反应，这种反应不仅要求在无水条件下进行，而且要求在高温中进行，不然焦糖化反应就不能进行。由于纯水沸点的限制和湿润性的限制，所以用水作为传热合质，不利于形成菜肴的色泽，只能在一定的范围内形成有限的色泽(本色)。

(6)不利于原料的成熟。以水作为传热介质，沸点比较低不能形成高温。而传热现象的发生是由于温差现象的存在，温差越大，传热的热量越多，原料成熟的时间就越短，成熟的速度就越快。为此，一般要求快速成熟的菜肴均选用油作为传热介质。因为油作为传热介质能形成高温，对原料能产生高温作用，所以能达到快速成熟的目的。以水作为传热介质除上述特点外，由于它的湿润性而不能形成菜肴酥脆的感觉。同时，由于水的蓄热温度低，化学成分单一，在加热过程中不会产生有害物质或有毒物质，安全系数较高，是一种较为理想的传热介质。

2. 以油作为传热介质

油是烹调中常用的传热介质，也是形成菜肴质感不可缺少的一部分。油在常温下为液体，在低温下为固体。由于油的加工原料不同，有豆油、菜籽油、花生油、葵花油等多种。饮食业习惯把动物的脂也称为油，又有猪油、鸡油、牛羊油等。油的比重小于1，不溶于水。当油内混入水，加热到一定程度就会产生爆炸声。油的密度随着温度的升高，其密度就会加大，密度大的地方向密度小的地方渗透，密度小的地方向密度大的地方靠拢，形成温度的对流，最终达到温度一致的目的。

在一定的蒸发温度下，油脂的饱和蒸气同空气混合，能闪出火花，但随即熄灭，这种瞬间燃烧的过程叫做闪燃，发生闪燃的最低温度叫闪点。油脂继续升到一定时温度就会持续燃烧，持续燃烧所需的最低温度，叫着火点。如豆油(压榨油粗制)闪点296℃，着火点351℃；豆油(精制)闪点326℃，着火点352℃。闪点的高低显示着油蓄热能力的大小，并限定了烹调时所用的温度范围。从豆油中可以看到，油的纯度低，闪电也随之低。

油作为传热介质具有以下几方面特点：

(1)能形成均匀的温度场，使原料受热均匀。油能形成均匀的温度场这一点与水是一致的。油的密度随着温度的上升而增大，油的密度对流的速度也越快，它们之间产生换热现象，并逐步加快，使油的温度迅速提高而形成温度场。当原料入锅后原料的四周同时受热，并且温度基本相等，这样炸制出来的成品颜色与质感基本一致。

(2)油的蓄热性能好，能满足烹调所需的温度。以油作为传热介质不仅可以保持原料的色泽和质地，而且也可以改变或增加成品的色泽和质地。因为油的着火点高，温度使用层次就越多，就能形成低温油、中温油和高温油等三个区域，这三个区域可以满足不同要求的烹调方法的需要。所以，油作为传热介质是根据油的蓄热性能的温度来决定，从而形成不同的成品质地。

(3)有利于改变原料的色泽。以油作为传热介质，其成品的色泽多数为金黄色或金红色，这种色泽形成的主要成分是焦糖。焦糖是糖加热至溶点以上时所产生的一种褐色的物质，这种反应称为焦糖化反应。其次，是美拉德反应。当我们将挂糊或不挂糊的原料放入油锅内炸时，油的温度远远超过焦糖化反应和美拉德反应(150～200℃)。因此，原料表面的水分迅速地被蒸发，糊中的淀粉或肉中的糖原在失水的情况下，由于温度的影响即发生焦化反应或美拉德反应，使菜肴的颜色加深，表面形成失水后的硬壳。这种颜色的变化是随着加热的温度和持续的时间而逐渐加深，最终形成金黄色和金红色的状态。

(4)有利于形成菜肴的香味。以油作为传热介质制作的菜肴，一般都带有特殊的香味，这种香味的形成直接与油有关，如猪肉或牛肉，在加热过程中肉内的丙氨酸、蛋氨酸和半脱氨酸与双羰基化合物进行斯特累克尔的降解反应，最终生成1—甲硫基乙硫醇，以及由糖类热解生成的4—羟基—5—甲基—3(2H)—呋喃酮等物质，再经过复杂反应后便生成肉的香味成分。这些成分的形成与温度有着直接的关系。一般在150～300℃的高温情况下，才能形成低分子化合物和特殊的风味物质。

(5)能形成外焦里嫩的特点。外焦里嫩是菜肴的一种口感或成品的一种特色。而这种口感或特色的生成，主要是通过高温来实现的。原料在高温油的作用下，很快形成了一层保护层，从而避免了水分的大量蒸发，即原料表面水分迅速蒸发形成焦脆的外壳。而通过二次或多次的高温加热，使热量迅速地向内部传递，使原料能在较短的时间内成熟，使原料内部的水分得以更多的保存，从而形成外焦里嫩的特点。

(6)有利于形成菜肴的形状。一方面，由于油的温度较高，当原料与油接触，表面的蛋白质和淀粉迅速变性或糊化，表面脱水焦化或糊化，形成具有一定机械强度的外壳，使菜肴的形状迅速地固定下来。另一方面，由于原料中含有部分的胶原蛋白质，在高温油的作用下骤然受热，按着改刀的方向形成固定的形状，如油爆鱿鱼卷、菊花鱼、松鼠鱼等菜肴的形状都是靠油的温度来实现的。

(7)能提高菜肴的营养价值。首先，油脂本身就是一种热量很高的营养素，在过油时原料不可避免要与油接触，使油脂吸附在原料的表面。这种吸附能力的强弱与其表面积有关，表面积越大，吸附能力就越强。其次，在高温油的作用下，蛋白质的消化吸收率可得到不同程度的提高。再次，在高温油的作用下蛋白质变性会失去生理活性，使原料中有害的酶和有害因子在加热中失去活性，而有利于食用，如鸡蛋中含有的抗生物性因子、抗胰蛋白酶，豆类中含有的凝集素、抗淀粉酶等均会失去活性，从而提高了菜肴的营养价值。

(8)会造成部分维生素的损失及产生一些有害物质。首先，以油作为传热介质会造成原料中脂溶性维生素的损失，也会因加热不慎或油使用的时间过长，而使油因热聚合而产生一些有害物质，对菜肴的营养造成一定程度的损失或危害，如动物性原料中含有部分的脂溶性维生素，加热使脂溶性维生素部分流失，从而降低了脂溶性维生素的含量。其次，高温加热的油脂易发生脂肪酸的聚合作用，使油脂中的不饱和脂肪酸分子互相聚集，形成聚合体毒性物质，这些物质直接影响到人体健康。同时，也会妨碍其他营养素的吸收。再次，高温加热的油脂，甘油脱水生成丙烯醛混杂于烟雾中也会对环境和人体造成一定的危害。

3.以蒸汽作为传热介质

以蒸汽作为传热介质，其实质是汽化了的水，所以它是水传热的延伸。当水的温度不断上升，水分子的平均动能不断增大，其中有一部分动能较大的分子离开液面成为蒸汽，这个过程称为汽化(蒸汽)。由于水分子不断蒸发，水蒸气的压力不断增大，当水蒸气的压力等于外界压力时水开始沸腾，刚离开液面的水蒸气由于自身能量较高，温度较高，内部的密度较小，所以向上运动。当这些水蒸气遇到比自己温度低的原料时，便发生导热现象，这时蒸汽动能降低变成液体，这个过程称为冷凝，如清蒸鱼、粉蒸肉等菜肴，容器内存有的汤汁，就是冷凝现象形成的。而绝大部分蒸汽由于失去了部分热量，密度增大，则向下运动，这样就形成了冷热气体的对流。通过对流换热，促使原料逐步成熟。这种蒸汽也称软汽，即水蒸气的压力等于外界压力时，水开始沸腾，这时水蒸气的气压称为温度下的饱和蒸汽压。当压力为 1bar 时（大气压），水的蒸汽饱和度为 100℃。其次，当外界压力加大，饱和蒸汽压也随着提高，气压过程就越短，这种蒸汽称为硬汽。当压力升高到 3bar 时，水蒸气的饱和温度升高到 133.54℃，促使质地坚硬、形状较大的原料快速成熟，达到鲜嫩、酥烂的目的，如清蒸鸡、文武鸭等均可选用硬汽来进行制作。硬汽一般是由锅炉提供的带压气体。蒸汽作为传热介质的特点有：

(1)蒸汽的温度范围大，有利于形成菜肴的质地。水蒸气与油一样都具有较大的温度跨度，油的温度跨度与油的蓄热能力有关，温度过高易产生有害物质。而水蒸气的温度跨度与压力有关，压力越高温度也随着提高，不仅可以缩短烹调的加热时间，而且还可以促使结缔组织较多的动物性原料在湿热状况下迅速水解，形成质地酥烂的状态。并且，水蒸气的温度高低不会产生有害物质，更有利于人体消化吸收。

(2)能保持原料的滋味，减少营养素的损失。首先，由于蒸锅内温度接近饱和状态，对所加热的原料形成一种压力（蒸汽压），在这种压力的作用下，原料内部的水分和营养物质、鲜味成分被排出体外，但都排挤在盛装的容器中，减少了营养素的损失。其次，鲜味成分与调味品结合，形成原汁原味的特点，使原料的本味得以保存。所以，要求原汁原味的菜肴，烹调时一般都选用蒸制的方法。

(3)能保证菜肴的形状。蒸汽作为传热介质，主要靠对流作用将热量传递给原料，使原料受热均匀（原料处于相对静止状态，各处所受的压力基本相同）。所以，原料的形状不易受到破坏。如果，蒸汽的压力大于原料的支撑力，原料的形状也会发生变化。所以，一般造型的菜肴需要用小火加热（软汽），其目的就是要控制蒸汽的压力小于原料的支撑力，以达到造型的目的。

(4)不利于菜肴色泽的形成和原料的入味。以蒸汽作为传热介质，限制了美拉德反应和焦糖化反应的发生，不利于菜肴色泽的形成。同时，也不易吸收调味品的味道，其原因：一是蒸锅内具有一定的温度与压力，不易随时进行调味（蒸制菜肴一般需要提前确定口味）。二是蒸制菜肴属于湿加热，即原料吸收的热量主要是水蒸气凝结成水时释放出的凝结热。所以，蒸锅内的湿度大，原料中呈味物质不易浓缩，而只能随着蒸汽温度的提高而流失，形成清淡不腻的特点（清蒸鱼、鱼肉味道较淡，而汤汁味较浓）。

4. 以固体（盐粒）作为传热介质

以固体作为传热介质，具有较差的导热性，对流亦较慢，但具有蓄温较高（约 200℃

以上)、放热平稳的特点。当固体加热到一定温度时把原料埋入,固体以传导的方式把热量传递给原料,促使原料中的水分因表面温度的逐步升高,而迅速散出,形成外熟内嫩或外干香内酥脆的特点,如东江盐焗鸡、盐焗乳鸽、盐炒花生等。

5. 以空气作为传热介质

以空气作为传热介质,一方面是热辐射直接将热量散射到原料表面,另一方面又依靠空气的对流形成炉内的高温环境,将热量均匀地传播,在辐射与对流并存的作用下使原料变性。辐射温度随着燃烧气化的强度而升降,温度越高气体分子活动越快。当气体分子与温度较低的原料接触时,便把热能传递给原料,促使原料表面水分蒸发,表层凝结形成酥脆焦香的风味,如烤乳猪、北京烤鸭、挂炉烤鸭等。

三、火候的掌握与运用

由于烹饪原料种类繁多,形状各异,加工方法又多种多样,成品的质感也千变万化。所以,火候的恰当掌握是烹调中较为艰难的一项技术。如何掌握好火候,前人已总结出一些规律,供大家参考。

(一)火力

中国烹饪的最大特点之一,就是使用明火加热(燃烧热源)。燃料燃烧的程度、热辐射及热气的强弱,通常被称为火力。燃烧处于剧烈状态或充足时,其火力就大,热辐射就强,反之则小而弱。根据这一特征,把可用的火力分为旺火、中火、小火、微火等四种。

1. 旺火

旺火又称武火、急火、猛火。是火力最强的一种火,火焰高而耀亮,热辐射强,热气逼人。要想达到外焦里嫩等质感要求的菜肴,一般都需要用旺火。其适用的烹调方法主要有炸、烹、爆、氽等。

2. 中火

中火火力小于旺火。要想达到熟而不烂、质嫩入味的菜肴,一般都需要用中火。其适用的烹调方法主要有烧、熘、扒、熬、煮等。

3. 小火

小火是火力较小的一种火,火焰低,热辐射弱。要想达到原料入味、汤汁浓稠或为了达到一定的色泽和保持原料的嫩度,一般都需要小火。其适用的烹调方法有煎、贴、塌(火字旁)、烤等。

4. 微火

微火火力小于小火,热辐射很弱。一般用于较长时间的烹调,促使原料吸收汤汁,达到质地酥烂的要求。其适合的烹调方法主要有炖、焖、煨、酱、卤等。

(二)火候的掌握

在加热过程中,由于原料性质的不同,形状大小的不同,成品要求的不同及各地饮食习惯的不同，确定火力大小及成熟时间长短的方法叫掌握火候。

1. 掌握火候的原则

(1)必须适应烹调方法的需要。不同的烹调方法对火候的要求各不相同，必须根据不同的烹调方法来选择相应的火候，如快速成菜的烹调方法(炒、爆、炸)，一般要求旺火。

(2)根据原料种类及其性质确定火候。不同种类的原料由于性质不同，加热时火候的要求也不同。质嫩的原料需旺火烹制，质老的原料需小火或微火烹制。

(3)根据原料形状大小确定火候。加工后的原料，形体较大的一般选用小火、微火，长时间加热的烹调方法；而形体较小的一般选用旺火和中火，短时间加热的烹调方法。

(4)根据原料投入量确定火候。菜肴的投料标准不同，其投入量也有差异。一般原料投入量大，原料所需热量也大，就必须选用旺火、中火来进行操作，使其在较短的时间内达到成熟，反之则用小火。

(5)根据饮食习俗不同确定火候。我国是一个地广人多的多民族国家，由于气候、生活习惯、物质等众多因素的影响，人们在饮食上的要求和标准也存在着很大的差别。所以，必须根据饮食习俗来确定火候，如广东人吃蔬菜要求脆嫩爽口，那么就必须选用旺火、短时间加热的方法来进行制作，从而符合广东人的饮食习俗。掌握火候的一般原则如表 4.1 所示。

表 4.1　掌握火候的一般原则

可变因素		火　力	加热时间
原料性状	质老或形大	小	长
	质嫩或形小	旺	短
成品要求	脆嫩	旺	短
	酥烂	小	长
汤色要求	奶汤	旺	长
	清汤	小	长
投料要求	数量多	旺(中、小)	长
	数量少	中、小(旺)	短
加热要求	以油作传热介质	旺(中、小)	短(长)
	以水作传热介质	中、小(旺)	长(短)
	以蒸汽作传热介质	旺、中	短(长)

续表

可变因素		火 力	加热时间
烹调方法	炒	旺	短
	烧	旺、小、旺	长
	焖	旺、小、旺	长

3. 掌握火候的方法

掌握火候的方法也就是如何运用火候，一般有以下四种方法：

(1)根据原料的形体变化和颜色变化确定火候。食物原料多为热的不良导体，传热的速度较慢，当热量从原料表面传到中心，形体小的原料由软嫩变为脆嫩，即具有一定硬度和弹性(动物性肌肉)，而颜色也有鲜红转变为浅灰色或灰白色。

(2)根据原料的形状变化确定火候。食物原料有一部分表面带有较多的结缔组织，经过刀技处理，使其表面形成有规律的小形状，加热时结缔组织迅速收缩，而表面小形状在此温度下已达到成熟，形成一定的形态。

(3)根据原料质地情况确定火候。食物原料的质地存在着一定的差异，加热时必须根据原料的质地情况决定加热时间或原料投放顺序。一般韧性的原料需采用旺火、短时间加热，使其达到脆嫩的要求。

(4)根据菜肴的风味特点确定火候。我国地域广阔，人口众多，饮食习俗也各不相同，对菜肴的要求也各不相同，从而形成不同特色的地方菜，加热时必然根据地方菜的菜肴标准来选择火候，如江苏名菜清炖狮子头(小火、长时间加热)、四川名菜宫爆肉丁(旺火、短时间加热)、山东名菜九转大肠(旺火、微火，长时间加热)、广东名菜四宝炒鲜奶(小火、短时间加热)。由此可见，火候的运用必须根据每一道菜肴的标准来掌握，才能保证成品的质量和特点，达到美食的要求。

四、原料在受热时的变化

加热可以改变原料的性质，使其由生变熟成为烹调重要的一种形式。原料在加热过程中往往会产生多种的物理变化和化学变化，研究这些变化对原料营养素的损失，以及菜肴风味的形成都具有一定的意义。原料在加热过程中的变化往往与原料的性质和加热方法密切相关，一般说来，加热可以对原料产生以下几方面的作用。

(一)分散作用

食物受热所产生的物理变化，包括吸水、膨胀、分裂和溶解等。生的植物性原料，细胞与细胞之间有丰富的果胶物质，把各个细胞互相连结。所以，在未加热前，大部分原料含水量丰富，组织结实。加热后，组织结构被损坏，果胶物质溶解，细胞质膜受热变性，增加了细胞的通透性，使细胞中的水分和无机盐大量外流，细胞之间的连结被破坏或消失，使植物性原料的果胶质结构发生变化（脆嫩变为软嫩）。其次，淀粉在凉水中形成一种暂时性的悬浮物，加热后淀粉颗粒不断吸水膨胀，再分裂再吸水膨胀，最终与水溶解形成为黏性状态（糊化现象）。所以，淀粉含量高的植物性原料，经过较长时间的加热，能使其组织失去硬度，成为柔软、黏性的状态，如土豆、芋艿。

（二）水解作用

首先，食物在水中加热，很多营养成分会引起水解作用，使这些不易被人体消化吸收的大分子物质分解为小分子物质，如鸡、鱼和肉类等动物性原料，在水中加热时，一部分蛋白质逐步分解生成脲、蛋白胨、缩氨酸、酞等中间产物。这些肽类物质再进一步水解，最后分解成各种氨基酸，使汤汁具有较浓的鲜味。其次，结缔组织中的生胶质分解为动物胶，动物胶具有较强的亲水力，能吸收水分而成凝胶。所以，结缔组织含量高的动物性原料经过较长时间的加热，结缔组织的生胶质被水解，蛋白质纤维束分解，从而使结缔组织含量高的动物性原料，成为柔软酥烂的状态。如果动物胶的含量较高，冷却后还会形成冻（水晶肴蹄）。再次，肥膘肉在水中加热，水解后生成甘油；淀粉水解后生成葡萄糖。甘油和葡萄糖易被人体消化吸收。

（三）凝固作用

首先，食物受热后，有些水溶性蛋白质逐步凝固，凝固属于蛋白质变性现象，即蛋白质的空间结构改变，使水溶性蛋白质在热能的传递下，表面蛋白质逐步凝固，形成一定硬度的凝固层。如煮鸡蛋，鸡蛋清会逐步受热凝固，形成凝固层——熟蛋白。再如蒸黄鱼，鱼体表面逐步受热，蛋白质凝固形成一定的硬度层，避免了鱼体易碎等现象的发生。其次，溶解中有电介质存在，加速了蛋白质的凝固，如豆浆中加入石膏（$CaSO_4$）或盐卤（$MgCl_2$）等电介质，豆浆马上凝固，成为豆花。所以，煮豆、制汤或煮制动物性原料时，不易过早加入盐，避免蛋白质过早凝固，影响汤的鲜味或影响成品的成熟时间（原料表面蛋白质过早凝固，影响到热能的传递，加热时间相对要延长）。

（四）酯化作用

食物在加热过程中常常会生成一些酸类物质，如脂肪酸、柠檬酸、苹果酸等。特别是脂肪在水中加热，一部分水解为脂肪酸和甘油。烹调时加入酒和醋等调味品，便能生成具有芳香气的酯类物质。酯类物质易挥发，从而形成菜肴的香味。因此，食物在加热过程中生成的酸类物质不同，酯化后的产物也不同，从而形成了各种菜肴特有的香味。

（五）氧化作用

氧化作用在加热过程中变化较多，如动物的肌肉组织因含有肌红蛋白，加热前是血红色或鲜红色。当温度达到 56℃的临界温度时，肌红蛋白随着温度的逐步升高，颜色变为浅灰色或灰褐色，这是因为肌红蛋白受热变性，血色素被氧化成变性的肌红蛋白。动植物原料中含有的维生素，加热或与空气接触也易被破坏，特别在碱、盐、铜等物质的影响下，还会加快其氧化的速度。一般脂溶性维生素比水溶性维生素损失略小。为此，在烹制水溶性维生素为主的原料时，要求加热时间不易过长，不要放碱，不要过早加调味品和不要使用铜制炊具。

(六)其他作用

食物在加热时除了上述五种主要的作用外，还会发生其他各种各样的变化，如糖在高温下可变化成糊精而发黄或炭化成焦黑色，这一现象称为焦化作用或炭化作用。糖在焦化过程中，也会生成很多香味物质，主要有呋喃衍生物、酮类、醛类和丁二酮等，从而使加入糖色的菜肴不仅具有一定的色泽，而且还带有特殊的香味，如广州名菜太爷鸡等。还有酶活性作用。酶活性在 30～40℃时受到促进，40℃以上酶活性被抑制，60℃左右酶蛋白变性而被破坏。因此，采用不同温度加热原料时，原料也会产生不同的变化，烹调效果也不一样，如动物肌肉中的核苷酸常常会被磷酸酯酶所分解，使其失去鲜味，但加热到 80℃左右，酶活性被破坏。所以，用旺火快速成菜的烹调方法制作出来的菜肴滋味更加鲜美。

五、动物性原料的理化性质

(一)动物性原料的一般物理性质

动物性原料在一般情况下都是热的不良导体，在加热过程中热量从原料表面渐渐渗透到内部，使之变性成熟。但是，原料内部温度的提高十分缓慢，又由于原料的形状大小、厚薄、黏稠程度和比重的不同，其传热速度也各不相同。一般来说，比较薄的大型动物性原料，主要以对流方式传热，导热速度较快(导热面宽，热量能较快传导到原料内部)，使其较快成熟；而成块的动物性原料，由于原料比较厚，虽然也采用对流方式传热，但导热速度缓慢，短时间内达不到成熟的要求。如一块 1.5 千克重的牛肉在沸水中煮 90 分种，其内部温度才能达到 62℃；一只 3 千克重的火腿，置于冷水中逐渐加热到 100℃，其内部温度仅有 25℃；一条大黄鱼放在油中炸，当油温 180℃时，鱼表面温度达到 100℃，而其内部的温度才 60～70℃。因此，必须掌握动物性原料加热时的导热系数，并遵循以下规律操作：

(1)运用旺火速成的加热方法，必须将动物性原料分解成小型的片、条、丝、丁等形态。有些还必须通过上浆或挂糊的方法来保持动物性原料的质地(软嫩、鲜嫩或滑嫩的要求)。同时，应充分注意对流情况，运用翻锅、搅拌的方法，使原料受热均匀。

(2)运用中、小火的加热方法，一般采用的动物性原料形状较大，如块、段或整只的形态。一般要求急火烧开，中、小火长时间加热，使成品达到软嫩、酥烂的要求。

(二)动物性原料的吸热变化

动物性原料本身的香味是很弱的，但是加热后，不同种类的动物性原料就会产生很强的特有风味或香味。一般认为，这是由于加热导致了动物性原料的水溶性成分和脂肪的变化而形成了特有风味和香味。具体的变化主要反映在以下几方面。

1. 动物性原料受热在风味上的变化

动物性原料(肉)的风味，在一定程度上因加热的方式、温度和时间的不同而存在着一定的差异，这与氨、硫化氢、胺类羰基化合物、低级脂肪酸有关。例如，没有经过成熟的牛肉，风味淡薄，在空气中加热，游离脂肪酸的量显著增加。根据测定，牛肉在未加热前每克含月桂酸、豆蔻酸、油酸、亚油酸、亚麻酸等游离脂肪酸的总量 15.47 毫克，加热后总量增至 37.37 毫克；每克猪肉未加热前各类游离脂肪酸的含量仅为 29.42 毫克，加热后则增至 55.47 毫克。当肉加热到 80℃以上时，就会产生硫化氢。随着加热时间和温度的不断提高，产生硫化氢的数量也逐渐增多。由此证明，加热温度对风味和香味的影响较大；加热时间也会影响到其风味和香味(有报道说在 3 小时以内，随着加热时间的增加，风味和香味也增加，更长的时间则会减少)。

2. 动物性原料受热在颜色上的变化

动物性原料(肉)的颜色，在一定程度上受加热方法、时间、温度的共同影响而有明显的变化，但以温度的影响最大。肉内部温度在 60℃以下时，几乎没有什么变化，65～70℃呈粉红色，75℃以上则变为灰褐色。肉的颜色变化是由于肉中的色素蛋白质的变化所引起的，肌红蛋白在受热时，逐渐发生蛋白质的变性，构成肌红蛋白辅基的血红素中的微量元素——铁，由二阶转变为三阶，使血红素变为灰褐色高铁血色原，它是高铁血红素与变性球蛋白的结合物，在高温长时间加热时所产生的完全褐变或部分的氧化现象。

3. 动物性原料受热蛋白质发生变化

动物性原料(肉)经加热，有多量液汁分离、体积缩小，这是构成肌纤维的蛋白质凝固所决定的。首先，肌球蛋白的热凝固温度是 45～50℃；肌溶蛋白的热凝固温度在 55～65℃，肌球蛋白变性凝固再继续受热则发生收缩，肉的持水性降低，其收缩幅度随温度不同而有一定差异，如牛肉在 20～30℃时持水性没有变化，30～40℃时开始降低，40℃以上急速下降，到 50～55℃时基本停止，但在 55℃以上还会出现继续下降的情况，至 60～70℃大体结束。其次，有些水溶性蛋白质加热时间越长，凝固得越硬，如鸡蛋中的蛋白和动物血液，加热时间越长，质地越坚硬；有些原料含结缔组织较多，短时间加热，会使肉质变得更加坚韧，但在 70℃以上的水中长时间加热，结缔组织多的肉反而比结缔组织少的原料来得柔软。这是由于结缔组织受热软化的过程在决定肉的柔软度方面起着更为突出的作用。结缔组织的蛋白质主要是胶原蛋白和弹性蛋白。弹性蛋白在一般加热的情况下很难发生变化，而起到柔软作用的主要是胶原蛋白。胶原蛋白在长时间加热的情况下,受热变性分解可分为三个阶段:①在某特定温度时,胶原纤维的长度突然收缩到三分之一或四分之一的长度,分子结构发生变化;②温度继续升高,胶原纤维吸水膨润而变得柔软;③长时间保持恒温,促使柔软的胶原纤维分解,产生可溶于水的明胶。再次,在加热过程中蛋白质变性脱水,使肉中分离出汁液,汁液中含有浸出物,赋予熟肉特有的口味性质和香味。如煮制时有三分之一的肌酸转化为肌酐,肌酐与肌酸形成适当的量,形成了良好的风味。但形成肉的鲜味的主要物质还是谷氨酸和肌苷酸,有研究认为,肉味是由于氨基酸(或低分子肽)与糖反应的生成物所形成,浸出物中酪氨酸、亮氨酸等的游离状态比较多地存在于动物体内。因此,采用炖、焖、煮、煨、烧等长时间加热的烹调方法,能使其溶解度增大。

4. 动物性原料受热脂肪发生变化

动物性原料受热,包着的脂肪结缔组织由于受热迅速收缩,从而给脂肪细胞大量的压力,导致了细胞膜破裂,溶化的脂肪流出组织,并释放出某些挥发性的化合物,使汤汁具有芳香味。有些脂肪水解生成脂肪酸,并能发生氧化作用,生成过氧化物。水煮肉时,肉的数量较多、火候过猛(沸腾),易形成脂肪的乳浊化,使汤汁具有黏稠度。

5. 动物性原料受热维生素的变化

动物性原料受热,各种维生素均有氧化作用。肉在水中加热时,随着加热时间的增加、水量的增多,与空气接触面增大,矿物质的损失也增多。由于矿物质的化学结构比较稳定,损失的矿物质一般以析出形式溶于汤汁,因此宜连汤汁一起食用。

第二节 原料的初步熟处理

烹饪原料多数是热的不良导体,具有抗烹性。为了达到快速烹调的目的,往往需要对烹饪原料进行加热处理。而这些加热处理的过程称为原料的初步熟处理。所谓"初步熟处理",就是根据烹调的需要,对加工整理后的原料进行加热处理,使之成为半熟或刚熟状态的半成品,为正式烹调做好准备的工艺操作过程,称为原料的初步熟处理。原料的初步熟处理方法很多,主要有焯水、油炸、汽蒸、走红四种。

一、初步熟处理的目的与要求

(一)初步熟处理的目的

原料经过初步熟处理,可以使烹饪原料发生质的变化,有利于正式烹调。其目的有以下几方面。

1. 去腥解腻、消除异味

烹饪原料都带有一些不适宜口味要求的成分,如动物性原料的腥、膻、臊、臭等气味或有些原料过于油腻；植物性原料也带有涩、苦等异味。这些原料经过初步熟处理，可以去除腥膻异味。而且，还能去除原料表面的油脂成分，使菜肴达到成品所要求的标准。

2.杀菌消毒、利于卫生

卫生是人类对菜肴最起码的要求，也是人类自身防卫的本领。首先，烹饪原料在生长、加工、运输、储存等过程中，不可避免地要被微生物所污染。其次，人们对菜肴的质感和口味追求不同，有些菜肴加热时间很短，不可能将嗜热细菌或病原菌全部杀死。再次，原料在生长的过程中，农药、化肥残留在原料表层，都是造成不卫生的因素。因此，在烹调前对原料进行初步熟处理，就能获得良好的杀菌消毒的机会或起到杀菌消毒的作用，为正式烹调提供安全、卫生的半成品原料。

3.美化菜肴、增加色泽

菜肴的色泽是衡量菜肴优劣的一项重要标准，对人的食欲也起着重要的作用。烹饪原料经过初步熟处理可以增加和改变原料的色泽，使其更加鲜艳或色彩更加丰富多样，从而达到菜肴成品属性的要求。

4.老嫩兼顾、同时成熟

绝大多数的菜肴是由主料和辅料构成，而主辅料的质地往往各不相同。因此，为了保证菜肴的成品质量或质感的一致性，就必须在烹调前对不同质地、不同形状的烹饪原料进行初步熟处理，使主辅料的质地基本趋于一致，便于烹调成菜。

5.提前准备、便于烹调

烹饪原料有些形状较大、质地较老，不便于短时间成菜。就必须提前对其进行初步熟处理，使其达到一定的成熟度。这样，再烹调时就可以缩短加热时间或省去加热时间，以便突出调味，如走油肉和八宝莲子等菜肴，在正式烹调时，都是以调味为主。

(二)原料初步熟处理的要求

原料的初步熟处理必须根据原料的性质、形状和成品的要求来选择熟处理的方法，才能保证菜肴的质量或标准。原料初步熟处理的要求有以下几方面。

1.根据原料的形状、质地，掌握好初步熟处理的加热时间

烹饪原料的形状大小、质地老嫩，对加热时间的要求各不相同，如肉鸡、仔鸡的肉质较嫩，而产蛋鸡、老母鸡的肉质较老。肉片、肉丝的形状较小，而肉块、猪排的形状较大。这就要求在初步熟处理时，必须掌握好加热时间和原料的成熟度，使原料经过初步熟处理达到所要求的标准。

2.根据烹调要求，掌握好初步熟处理的加热时间

人们对于菜肴的口感存在着不同的追求，同一种原料有些要求吃其脆嫩，而有些则要求吃其酥烂。如猪肚，如果做“椒麻脆肚丝”则吃其脆嫩；如果做“芥末肚丝”则吃其酥

烂。因此，这就要求在初步熟处理时，必须根据烹调的要求，掌握好初步熟处理的加热时间，使菜肴成品达到所要求的标准。

3. 根据原料性质，选择初步熟处理的方法

烹饪原料种类繁多，初步熟处理的方法要根据原料性质而定，如新鲜脆嫩的植物性原料，绝大多数采用沸水锅、短时间的初步熟处理方法；而挂糊的动物性原料则需要过油；而上浆的动物性原料则采用划油的方法。一般要求原汁原味和清淡爽口的菜肴，则选用汽蒸的方法。这就要求操作人员在初步熟处理时，必须根据原料的性质和成品的特点，有目的地选用适宜的初步熟处理方法，才能保证成品的质量达到菜肴属性的标准。

二、初步熟处理——焯水

焯水又称水焯、出水或水锅等，行业内称其为打水焯。焯水就是把经过初步加工的原料，放入水锅内烫或煮，使之成为半熟或刚熟状态的半成品，为正式烹调做好准备的一种熟处理方法。焯水的范围较广，无论动植物原料，只要烹调需要都可以进行焯水。

（一）焯水的作用

焯水是常用的一种初步熟处理的方法，这种熟处理的方法对菜肴属性的形成起着重要的作用。但焯水也容易造成部分的营养素损失和呈味物质的流失，如水溶性维生素、脂肪、蛋白质以及部分含氮物质。所以，焯水时应注意“扬长补短”，尽可能减少营养素和呈味物质的损失。焯水的作用主要有以下几方面。

1. 可使蔬菜的色泽更加鲜艳、质地脆嫩和味道醇正

首先，蔬菜中含有叶绿素和红萝卜素，通过焯水使蔬菜中的蛋白质遇热变性，色素释放出来遇热后迅速沉淀，形成碧绿或鲜红的色泽。其次，蔬菜中的苦、涩、辣味成分，遇热后部分挥发，另一部分溶解在水中，使焯水后的原料味道更加醇正，如冬笋的涩味，焯水后涩味减弱或部分去除，更有利于菜肴制作。

2. 可使肉类原料排出血污、除去异味

肉类原料多数都带有血水和腥、膻、臊气味。通过焯水可以使肉类中的血红蛋白和异味成分，随着水的温度不断升高，使血红蛋白变性凝固，排出血水和异味物质溶解于水，部分异味物质挥发，从而达到排出血污和除去异味的目的。

3. 可以调整不同性质原料的成熟时间，使菜肴的加热时间与质地趋于一致

烹饪原料性质各异，加热所需的时间也各不相同。为了保证加热时间和质地趋于一致，就必须对烹饪原料进行加热处理，使其主辅料的质地均达到烹调的要求。这样才能保证在同等的温度、同等的加热时间下，使菜肴的成熟度达到一致和质地趋于一致，从而保证成品的质量符合菜肴属性的要求。

4. 可以排除原料中部分的水分

在烹调中为了减少原料的含水量，行业内往往采用焯水的方法。焯水的实质就是将原料放入沸水锅内略煮，以排除原料中部分的水分，以便烹调时容易入味或汤汁不宜过多，如水发海参、碱发鱿鱼等，在正式烹调时，均要进行打水焯。这样既可去除原料中的异味，同时也可排除原料内部的水分，更有利于加热和调味。

5. 便于原料去皮或切配加工

烹饪原料有些生时不易去皮或去皮比较困难。通过焯水原料表面成熟或全部成熟，这样有利于去皮和切配加工，如芋艿生时不易去皮，焯水后外皮容易去除；板栗生时不易去壳，焯水后外壳易剥落。同样，笋经过焯水再进行改刀，比生时容易改刀，而且改刀后的形状更加整齐。

6. 可缩短正式烹调的时间

原料经过焯水成为半熟或刚熟的半成品原料，正式烹调时加热时间就可以相对减少，既缩短了菜肴制作的时间，使菜肴迅速达到成熟的标准，而且也使消费者等待菜肴的时间相对减少或更有利于餐饮经营，如扒肘子、金牌扣肉、走油蹄髈等菜品，均需采用初步熟处理的方法来加工菜肴，使菜肴正式烹调时能快速成熟。

(二)焯水的方法

烹饪原料由于质地、形态，以及烹调方法的不同，焯水的方法也有所不同。在实际工作中根据水的温度不同，焯水可分为冷水锅和沸水锅两种。

1. 冷水锅

冷水锅又称冷水打焯，就是将烹饪原料与冷水同时加热，使其达到预期成熟度，捞出后备用的一种打焯方法。

(1)适用的范围。冷水锅适用于一些形体较大、质地紧密、腥膻等异味较重、血污较多的烹饪原料。通过冷水打焯，使其血污和异味在逐步加热的过程中排出体外，有利于刀技处理或烹调，如植物性原料的笋、萝卜、芋艿；动物性原料的牛羊肉、内脏等均可采用冷水锅打焯。

(2)操作要点。冷水锅打焯水量要没过烹饪原料；加热过程中要经常翻动原料；加热成熟度必须根据原料的性质和烹调的要求来确定；根据原料成熟度分别出锅；严格控制火候。

2. 沸水锅

沸水锅又称沸水打焯，就是将烹饪原料投入到沸水中加热，使其在短时间内达到预期成熟度，捞出备用的一种焯水方法。

(1)适用的范围。沸水锅适用于一些形体较小、质地软嫩或脆嫩的烹饪原料。通过沸水打焯，使其失去表面水分、脆嫩程度，有利于烹调制作，如植物性原料的芹菜、胡萝卜、菠菜；动物性原料的肉片、鸡块、小排骨等，均可采用沸水打焯。

(2)操作要点。沸水锅打焯水要宽(水量要多),火要旺;投入的原料量要少;加热时间不宜过长;加热成熟度必须根据原料性质和烹调要求来确定;沸水锅打焯的原料必须凉水投晾。

(三)焯水的原则

1. 根据原料的不同性质,掌握焯水的时间和水温

烹饪原料由于老嫩、软硬的程度不同,烹调的要求也各不相同。在打焯时应区别对待,分别控制好打焯的时间和焯水的温度,如形体大、质地老的烹饪原料,一般焯水的时间要长一些;而形体小、质地嫩的烹饪原料,一般焯水的时间要短一些,焯水的温度要高一些;个别原料(鲜贝、蜇头等),焯水时水温不易过高,加热时间不易过长。

2. 有特殊气味的原料与一般原料应分别打焯

烹饪原料有些带有较浓的腥膻气味或某些异味,打焯时应分别进行,如牛羊肉、内脏、海鲜、萝卜、芹菜等,这些原料都带有腥膻味或异味。如果将这些原料与其他原料同锅打焯,容易造成互相"污染"或"污染"其他原料,从而影响菜肴的滋味。

3. 深色原料与浅色原料应分别打焯

烹饪原料有些色泽较深,打焯时其色素会溶于水中,如果再用此水去打焯其他色浅的烹饪原料,其溶于水中的色素就会影响色浅的原料或"污染"浅色原料,就会影响到原料的本色或成品的色泽。

4. 先打焯后改刀,避免营养素损失

烹饪原料中的营养素,多数溶于水。为了减少其损失,应采取先打焯后改刀的方法,以有效地保护营养素或防制营养素流失。此外,在打焯时水要宽、火要旺、投入量要少、加热时间要短,这样也可防止或减少营养素的损失。

除了上述四点之外,加热时间长的焯水方法,饮食行业又称水煮。由于其传热介质、工艺流程与焯水基本相同,只是加热时间较长(急火烧开后用小火保持微开,长时间加热),成品质感以酥烂、鲜嫩为主,如凉菜中的白斩鸡、蒜泥白肉、棒棒鸡丝、芥末肚丝和热菜中的回锅肉、走油蹄髈、金脾扣肉等,均采用水煮的方法。水煮时烹饪原料必须事先打焯;水要一次性加足,不易中途加水;控制好火候,保持汤面微开;不同质地的烹饪原料应分别出锅或存放在汤锅内自然冷却,来保证原料的质地和原料表面滋润的光泽。

三、初步熟处理——油炸

油炸又称过油或开油锅,就是将加工整理后的烹饪原料投入到油锅内,加热到半熟或刚熟状态的半成品的一种熟处理方法。

油炸在烹调中是一项很重要的环节,对菜肴的质量影响较大,如烹饪原料在油炸时,火力、油温、加热时间不同均会形成不同的质感。只有严格地掌握上述环节,才能烹

调出符合成品质量要求或标准的菜肴。

(一)油炸的作用

1. 能增加或改变菜肴的色泽

烹饪原料经过不同的油炸方法处理，能增加或改变菜肴的色泽，其原因有以下几方面：

(1)原料本身的变化。首先，原料的色泽在油温的作用下，可发生自身的变化，如肉由血红色变为灰褐色，其主要原因是肉中呈红色的肌红蛋白受热变性，失去了防止血色素氧化的作用，使肉在很短的时间内被氧化而失去血红色。其次，原料表面在失水的情况下发生碳化(焦糖化和羰胺反应)，而产生新的色泽(黄褐色或褐色)。再次，油炸所使用的油脂，均带有一定的色泽。油炸的原料都是多孔状的结构，这种结构具有较大的内表面，对油脂具有较强的吸附力，从而影响到原料的上色，即油脂的色泽。

(2)糊浆所引起的变化。油炸的目的之一，是为了增加菜肴的色泽。而糊浆在不同油温的作用下，所产生的色泽也各不相同，如在低温油的作用下，蛋清粉浆呈洁白色、全蛋粉浆呈浅黄色；在高温油的作用下，脆皮浆呈枣红色、湿淀粉糊呈浅黄色、全蛋粉糊呈金黄色。

2. 能形成菜肴不同的质感

菜肴的质感是人们对菜肴所要求的一种标准，油炸是形成菜肴质感的重要因素之一。由于糊浆种类的不同、火候不同、油温不同、加热时间不同，从而形成焦、酥、脆、软和嫩等不同的质感。其原因有以下几方面：

(1)焦、酥、脆的形成。焦、酥、脆是一种口感，其形成的主要原因是糊浆在高温油炸的作用下完全脱水，产生了美拉德反应和焦糖化反应，从而形成成品表面一种焦、酥、脆的质感。

(2)软、嫩的形成。软、嫩包括松软、软嫩、滑嫩、鲜嫩等内容。菜肴软、嫩的形成除了原料本身的因素外，其形成的主要原因是原料与油的温差。这种温差越大，在相同的时间内传递的热量就越多，使原料表面的糊浆迅速凝结，将水分、鲜味成分封闭在原料中，从而形成软、嫩的质感。

3. 能形成菜肴的形状

首先，烹饪原料在油炸时，由于温度的影响，促使原料表面的蛋白质或淀粉迅速凝结成一层硬壳，不但保留了原料内部水分和鲜味成分的流失，而且还能形成和改变原料的外形，便于烹调(烹制过程中还可防止原料的破碎，起到保护层的作用)。其次，各种花刀块在高温油炸的作用下，还能改变菜肴的形状，如菊花鱼、卷毛金狮鱼和松鼠鳜鱼等，均是采用高温油炸的方法来制作菜肴的。当然，这些菜肴在油炸前还必须经过煨口、上浆或挂浆的方法对其进行加工处理。

4. 能丰富菜肴的风味

首先，烹饪原料在油炸时，由于温度的影响，促使原料中部分水分的流失，也促使了调味品的进一步渗透，从而形成风格各异的菜肴。其次，原料在油炸时，原料表面吸附了部分油脂，增加了菜肴的香味(油脂的风味主要是挥发性成分的前体物质，如低分子脂肪醛、酮、酸等物质，经高温加热发生分解，产生挥发性香味)。再次，原料中的一些呈香味的前体物质，在高温油炸的作用下，产生特殊的香味(蛋白质产生香味以羰基化合物为主，胺类以硫化氨为主的含硫化合物)。

(二)油温的认别与掌握

1. 油温的认别

要掌握好油炸技术，就必须要识别油的温度。所谓油温，就是锅中的油经过加热达到各种温度。在实际工作中，我们很难用仪器来测定，只能凭经验、靠感观来鉴别。根据油温的不同和操作的不同，将油温划分为温油锅、热油锅和旺油锅三个类别，以便了解掌握，如表 4.2 所示。

表 4.2 油温的认别

类别、方法、项目	油 温	鉴 别	运 用
温油锅	三四成热	油的温度在 80～120℃，无响声、无青烟、油面平静	适用于滑溜、滑炒等方法。原料周围会出现少量气泡
热油锅	五六成热	油的温度在 130～180℃，有少量青烟，油从四周向中间翻动	适用于软炸、松炸等方法，原料周围出现大量气泡，无爆声
旺油锅	七八成热	油的温度在 190～240℃，有青烟，油面平静，搅动时有响声	适用于焦熘、酥炸、爆炒、炸烹等方法，原料周围出现大量气泡，并有轻微的爆炸声

2. 油温的掌握

过油时不仅要正确地认识油温，而且还要根据原料的性质、形状、投入量以及火力的大小等情况来正确地掌握油温、利用油温、使用油温。

(1)根据火力大小掌握油温。用旺火加热时，原料下锅的油温应低一些(滑熘、滑炒等方法)。因为油温过高或火力过猛，易造成沾黏或外焦内生的现象。如果火力不旺，相对来讲油温要高一些。因为油温过低或加热时间过长，易造成原料脱浆和失水等现象。所以，要根据火力大小灵活地掌握油温。

(2)根据原料的性质和形状掌握油温。烹饪原料的性质有老嫩之分，其形状又有大小之分。所以，使用的油温也有所不同。一般形大、质老的原料，下锅时油的温度要高一些，其目的主要是为了上色和定型。而形小、质嫩的原料，下锅时油的温度要低一些，其目的主要是为了达到原料成熟，形成滑嫩或鲜嫩的质地。无论哪种原料、哪种形状，都要根据烹调要求和成品的特点正确掌握油温。

(3)根据原料的投料量掌握油温。原料的投料量的多少则意味着吸热量的多少。所以，一般投料量多，下锅时油的温度应高于所需的油温。其目的主要是为了油的温度不要下降过大，造成脱浆、脱糊等现象。反之，投料量少，下锅时油的温度应低于所需的油温。其目的主要是为了避免原料表面沾黏或外焦内生。投料量必须与油量成正比，投料量多，油量也多，投料量少，油量也少，这样就不会出现上述问题了。

(三)油炸的方法

油炸是根据原料性质、形状、投料量，以及油温、油量、火力和成品的特点不同，饮食业将油炸划分为划油和走油等两大类。

1. 划油

划油又称滑油、拉油，就是将烹饪原料投入温油锅内划散，断生成熟即可捞出的一种油炸方法。划油主要用于滑炒、滑熘等烹调方法，适用于形小质嫩的动植物原料。划油的目的是为了形成特殊的风味，通过温油划散，不仅保护了其营养成分和水分，而且形成柔软鲜嫩的风味。

划油的操作要点：

(1)油锅要洗净，并要炼制油锅，否则易产生黏锅等现象。

(2)使用的油脂必须是熟油，否则易产生上色等现象，严重影响成品的色泽和味道。

(3)用油量适中，原料下锅应分散。划油的油量一般是原料的3～5倍，油温在3～4成，原料分散下锅，可使其受热均匀，防止沾黏。

(4)菜肴成品是白色的，必须用精炼油、色拉油或熟猪油，使原料通过划油仍保持洁白的程度。

2. 走油

走油又称过油、跑油，就是将烹饪原料投入热油锅内氽炸，使其外表形成酥脆状态的一种油炸方法，走油主要用于炸、烹、爆、烧、焦熘等烹调方法，适用于形状较大的动植物原料。走油的目的是为了上色、定型或不同质感的特殊风味需要。通过热油氽炸，不仅保护了其营养成分和水分，而且形成外焦里嫩的风格。

走油的操作要点：

(1)走油时，锅中的油量要多；否则原料翻动不便、受热不均匀，易产生不同的质感和色泽。

(2)走油时，要根据原料性质和成品的特点来控制油温；否则易产生外焦内生的现象。要达到外焦里嫩的成品，必须采用两三次过油的方法，才能保证成品外酥脆内鲜嫩的特点。对于带皮的原料，下锅时应皮朝下，使其多受热，达到松酥起泡的要求；对于本身带有较多水分的原料，走油时必须待其表分水分基本蒸发，才能翻动原料。

(3)走油时，要根据原料表面的硬度和色泽，决定走油的时间和油温；否则易产生过硬或过软、过深或过浅的现象。

(4)走油时，一定要注意安全，防止热油飞溅，否则易造成烫伤事故。操作时一要将走油的原料表面水分擦干，防止水分过多引起热油飞溅；二要缩小走油原料与油面的距离，防止热油飞溅，造成人员受伤。

四、初步熟处理——汽蒸

汽蒸又称汽锅、蒸锅，就是将加工整理后的烹饪原料放入蒸锅中，利用蒸汽加热使其成熟的一种熟处理方法。汽蒸在烹调上是颇有特色的加热方法，不仅可以独立成菜，而且也是其他成菜方法的一种辅助方法。因为在封闭状态下加热，就要求操作人员必须掌握好原料的性质、原料受热程度，以及成品特点等要求，否则很难达到菜肴所要求的标准。

(一)汽蒸的作用

1. 能使菜肴的质地达到酥烂、鲜嫩的要求

酥烂、鲜嫩是一种质感，是烹调菜肴所要达到的目的之一。原料在蒸汽的作用下受热均匀，随着蒸汽压力的不断增高，温度也不断上升，其原料内部的温度超过水加热的温度，易产生酥烂或鲜嫩状态。再加上蒸汽加热属于一种湿加热，有利于结缔组织中的胶原蛋白溶胀和水解，容易使原料达到酥烂、鲜嫩的状况。所以，对于一些既要达到酥烂或鲜嫩的菜肴，又要达到形体完整的菜肴，一般都选用蒸汽加热，如山东名菜“神仙鸭子”、北京名菜“香酥鸭子”、四川名菜“旱蒸灯笼鸡”等均能达到上述要求。

2. 能使菜肴保持本味

对于一些滋味鲜美的烹饪原料，为了保持其特有的滋味，最佳的加热方法就是汽蒸。蒸汽加热属于湿加热，滋味鲜美的烹饪原料在蒸汽加热中，其鲜味成分、营养物质不会大量流失，也不会受其他传热介质的影响，有利于保持原料的本味，如云南名菜“汽锅鸡”预蒸后也能达到保持本味的要求。

3. 能使菜肴保持形状

烹调中需要造型或保持原料形状的菜肴，多数都是选用汽蒸方法来制作菜肴。这是因为原料在蒸锅内呈相对的静止状态，不会受到外力的冲撞(水的沸腾会使原料上下翻动)，也不受水、油的侵蚀。而且原料又是在湿度饱满的状态下加热，阻碍了原料表面因受热脱水而变形。所以，有利于菜肴形状的形成，如山东名菜“百鸟朝凤”、陕西名菜“八卦鱼肚”等均能达到保持形状的要求。

4. 能缩短正式烹调时间

首先，蒸汽的温度高于水，而且又是湿加热，有利于原料的酥烂和成熟。相对来讲缩短了加热时间，便于正式烹调。其次，原料放入蒸锅内，只要掌握好原料的性质、加热

时间和成品的特点，就可以节省人力，达到菜肴所要求的标准。

（二）汽蒸的方法

汽蒸是根据原料的性质、加热时间和成品特点的不同，划分为以下两种汽蒸方法。

1. 旺火沸水蒸

旺火沸水蒸就是利用旺火足汽来蒸制原料。旺火沸水蒸一般适用于体形大、质老或整只的鸡、鸭和鱼等原料。由于烹饪原料性质不同、要求不同、成品的特点不同、旺火沸水蒸又可分为旺火沸水长时间蒸和旺火沸水快速蒸两种方法。一般成品要求酥烂的菜肴均采用旺火沸水长时间蒸，如香酥鸭、走油蹄髈、扒虎皮肘子等菜肴，均是采用此方法。一般成品要求鲜嫩的菜肴均采用旺火沸水快速蒸，如凉拌茄子、姜汁螃蟹等菜肴，均是采用此方法。通过蒸制时间的有效控制，使成品达到不同的质感。

2. 小火沸水蒸

小火沸水蒸就是利用小火徐徐加热来蒸制原料，达到软嫩或保温的目的。小火沸水蒸一般适用于体形小、质嫩或艺术造型的菜肴。由于成品的要求不同，小火沸水蒸又可分为小火沸水徐徐蒸和小火沸水保温蒸两种。一般成品要求软、鲜嫩的菜肴，可选用小火沸水徐徐蒸的方法，如竹荪肝膏、芙蓉三鲜、玉兔大虾等菜肴。一般成品上桌时要保持一定的热量，而又不会影响到其质感的菜肴，可选用小火沸水保温蒸的方法，如莲蓬豆腐、清蒸蟠龙鳗等菜肴。通过蒸制的火候控制和蒸汽控制，使成品达到软、嫩的质感，并保持原料最佳的热度。

（三）汽蒸的操作要点

（1）根据原料不同的性质和成品的不同特点来选择蒸制方法和蒸制时间。

（2）蒸锅内水量必须充足，蒸制的原料必须少加汤汁或不加汤汁。

（3）几种原料同时蒸制，必须分别对待，如不易成熟的菜肴放在下面，色浅的菜肴放在上面。对于有特殊异味的原料，因分别蒸制，避免影响其他菜肴。

五、初步熟处理——走红

走红又称红锅、酱锅或卤锅，就是将烹饪原料投入到有色的汤锅中上色或表面挂上一层调味品炸至上色的一种熟处理方法。

（一）走红的作用

1. 增加菜肴的色泽

各种家禽、家畜的肉品、蛋品通过走红，能使原料染上一层浅黄、金黄、橙红、金红的颜色，这些颜色能丰富和增加菜肴的色泽，起到刺激食欲的作用。烹饪原料的固有颜色往往不能满足人的食欲需求。为了丰富或改变原料的色泽，采用有色调味品或焦化作用来丰富或改变原料的色泽，使菜肴达到丰富多彩的要求，如酱汤中加酱油、糖色、红曲米，就可以使原料色泽各不相同。

2. 增加菜肴的滋味和香味

原料走红不是在卤汁中走红，就是在热油中走红。这对原料的滋味和香味都有一定的影响，如在卤汁中走红，卤汁中的调味品和香料，就会渗透到原料中去，使成品具有滋味和香味；在热油锅中走红，原料表面的蛋白质和高热油脂，就会发生美拉德反应，使成品表面具有浓郁的特殊香味。

3. 便于成形

原料在走红的过程中，由于原料表面的蛋白质受热迅速凝固，形成了一定的坚硬度，从而形成了菜肴固有的形状，更有利于菜肴的造型或保护成品形状的完整性。

（二）走红的方法

1. 卤汁走红

卤汁走红就是将烹饪原料放入有色的酱汤或卤汤中加热，通过原料的吸附作用形成原料表面一层颜色的一种上色方法，如北京谭家菜的卤酥鸡，就是将鸡放入红卤汤内上色，待鸡上色成熟后捞出，再在鸡表面撒上少量干淀粉，投入热油中氽炸，炸至鸡表皮酥脆即为成品。卤汁走红一般都用酱油、糖色、红曲米等调味品和香料。

2. 过油走红

过油走红就是将烹饪原料表面抹上调味品，投入到热油中氽炸，并通过氽炸使其表面的焦化作用形成颜色的一种上色方法，如北京谭家菜的葱油扒鸭，就是将鸭表面抹上酱油再投入热油中氽炸，待鸭表面上色后捞出，再与京葱一起扒至鸭子酥烂，淋芡翻勺后即为成品。过油走红一般都用酱油、麦芽糖、蜂蜜等调味品。

（三）走红的操作要点

1. 控制上色调味品的用量

卤汁走红应控制上色调味品的用量，使卤汁颜色的深浅或色彩符合菜肴标准的要求。过油走红也要控制上色调味品的用量，使其焦化作用产生的色彩或颜色符合菜肴制作的要求。严防过多或过少使用有色调味品。

2. 卤汁走红必须先旺火后小火加热

卤汁走红是靠烹饪原料的吸附作用来达到上色目的的。通过旺火烧开小火加热，促使有色调味品的色泽缓慢地渗透到原料表面，使具有一定黏稠度的卤汁，吸附在原料的表面，形成一定色彩的原料表皮。

3. 过油走红必须采用热油

过油走红是靠热油的温度促使调味品的焦化作用，来达到原料上色的目的。通过热油的温度，促使调味品中的糖类成分焦化，使原料表面的调味品形成一定的色彩。过油走红一要涂抹均匀；二要掌握好调味品的性质和浓度；三要掌握好油温、火候和加热的时间。只有掌握好上述三方面要求,才能使过油走红的半成品原料符合菜肴制作的要求或成品属性的要求。

第三节　制汤技法

一、制汤的意义及基本原理

“汤”在烹调中有两个含义,一是指汤菜;二是指含有一定鲜味的“水”,又称“鲜汤”。鲜汤是烹调中不可缺少的辅助性原料。

制汤又称吊汤、炖汤或汤锅,就是将含有鲜味成分的烹饪原料,放入水锅中加热,使其鲜味成分充分溶解在水中,成为鲜醇的汤水过程。由于烹饪原料所含的蛋白质、脂肪、糖类、维生素、无机盐等的数量和种类不同,加热后所产生的物质与滋味也各不相同。如鸡汤、牛肉汤、猪骨汤等,其滋味和香味就各不相同。制汤的意义是由汤在烹调中的作用所决定的。

(一)制汤的作用

1. 为菜肴提供汤汁

在菜肴的制作过程中,往往需要增添鲜汤。其目的:一是促使原料在短时间内成熟,并获得鲜味或融合新的滋味。二是便于菜肴勾芡,使鲜味成分均匀地包裹在原料表面,使制作的菜肴达到所要求的标准,如红烧鲫鱼,添加鲜汤可促使鲫鱼快速成熟。勾芡可使汤汁黏稠,并均匀地包裹在鱼体表面,使成品滋味浓厚、色泽明亮。

2. 为汤类菜肴提供辅助性原料

汤类菜肴除了主要的原料外,辅助性原料就是汤。汤的滋味和色泽决定了菜肴的档次和品种,如紫菜蛋花汤、奶汤蒲菜、开水白菜等菜肴。虽然都是选用鲜汤来进行制作,但由于汤的品种不同,形成了丰富多彩的汤类菜肴。

3. 为无味的烹饪原料增加鲜味

在烹制干货原料的菜肴时,鲜汤是不可缺少的。因为干货原料经过较长时间的涨发,原料内部的鲜味成分基本消失。所以,必须用鲜汤来补充或增加干货原料的鲜味,使其达到味美可口的要求,如谭家菜的黄焖鱼翅,鱼翅必须用鲜汤或高汤蒸煨三天(中间换汤 2～3 次)。这样不仅鱼翅柔润入味,而且滋味也更加鲜美可口。

(二)制汤基本原理

含有鲜味成分的烹饪原料,在加热过程中会产生水解等作用,使呈味物质溶解于水中,由固相向水相转化的浸出过程。如动物性原料含有丰富的蛋白蛋和脂肪等成分。这些成分在加热过程中都会产生不同的浸出物(含氮浸出物),如各种氨基酸、脂肪酸、肌苷酸、鸟苷酸、琥珀酸、乳酸和柠檬酸等。每一种浸出物都能给汤汁带来不同的滋味和增添不同的香味，从而形成鲜汤的不同风味。经过一段时间的加热，原料中所含浸出物与汤汁中浸出物的浓度相对平衡，即达到制汤的最佳效果，并不是加热时间越长滋味越鲜美。相反，加热时间太长会破坏汤汁中的营养成分或生成某些有害物质。

汤汁的质量与原料中呈味物质向水中转移的程度有关，转移越彻底，则鲜汤的味道越鲜美，香味越浓厚。溶质从固体向液体转移的程度常用萃余率(E)表示：

$$E=(C-C_0)/(C_1-C_0)\times 100\%$$

式中：C 为某一时刻固体中溶质的平均浓度；C_1 为开始时固体中溶质的浓度；C_0 为浸出平衡时固体中溶质的浓度。

萃余率实际是指溶质残余在固体中的比率。从上式看出原料中固体溶质越少，萃余率越小，汤汁的浓度越高。

此外，萃余率还与原料的形态、呈味物质的扩散系数、制汤的时间等有关系，原料越小，呈味物质扩散系数越大，制汤所用的时间越长，则萃余率越小，呈味物质从原料向汤转移得越彻底。

二、汤的种类及其制作方法

(一)汤的种类

汤由于其原料不同、火候不同、时间不同，呈现的色泽、浓度、鲜味也各不相同。因此，在烹饪行业汤的种类很多，按原料性质来划分有荤汤(鸡汤、猪骨汤)和素汤(豆芽汤、香菇汤)两大类；按汤的味型划分有单一味汤(鸡汤)和复合味汤(高汤)两大类；按汤的色泽来划分有清汤(高级清汤)和奶汤(高级奶汤)两大类；按制汤的工艺来划分有单吊汤(一次性制作的汤)、双吊汤(在单吊汤基础上添加原料，二次性制作的汤)和三吊汤(在双吊汤的基础上添加原料，三次性制作的汤)三大类。汤的种类虽然很多，但它们之间并不是完全独立的，相互之间存在着一定的联系。烹饪行业制作汤的情况如下：

汤分为荤汤、素汤两大类。荤汤包括清汤(单一味汤：单吊汤；复合味汤：双吊汤、三吊汤)、一般白汤(复合味汤)、浓白汤(单一味汤和复合味汤)三种；素汤以清汤为主，包括单一味汤和复合味汤等两种。

(二)制汤的方法

制汤的方法较为简单，就是将烹饪原料放入水锅中较长时间的煮制，使其汤汁呈现清或荤浊状态的一种制作方法。根据汤色的色泽不同，汤一般可分为清汤、白汤和素汤等三种，具体制作如下。

1. 清汤(一般清汤)

清汤具有口味鲜醇、汤汁澄清、使用面广的特点。

(1)制作方法

清汤的制作方法，就是将老母鸡 2500 克、猪骨头 1500 克、蹄髈 1500 克等原料，刮洗干净，放冷水锅内(15000 克)旺火煮制，开锅后撇去浮沫，改用小火长时间加热(2 小时)，待鸡体内的可溶性成分充分溢出，汤汁呈鲜味即可。清汤在制作过程中可以加入增鲜香的调料，如料酒、葱、姜等。但不能过早加盐，这时因为盐是电介质，过早加入会促使原料表面的蛋白质凝固，阻碍了可溶性成分的充分溢出，严重影响到汤的鲜味。还要掌握好盐的加入量，避免影响正常烹调。而且要严格掌握火候，保持微开，使汤色呈现透明状。

(2)制作要点

①选用新鲜的原料。制汤所用的原料，必须是新鲜的。这是因为新鲜的原料除了本身固有的味道外，没有其他的异味。这样既保证了汤的鲜味和香味，而且不会影响到菜肴的正常制作，从而保证成品的质量。

②原料冷水下锅。制汤所用的原料，大多数是动物性原料。在冷水锅内加热，水的温度逐步渗透到原料内部，使可溶性成分能充分溢出。随着温度的上升溶出量就会增多，汤汁的鲜味才会浓厚。反之，原料表面蛋白质快速凝固，形成一定的硬度，阻碍了可溶性成分的充分溢出，使汤汁鲜味不浓厚。

③不宜中途加水。制汤时原料都是冷水下锅，加热到一定的温度，原料内部的温度与表面的温度基本相似，原料内部的可溶性成分能充分溢出。如果在加热的过程中突然加入冷水，锅内的水温就会骤然下降，原料表面就会由松散的状态突然收缩，形成表面一定的硬度，不利于可溶性成分的充分溢出。

④采用小火加热。小火加热的实质是保持恒温加热，而恒温加热有利于原料的分解，使更多的可溶性成分溢出。另外，小火加热防止了制汤时水分的过多蒸发，还能防止原料的组织脱落和乳化作用，使汤汁保持澄清的状态。

(3)清汤的应用范围

清汤的应用范围很广，凡是带有汤汁的菜肴，除纯甜味的菜品之外基本都使用清汤，如炒、熘、烹、爆、烧、焖、扒、炖、煮、氽、烩等菜肴的制作，都离不开清汤的调味作用和构成菜肴成分的作用。

2. 白汤(浓白汤或一般白汤)

白汤具有味鲜美、色泽乳白的特点，习惯上又称奶汤。白汤在一般烹调方法上用于调味提鲜。

(1)制作方法

白汤的制作方法，就是将老母鸡 1500 克、鸭子 1500 克、猪骨头 5000 克、鸡骨架

1500 克、猪蹄 1000 克等原料，刮洗干净，放入冷水锅内（17500 克）旺火煮制，开锅后撇去浮沫，改用中火长时间加热（2～3 小时），待汤汁呈乳白色、有黏性时，汤汁就有鲜味了。白汤在制作过程中，可以加入增鲜香的调料，如料酒、葱、姜等。但使用量不宜过多，过多反而会影响白汤的香味和色泽。由于此时的白汤色泽乳白、具有一定的黏稠度，故又称浓白汤或高级奶汤。而一般白汤，可将此废料加水继续煮制 2～3 小时，待汤汁呈浅乳白色即可。由此制作白汤需要中火加热，水分蒸发较快，所以必须多加水，防止干锅。

（2）制作要点

①选用富含胶原蛋白和脂肪的动物性原料。白汤要求汤汁呈乳白色，但要想使汤汁呈乳白色，是有一定条件的。因为白汤的实质是一种乳浊液，其白色的主要来源是白汤中的小脂肪滴对光的折射，而要使小脂肪滴能均匀而稳定地分散在水中，必须要有乳化剂的存在，即胶原蛋白。所以，胶原蛋白和脂肪是形成白汤的必要条件。而带皮的鸡、鸭、蹄髈、猪骨头、鸡骨架都含有丰富的胶原蛋白和骨胶。再加上肌间脂肪、皮下脂肪和骨髓，正好满足制白汤的条件，才能制作出呈现乳白色状态的汤汁。

②采用大火加热、保持汤汁沸腾。用中火加热、保持汤汁沸腾，也是形成白汤的重要因素。因为在一般情况下脂肪和水是不溶解的。脂肪浮于水面与水形成两厢，在两厢界面上，存在着各自不同的表面张力，这种力具有使界面收缩成最小面积的倾向。所以，必须在外力的作用下，才可能融为一体。加热可以降低这种表面张力，水的沸腾实质是一种机械力，使大的脂肪滴粉碎，成为小的脂肪滴，与水、明胶（胶原蛋白的水解产物和骨胶的溶解物）充分地接触而形成乳浊液，即白汤。

（3）白汤的应用范围

白汤的应用范围不如清汤面广，主要用于红色菜肴的调味提鲜和部分带汤菜肴的制作，如奶汤蒲菜、奶汤鸡哺、奶汤鲫鱼、奶汤鱼翅等菜肴。

3. 素汤

素汤又称素清汤，是素食风味常用的汤。素汤具有味鲜香、清淡爽口的特点。素汤根据使用原料的状况，分为黄豆鲜汤、黄豆芽鲜汤、口蘑鲜汤、莲籽鲜汤等几种。

（1）黄豆鲜汤

黄豆鲜汤就是将黄豆捡去杂质，用清水洗净，放入大盆中加清水浸泡 12 小时（春夏用凉水、秋冬用温水），待黄豆充分膨胀，洗净后放入大汤锅内，加水煮制（加水量是原料的 5～6 倍），开锅后撇去浮沫，改用小火煮 4 小时左右，控出汤汁即为黄豆鲜汤。

（2）黄豆芽鲜汤

黄豆芽鲜汤就是将发好的黄豆芽摘去须根，用清水洗净，放入大汤锅中，加水煮制（加水量是原料的 4～5 倍），开锅后撇去浮沫，改用小火煮制 3～4 小时，控出汤汁即为黄豆芽鲜汤。

(3)口蘑鲜汤

口蘑鲜汤就是将干口蘑浸泡回软,洗净表面和细缝里的细沙,去掉蘑菇根部的黑质,洗净后放入大汤锅中,倒入澄清的原汤(浸泡时的水),再加入清水(加水量是原料的3~4倍)烧开,开锅后改用小火煮制3小时左右,控出汤汁即为口蘑鲜汤。有些地区在制作口蘑鲜汤时加入适量的竹荪,共同煮制,其汤汁又称高级素汤或特制素汤。

(4)莲子鲜汤

莲子鲜汤就是将干莲籽浸泡回软(去皮、去芯),洗净后放入大汤锅中,加入清水(加水量是原料的5~6倍)烧开,开锅后用小火煮制3~4小时,控出汤汁即为莲子鲜汤。

(三)吊汤

吊汤是制汤中的一个重要环节,是制作高档菜肴不可缺少的原料之一。如清汤燕菜、开水白菜、高汤银耳等,都需要一些鲜味足、汤清如水的鲜汤来辅助。因此,汤的好坏将直接影响到菜肴的滋味和色泽。这种鲜汤在烹饪行业称为高级清汤、上汤或高汤,将制作高级清汤的方法。

吊汤就是利用稀释的鸡肉茸(泥),倒入汤锅中(锅内为一般清汤)烧开,开锅后保持微开,待鸡茸中呈鲜味物质完全溢出,将漂浮于汤面上的残渣除去,使一般清汤进一步增加鲜味的过程,称为吊汤。

1.吊汤的方法

在制作一般清汤时,原料的组织不可避免地会脱落在汤水中,从而影响一般清汤的光通透性,使清汤具有一定的浑浊度。吊汤的目的:一是增加汤味的鲜度;二是去除这些脱落组织。因此,吊汤的方法:先将一般清汤晾凉(1000克),分别加入鸡腿茸和鸡脯茸(稀的糊状),将汤锅移火上,用手勺搅动使之清汤旋转,倒入鸡腿茸、鸡脯茸。随着温度的升高,汤中的鸡茸会逐渐凝固,再保持微开10~20分钟,捞出残渣即为高级清汤(必须用纱布过滤)。用此法制作高级清汤又称双吊汤。某些地区还将鸡骨茸作为吊汤原料,经过上述三种原料吊汤又称三吊汤。

2.吊汤的要点

吊汤是制汤的一个重要环节,也是技术性较高的一项工作。因此,吊汤时要注意以下两个方面:

(1)鸡肉要去皮浸泡。吊汤用的鸡腿肉和鸡脯肉,必须去除鸡皮。因为鸡皮有较多的皮下脂肪,又含有一定成分的胶原蛋白,斩碎后更加容易水解成明胶,而明胶和脂肪是形成乳浊液的必要条件。所以,将鸡皮斩于鸡茸中,不仅不能起到清汤的目的,反而容易使汤汁变得混浊。还有,鸡肉浸泡可以去除鸡肉内的血水和一部分异味,可以提高清汤的澄清度和鲜味。

(2)吊汤必须使用小火。吊汤用的鸡腿茸、鸡脯茸,或多或少带有一部分脂肪。而脂肪是形成乳浊液的必要条件之一,如果用旺火加热,就会为脂肪的乳化提供条件,影响汤的澄清度。另外，小火加热有利于鸡茸中呈鲜味物质的充分溢出，从而提高汤的鲜味。用纱布过滤可以澄清汤汁中的残留物，使汤的澄清度提高。所以，吊汤时使用小火加热是形成高级清汤的主要条件。

三、影响制汤的因素

影响制汤的因素应该是多方面的，既包括原料的品质，还包括制作过程中料水的比例、制汤的火候和调味品的投放顺序、数量等方面内容。

(一)原料的品质

原料应鲜活或冷冻时间不长，呈味物质丰富和腥、膻异味较轻的原料均不会影响鲜汤的质量，并能产生动物固有的芳香味。反之，会影响鲜汤质量。

(二)料水的比例

制汤的最佳料水比在 1∶1.5 左右。水添加过多，汤水中可溶性固形物、氨基酸态氮、钙和铁的浓度降低，绝对量升高，但汤水鲜味较差。反之，也不利于原料中的营养物质和风味成分浸出。因此，适当的比例有利于汤味鲜美，一般清汤的比例为 1∶1.5；浓汤的比例为 1∶1.2。

(三)制汤的火候

制汤的火候一般要根据制汤的要求，适当掌握火候。一般制作清汤要求大火烧开、小火煮制(保持微开)，避免火力过大，汤汁变混和汤汁快速蒸发。反之，一般制作浓汤要求大火烧开、中火煮制(保持汤水滚动)，促使脂肪乳化使汤汁变为乳白色。但是，制作前要多添加水分，避免汤汁快速蒸发。

(四)调味品的投放顺序和数量

制汤时不宜过早加入调味品，特别是盐。盐是一种电介质物质，过早加入则会使汤汁溶液渗透压增大，原料中的水分就会渗透出来，并在原料内部扩散，导致蛋白质凝固，使呈味物质难以浸出，从而影响鲜汤的滋味。因此，制汤时一般先加葱、姜、料酒，既可去除腥、膻异味，又能增加汤的香味。所以，盐应在成汤以后加入，可增加鲜汤的滋味。

第四节　糊、浆与勾芡

浆和糊是两种用料和制法基本相同，性质略有差别的浆状和糊状的流体或半流体物质。用料主要有淀粉(面粉、各种淀粉、米粉等)、鸡蛋、水、油和发酵粉(小苏打、蛋白木瓜酶等)。

上浆、挂糊，就是将经过刀工处理的烹饪原料，在其表面挂上一层黏性的流体物质或半流体物质，称为上浆、挂糊。由于原料表面挂上了一层黏性物质或一层保护性物质，故在饮食业又称着衣。浆、糊主要用于炸、烹、熘、炒、爆、烧等烹调方法。还有，煎、贴、塌烩等烹调方法中的一部分工艺，有时也要采用上浆和挂糊的方法来保证成品的特点。

一、挂糊、上浆的意义

挂糊、上浆是烹制菜肴的一个中间环节，也是一道重要的工序。它对菜肴的色、香、味、形、质和营养等方面有着重大的影响，其意义或作用有以下几个方面。

(一)能保持原料中的水分、鲜味成分和成品特点

首先，挂糊、上浆后的原料，由于表面有一层保护层(流体物质)，在不同的油温中，其表面的流体物质会迅速地糊化和蛋白质凝固，形成不同质地的保护层，阻碍了原料内部水分的流失(外溢)，使原料中各种氨基酸损失减少，确保原料的鲜味。其次，由于油温的不同，糊浆的浓度不同，原料经过加热后其质地也略有不同，如上浆的原料经过低温油加热，则形成柔软滑润的质感。而挂糊的原料经过中、高温油加热，则形成松软、酥脆或外焦里嫩的质感。

(二)能保持原料中的营养成分和风味物质

动物性原料含有蛋白质、维生素、脂肪等营养成分。首先，挂糊、上浆后，原料表面有了一层流体物质，隔绝了原料与加热介质的直接接触，使原料中的营养成分不易溢出，从而保护了营养成分少受损失。其次，动物性原料中的 ATP 经过各种酶的作用，生成重要的风味物质。再次，在组织蛋白酶的作用下，蛋白质部分水解成肽和氨基酸而游离出来，改变了原料的风味。

(三)能保持原料形状和促使形状更加光润饱满

动物性原料经过改刀后，形成较小的片、条、丝、丁和各种块状。通过挂糊、上浆不仅保持了原料固有的形状，而且糊、浆在不同的温度下还能形成光润饱满的形状，如蛋白质加热凝固，尤其卵蛋白的凝固，使菜肴表面滑嫩光亮；流体物质糊化膨胀形成酥脆饱满的形状，从而达到形体光润饱满的目的。

(四)能促使成品色泽鲜艳、色调丰富

糊与浆由于使用的配料不同，形成了多种的糊、浆。这些糊、浆虽然以淀粉为主，但是还有一部分其他物质，如全蛋液、鸡蛋清、鸡蛋黄、面粉和发酵粉等物质。所以，糊、浆在不同的油温下会形成不同的色泽，使菜肴成品色泽鲜艳、色调丰富。其原因如下。

1. 焦糖化反应

淀粉或糖类在受热时随着温度的不同呈现不同的色泽，从无色或本色变为一浅

黄—金黄—老黄—褐红—焦黑。例如,广东的大同脆皮鸡,由于表面抹上了一层脆皮浆,而脆皮浆内含有饴糖成分,油炸后表皮易形成枣红色。

2. 羰氨反应(美拉德反应)

在食品中主要的羰氨反应发生在还原糖与氨基酸及蛋白质之间。脂肪受热产生的醛也参加此反应。羰氨反应一般分为三个阶段:初级阶段、高级阶段和最终阶段。食品的生色阶段是羰氨反应的最终阶段,由高级阶段产生的不饱和羰基化合物和糖醛类化合物发生氧化、失水缩合及聚合等反应,在原料表面形成褐红色,使菜肴成品的色泽因失水多少和配料的不同,而形成不同的色泽。

二、糊、浆、芡的原料选择

挂糊、上浆、勾芡是三种不同的保护工艺,它是形成不同的质感和风味的重要原因之一。因此,对于原料的选择尤为重要,一般保护性工艺的原料主要有以下两大类。

(一)淀粉的选择

在挂糊、上浆、勾芡时,淀粉所起的保护作用是占主导地位,这是因为淀粉糊化能形成一定的保护层和黏稠度,从而形成了菜肴不同的风味和质感。由于淀粉的品种不同、使用数量不同,所起的保护作用和黏稠度也各不相同。而每一种淀粉由于其结构的紧密程度不同,其糊化温度、糊化的效果也各不相同。常用淀粉的糊化温度如表 4.3 所示。

表 4.3 常用淀粉的糊化温度

名 称	开始糊化温度/℃	完全糊化温度/℃
糯米淀粉	59	61
马铃薯淀粉	59	67
小麦淀粉	65	68
玉米淀粉	64	72
甘薯淀粉	70	76

在挂糊、上浆、勾芡时,应该选用糊化速度快、糊化效果好、黏度上升快的淀粉,如马铃薯淀粉最适宜上述三项工艺。这是因为马铃薯淀粉颗粒大、吸水力强、糊化温度低、黏绸度高、透明性强,从而广泛运用于饮食行业。为了更有利于原料的选择或最大限度发挥原料的作用,现将常用的淀粉及其特性介绍如下。

1. 马铃薯淀粉

马铃薯淀粉粒为卵圆形,颗粒较大,粒径为 50μm 左右,直链淀粉含量为 25%,糊化温度低，糊化速度快，完全糊化后即达到最高黏度(59～67℃)，但黏度的稳定性较差，透明度较好，适合于挂糊、上浆、勾芡三项工艺。

2. 玉米淀粉

玉米淀粉为不规则的多角形，颗粒小而不均匀，粒径平均为 15μm 左右，直链淀粉含量为 25%，糊化温度较高、过程较慢和糊化热黏度上升缓慢(64～72℃)，透明度差但凝胶强度好。为提高其黏度和透明度，必须在高温下操作。此淀粉现广泛运用于烹饪行业。

3. 甘薯淀粉

甘薯淀粉的颗粒呈椭圆形，粒径较大，一般为 25～50μm，糊化温度高达 70～76℃，直链淀粉含量约为 19%，热黏度高但不稳定，凝胶强度很弱，糊丝较长，透明度较好。

4. 绿豆淀粉

绿豆淀粉含直链淀粉较多，约占 60%以上，淀粉颗粒小而均匀，粒径为 15～20μm，热黏度高，稳定性和透明度较好，但饮食行业从不用此淀粉来上浆、挂糊和勾芡，而是用此淀粉制作粉皮、粉丝等。

5. 其他淀粉

其他淀粉有小麦淀粉和糯米淀粉等；小麦淀粉主要用于面点制作(含直链淀粉 25%，热黏度低、透明度和凝胶能力差)；糯米淀粉主要用于制作元宵、汤团、年糕等(几乎不含直链淀粉，熟制品有较高的黏性)。

(二)鸡蛋及粉料的选择

鸡蛋是上浆、挂糊必需的原料之一。选择鸡蛋一要新鲜，二不要冷冻。首先，因为有的浆、糊只用鸡蛋黄或鸡蛋清，如果鸡蛋不新鲜就不容易分离，将会影响菜肴色泽。其次，用不新鲜的鸡蛋清或冷冻鸡蛋清制作蛋泡时，起泡的效果不佳，甚至有些很难起泡，不但影响成品质量，而且也容易造成原料的浪费。再次，在选择拍粉的粉料时，要以咸味或无味的原料为主，这是因为这些原料不易引起焦糖化反应，能充分体现原料本来的色泽。而甜味原料由于含有一定量的糖的成分，加热时容易形成焦糖化反应。如果油温控制不好，容易使原料变焦、变黑。同时，粉料要保持干爽，颗粒不易过大，避免造成包裹不均、加热易脱落等现象。

(三)主料的选择

挂糊的主料可以是动、植物原料，一般以片、条、块、段等小型的形状为主，均是生料挂糊，而对于整形原料除了生料挂糊，还可采用熟料挂糊的方法，从而达到了各自的特点。上浆的主料一般以动物性为主，原料形状以小型的形状为主，为了达到不同的色泽，可分别添加不同的鸡蛋液。

三、挂糊技术

(一)糊的种类及其运用

糊的调制较为复杂。由于使用原料性质的不同、比例不同,糊的种类也有一定的差异。常用的糊有以下八种。

1. 水粉糊(湿淀粉糊)

水粉糊主要是用干淀粉和水调制而成(800 克干淀粉,加入 650 克水)。其适用于干炸、熘、烹等烹调方法,如干炸肉段、炸烹肉片、黄河糖醋鲤鱼等菜肴。

2. 全蛋糊(全蛋淀粉糊)

全蛋糊主要是用全蛋液、淀粉(包括面粉)调制而成(面粉与淀粉的比例为 6∶4,是全蛋液的 3 倍)。其适用于炸、熘、烹、锅烧等烹调方法,如软炸虾仁、糖醋鱼块、清烹鸡条、锅烧肘子等菜肴。

3. 蛋清糊(蛋白淀粉糊)

蛋清糊主要是用鸡蛋清、淀粉调制而成(蛋清与淀粉的比例为 2∶1)。其适用于软炸、拔丝等烹调方法,如软炸鸡哺、酥白肉等菜肴。

4. 蛋泡糊(发蛋糊、高丽糊)

蛋泡糊主要是将鸡蛋清搅打成蛋泡状(将空气搅打在蛋清中,形成泡沫液膜,将空气截留住,逐步形成稳定性的泡沫),再加入淀粉和少量面粉搅拌均匀,即为蛋泡糊。其适用于软炸、蒸等烹调方法,如软炸鲜贝、拔丝苹果、高丽大虾、鸳鸯飞龙汤等菜肴。

5. 干粉糊(拍粉糊)

干粉糊主要是用于原料煨口腌制后或网油卷包成形后沾干淀粉的一种挂糊方法。其适用于煎、炸、烹、炒等烹调方法,如干煎黄鱼、清炸鸡肝、香辣肉丝、抓炒豆腐等菜肴。

6. 拍粉拖蛋糊

拍粉拖蛋糊主要是用面粉或淀粉先拍沾在原料表面(原料必须先煨口腌制),然后再拖上一层鸡蛋液的一种挂糊方法。其适用于煎、煽、焖等烹调方法,如干煎鲳鱼、锅煽豆腐、煎焖黄鱼、油泼鱼扇等菜肴。

7. 拍粉拖蛋沾料糊

拍粉拖蛋沾料糊主要是将煨口腌制的原料,先沾上面粉后拖上鸡液,再放入各种料中沾黏均匀的一种挂糊方法(面包糠、椰蓉、芝麻、花生仁、核桃仁、松子和粉丝等原料),主要适用于炸,如奶油鸡球、椰蓉鱼片、芝麻肉条、果仁鸭方、松子大虾、银丝鸡球等菜肴。

8. 发粉糊

一种发粉糊主要是用面粉、发酵粉和水调制而成。适用于酥炸,如苔条拖黄鱼。

另一种是用面粉、淀粉、发酵粉、色拉油、蛋清调制,一般为 24∶4∶1∶4∶4 的比例加水调成薄浆。习惯称之为脆皮糊或脆浆糊，其法适用于脆炸，如脆皮大虾、脆炸鲜奶。

(二)挂糊的操作要领

1. 灵活掌握各种糊的浓稠度

糊的使用稠度，主要是根据原料性质、烹调的要求和成品的特点来确定。

(1)鲜嫩或软嫩的原料，糊应稠些；质较老、含水量小的原料，糊应稀些。因为糊稠可以保护原料中的水分、鲜味和营养成分，使其快速达到酥脆、鲜嫩的要求。反之，糊稀可促使表面水蒸气向内传热，从而达到酥脆鲜嫩的目的。

(2)冷冻的原料，糊要稠一些；新鲜的原料，糊要烯一些。因为冷冻的原料，内部的水分(结合水、不易流动水和自由水)，还没有彻底缓解过来，易形成失水现象。所以糊必须稠一些，使原料内部水分化解后，形成混合或适度的糊状。反之，糊要稀一些，来补充原料水分。

(3)挂糊后立即烹调的原料，糊要稠一些；不立即烹调的原料，糊要稀一些。因为挂糊后立即烹调的原料，不受环境与温度等的影响，水分不会散发。另外，淀粉中的小颗粒还没有彻底溶解，所以糊可以稠些。反之，糊要稀一些。

2. 糊必须搅拌均匀，无淀粉颗粒

调糊时必须先慢后快、先轻后重。因为调糊初期糊不均匀，浓度不够，黏性不足，所以慢些、轻些搅拌，防止原料调制出容器。等糊调制均匀，具有一定浓度，黏性加强，可以快些、重些搅拌，使淀粉颗粒充分调匀，糊呈均匀的浓稠度。这样加热时就不会造成意外现象(炸爆)。糊内要无淀粉小颗粒，成品外观美观，均匀度强。

3. 糊必须把原料表面包裹均匀

原料挂糊时，要把原料表面均匀地包裹起来，形成一个完整的保护层。这样加热就不会造成原料老嫩不均、色泽不均等现象。而且，也避免了没有包裹起来的地方，容易造成失水、失鲜味、失营养等现象。所以，糊一定要把原料表面包裹均匀，使成品达到菜肴所要求的标准。

四、上浆技术

(一)浆的种类及其运用

上浆由于使用原料的性质不同、比例不同，饮食业常用的浆有以下五种。

1. 水粉浆(湿淀粉浆)

水粉浆主要是用干淀粉和水调制成稀浆状，加入在煨口腌制的原料中，拌匀抓透。其适用于熘、炒、氽等烹调方法，如鱼香肉丝、家常炒猪肝、氽鱼圆等菜肴。

2. 全蛋粉浆(全蛋淀粉浆)

全蛋粉浆主要是用全蛋液、水淀粉，加入在煨口腌制的原料中，拌匀抓透。其适用于熘、炒、爆等烹调方法，如熘肉片、钱江肉丝、酱爆肉丁等菜肴。

3. 蛋清粉浆（蛋清淀粉浆）

蛋清粉浆主要是用鸡蛋清、水淀粉，加入在煨口腌制的原料中，拌匀抓透。其适用于滑熘、滑炒、软炒等烹调方法，如滑熘里脊、滑炒鸡丝冬笋、糟熘鳜鱼卷、水晶虾仁、四宝炒鲜奶等菜肴。

4. 苏打粉浆

苏打粉浆主要是用鸡蛋清、水淀粉、苏打粉、水、精盐和白糖，直接加入原料中（促使原料充分吸收水分，达到嫩化的目的），拌匀抓透。其适用于熘、炒等烹调方法，如蚝油牛肉、尖椒牛柳、五色蛇段、沙茶牛肉串等菜肴。

5. 脆皮粉浆

脆皮粉浆主要原料由酵母或发酵粉、面粉、淀粉、饴糖、水、醋、盐和油等调制而成。饮食业常用的有三种：

(1)酵母脆皮粉浆。酵母脆皮粉浆主要是将酵母、面粉、淀粉、荸荠粉、精盐和水，放入容器内搅拌均匀，静置发酵 4 小时左右，使用前加油搅拌均匀。其适用于炸、烹等烹调方法，如炸春卷、香烹凤尾虾、炸生蚝等菜肴。

(2)发酵脆皮粉浆。发酵脆皮粉浆主要是将发酵粉、面粉、精盐、淀粉、水和油，放入容器内搅拌均匀，静置发酵 4 小时左右。其常用于炸的烹调方法，如脆炸肉丸、脆皮大虾等菜肴。

(3)脆皮粉浆。脆皮粉浆主要是将米醋、水淀粉和饴糖等搅拌均匀，然后抹在半熟或全熟的热原料的表面，挂通风处吹干或晾干。其适用于炸、烤等烹调方法，如大同脆皮鸡、脆皮大肠、微波炉烤鸡等菜肴。

(二)上浆的操作要领

上浆前必须先进行煨口腌制（基本调味），然后上浆，调匀抓透。上浆的操作要求如下。

1. 掌握各种浆的使用浓稠度

浆的使用浓稠度，主要是根据原料性质和烹调的要求来确定。

质嫩形小的原料，浆要稠一些；质老形小的原料，浆要稀一些。因为质嫩的原料一般含水量较多，吸水性能较差。所以，上浆时浆要稠一些，既可防止原料失水，又能避免脱浆。反之，质老的原料，含水量较少，吸水能力较强。所以，上浆时浆要稀一些，有利于纤维充分吸收水分，达到嫩化的目的。

冷冻的原料，浆要稠一些；新鲜的原料，浆要稀一些。因为冷冻的原料含有较多的水分（结合水、不易流动水和自由水），浆较稠可以调解原料中的水分，形成混合或适度的浆状，避免原料中的水分流失。反之，新鲜的原料含水量较少，吸水能力较强，浆较稀可以补充原料的含水量，使成品达到软嫩的目的。

立即烹调的原料，浆要稠一些；等待烹调的原料，浆要稀一些。因为立即烹调的原料，不受环境影响，表面水分不易失去。而且，原料中的纤维不可能在短时间内吸收大量水分，浆稠一些可以保护原料内部水分，避免脱浆现象发生。反之，等待烹调的原料，其纤维有较长时间吸收水分，浆稀一些有利于纤维吸收水分。同时，也受到室内温度、湿度等方面的影响，浆稀一些有利于等待烹调。另外，等待烹调的上浆原料，最好表面抹上一层油脂，一方面可以避免水发蒸发，另一方面也有利于纤维充分吸水。

2. 掌握上浆的顺序

上浆的原料一般以鸡蛋液、淀粉等为主，这两种原料由于性质的不同，上浆的顺序也有先后。上浆的原料，一般在上浆前先要煨口腌制（料酒、精盐、葱姜汁、味精等）。因为盐是电介质，具有渗透性，促使了煨口腌制的调料与原料内部水分的综合，形成了原料表面的黏稠度。而鸡蛋液具有良好的亲水性，上浆时加入鸡蛋液，鸡蛋液的水分与原料表面的黏稠度马上融合，产生胶粘物质而包裹在原料表面。淀粉在冷水中呈粉末状的悬浮物，亲水性能较差。所以，必须后加淀粉使淀粉与胶粘物质搅拌均匀，形成一层混合状的保护层。这层保护层在一定温度下就会产生糊化作用（56～80℃），形成原料表面柔软滑嫩的黏性物质，有利于保护营养成分和水分的流失。

3. 掌握上浆的时机与均匀度

上浆的时机与均匀度也影响着成品的质量。这是因为上浆一般都需要煨口腌制，然后再用鸡蛋液、淀粉搅拌均匀，形成一层保护层。这层保护层里的淀粉与胶粘物质不可能在短时间内达到融合的程度，所以，必须有一个静置过程，使胶粘物质与淀粉颗粒有充足的融合时间（即提前时间）来满足上浆的要求。还有，上浆必须均匀，使浆口均匀地包裹在原料表面，防止加热时因上浆不均匀而产生失水、失鲜味、失营养的现象。

五、勾芡技术

勾芡就是根据烹调的要求，在菜肴接近成熟或成熟装盘后，将调好的粉汁淋入锅内，使汤汁浓稠以增加对原料附着力的一种操作技术。芡，就是用水把干淀粉稀释成粉汁（水淀粉），水淀粉在一定的温度下糊化，形成一定黏性物质。勾芡是否合理、恰当，对成品的质量要求起到关键性的作用。

（一）勾芡的作用

1. 能增加菜肴的滋味

勾芡能增加菜肴的滋味，其原因主要有两个方面：第一，由于原料内部的呈鲜味物质与调味品均溶于水。在烹调中为了加快烹调时间，往往需要添加鲜汤等，促使原料成熟和入味，由于加热时间短，溶于汤汁中的鲜味和调味品不能马上被原料吸收，使鲜味与调味品的滋味均溶于汤汁中。第二，原料本身的吸附能力有限，不可能在较短的时间内将所有的鲜味和调味品滋味吸附进来，相对来讲滋味不浓，通过勾芡促使汤汁黏稠度增大，吸附力增强。这样就很容易使菜肴的表面均匀地吸附着芡汁，使菜肴具有滋味。所以，勾芡是形成菜肴滋味的重要方法之一。

2. 能增加菜肴的光泽

颜色与光泽是相辅相成的，一道菜肴的颜色如果没有光泽则是不完美的。勾芡能增加菜肴的光泽，主要原因是淀粉糊化能产生溶胶体。这种溶胶体不仅具有透明度，而且还具有一定的光泽，只要成品的数量与溶胶体的数量比例恰当，就能增加菜肴的光泽。

3. 能突出菜肴的风格

有些羹、汤菜肴，勾芡后再加主料，使主料不沉底，浮于羹、汤表面，既增加了菜肴的美观，又突出了主料的特点。勾芡使菜肴具有一种滑润的口感，从而形成了菜肴不同的风格。

4. 能保持菜肴的温度

菜肴的温度直接关系到菜肴的质地和味道。俗语："一热顶三鲜"，指菜肴具有一定的热度，菜肴的滋味、质感、光泽均能处于最佳状态。其主要原因是，勾芡使菜肴的芡汁成为一种溶胶体，溶胶体具有较好的蓄热性。溶胶体将原料包裹在中间，使原料的热量不易散发，从而延缓了菜肴温度的散发，起到了保温作用。

(二)芡汁的种类

芡和汁是两种不同的概念。芡是指经过加热后具有一定黏稠度的淀粉溶胶体；没有加热时称为粉汁。而汁是指加热后没有黏稠度的调味液体；没有加热时称为清汁。芡必须加淀粉，而汁不能加淀粉。

1. 芡与汁的调制

芡与汁的调制，主要是根据烹调方法的不同、成品要求的不同，来进行应用的。目前，餐饮行业主要有以下两种：

(1)单纯粉汁。单纯粉汁就是用淀粉和水调制而成。这种粉汁主要用于炒、烧、烩、焖、扒等烹调方法，一般在菜肴定味后，汤汁略收，淋入单纯粉汁，使剩余的汤汁勾芡后呈溶胶体，均匀地包裹在原料表层，来增加成品的光泽、色泽、滋味和质感。所以，单纯粉汁一般都单独使用。

(2)调味粉汁(包括清汁)。调味粉汁就是用鲜汤、调味品和淀粉调制而成(也可不加淀粉)。这种粉汁或清汁主要用于滑炒、清炒、熘、烹、爆等烹调方法，一般在菜肴接近成熟时，将鲜汤、调味品和淀粉(也可不加淀粉)调制成一种混汁或清汁来进行使用，使成品达到菜肴所要求的标准。

由于菜肴的烹调方法不同、要求不同和成品特点不同，调味粉汁主要有以下几种：

白混汁(白粉汁)。白混汁是一种不加有色调味品的调味粉汁，主要用于白色菜肴，如滑炒鸡丝、油爆虾球、鸡蓉口蘑、鸡丝掐菜等菜肴。

红混汁(红粉汁)。红混汁是一种带颜色的调味粉汁，主要用于有色菜肴，如茄子肉片、糟熘鱼片、咕咾肉、鱼香肉丝、宫爆鸡丁等菜肴。

白清汁。白清汁是一种不带淀粉和无色调味品的调味汁，主要用于一些清淡爽口的菜肴，如清炒虾仁、芫爆里脊、清烹虾球等菜肴。

红清汁。红清汁是一种带有颜色调味品和不带淀粉的调味汁，主要用于一些干爽入味的菜肴，如清烹仔蟹、锅包肉、油泼鸡、胡辣肉丝等菜肴。

2. 芡的种类

常用的芡，是由淀粉和汤汁按照不同的比例兑制而成。由于芡的浓稠度不同、使用方法不同和成品的要求不同，常用的芡可分为三类：

(1)包芡。又称紧芡、厚芡和抱芡。芡汁中淀粉含量较多，加热成熟后可使菜肴的汤汁成为黏稠的淀粉溶胶体，将原料均匀地包裹起来。其适用于爆、熘等烹调方法，如油爆双脆、焦熘肉段、糖醋里脊等菜肴。

(2)流芡。流芡是一种能够流动的芡(浓稠度较包芡要稀)。芡汁中淀粉的含量较少，加热成熟后芡汁具有一定的黏稠度，能增进菜肴的滋味和色泽。其适用于烧、扒、焖等烹调方法，如扒肘子、红烧鱼、黄焖鱼翅等菜肴。

(3)米汤芡。米汤芡是一种很稀的芡汁，类似米汤，故得名。米汤芡透明度强、黏度小，适用于羹、汤等菜品，如酸辣汤、海参黄鱼羹、八珍海味羹等菜肴。许多造型菜肴的浇芡也是选用米汤芡，如一品豆腐、鸳鸯荷花虾等菜肴。这种芡不但不会破坏菜肴造型，而且还能增加菜肴的光泽和保护菜肴的温度。

3. 勾芡的方法与要求

勾芡是烹调菜肴最后的一道工序，也是一个重要的环节。只有掌握勾芡的方法和要求，才有可能掌握好菜肴芡汁的多少和稀稠，使其达到成品所要求的标准。

(1)勾芡的方法

勾芡的方法，一般是根据烹调方法的要求和成品的特点来确定的，在烹饪行业常有的方法有拌、淋、浇三种。

①拌。拌是使用最广的一种勾芡方法，具体又可分为调芡、兑芡、卧芡等三种。

调芡(包括调汁)是使用单纯粉汁，就是在菜肴的口味、色泽确定之后，用单纯粉汁加入锅内，与原料和汤汁一起加热搅拌均匀的一种勾芡方法。其主要适用于炒、烧、焖、烩等烹调方法，如片炒青椒、碎烧鱼块、黄焖鸡块、虾籽烩豆腐等菜肴。调芡是勾芡中使用频率最多的一种方法，具有灵活方便的特点。

兑芡(包括兑汁)是使用调味粉汁或清汁，等菜肴接近成熟时，将调味粉汁倒入菜肴中，搅拌均匀的一种方法。具体方法是在碗内将所需的调味品、鲜汤和淀粉兑制在一起，形成调味粉汁。在原料接近成熟时，倒入芡汁，翻炒后使原料表面均匀地包裹上一层芡汁。其主要适用于炒、熘、爆、烹等烹调方法，如龙井虾仁、滑熘里脊、油爆肚仁、炸烹大虾等菜肴。兑芡是勾芡中使用较多的一种方法，具有操作迅速、简便的特点。

卧芡也是使用调味粉汁，是将兑好的芡汁倒入锅内或锅内兑芡汁，并加热成芡后倒入原料搅拌均匀的一种方法。其主要适用于熘、炒、爆等烹调方法，如抓炒豆腐、焦炒肉条、油爆双花、樱桃肉等菜肴。卧芡是勾芡中使用较多的一种方法，具有成菜快速、防止形体破碎的特点。

②淋。淋是使用单纯粉汁，就是在菜肴接近成熟时，一面淋入粉汁，一面晃动锅中菜肴，使菜肴汤汁浓稠，并均匀地吸附在原料表面的一种勾芡方法。其主要适用于扒、烧、焖等烹调方法，如扒鸡腿海参、扒原壳鲍鱼、扒鸡蒙三白、红烧鱼、黄焖鱼翅等菜肴。淋是勾芡中难度最大的一种方法，既要芡汁均匀，又要使原料相互黏合，更要大翻勺，使成品具有形状整齐、形体完整的特点。

③浇。浇是使用调味粉汁，就是在成品装盘后将调味粉汁加热成芡后，浇在成品上的一种勾芡方法。其主要适用于炸、熘、蒸、焖等烹调方法，如：黄河糖醋鲤鱼、五柳鱼、西湖醋鱼、八宝莲籽、油淋鸡等菜肴。浇是勾芡中使用较多的一种方法，具有形状美观、操作简便的特点。

(2)勾芡的基本要求

①掌握勾芡的时机。勾芡必须在菜肴接近成熟或成熟时进行，过早或过迟均会影响菜肴的质量。其原理是淀粉糊化需要一定时间，过早或过迟勾芡均会降低菜肴的质量。所以，勾芡要根据烹调要求和成品的特点，在菜肴接近成熟或成熟时进行勾芡。

②掌握勾芡的黏稠度。勾芡必须根据烹调方法和成品特点的要求来进行。过多的汤汁或过少的汤汁，以及火候的大小对成品的质量均会产生影响。所以，勾芡必须在锅内的汤汁沸腾，汤汁适量的情况下进行。而且加入的淀粉数量不宜过多或过少，以达到菜肴所要求的黏稠度。

③确定菜肴的滋味、色泽后再进行勾芡。首先，勾芡必须在菜肴的口味、色泽等确定后再进行勾芡，这样芡汁和调味品能均匀地包裹在成品表面，使成品不仅具有滋味、色泽，而且还具有一定的光泽度。反之，勾芡后在弥补口味或色泽就很困难。其次，含油量过多，芡汁就不能均匀地包裹成品，易造成流芡等现象，达不到理想的勾芡效果。

④使用得当。首先，勾芡虽然是形成菜肴属性的一项重要手段，但使用不当也会降低菜肴质量标准，如炒蒜苗、炒豆芽、炒西红柿等菜肴勾芡，反而会影响成品的质量。其次，使用有黏性的调味品或糖类调味品，一般也不需要勾芡或少用淀粉勾芡，如酱爆鸡丁、钱江肉丝、京酱鸭条、干烧鱼、焙大虾等菜肴。再次，含胶原蛋白多的或淀粉含量高的烹饪原料，一般也不需要勾芡或少用淀粉勾芡，如猪肉炖粉条、红烧蹄髈、肉末粉丝等菜肴。

第五节　配菜技术(菜肴组合)

一、配菜的意义、基本要求和原则

(一)配菜的意义

配菜又称配料、菜肴组合，就是根据菜肴质和量的要求，将加工成形的原料加以科学合理的配合，使之成为一个整体的半成品菜肴或直接食用的菜肴过程。配菜是烹调前的一道工序，是确定菜肴质量、形状、色泽、风味等的前提或菜肴设计过程。因此，原料配合是否科学合理直接关系到菜肴的色、香、味、形和营养价值，以及菜肴的成本。

配菜是烹调操作过程中一道重要的工序，它虽然不能直接使原料发生物理变化和化学变化，但是科学合理地进行搭配，可以使菜肴色、香、味、形更加丰富多彩，而且有助于营养价值的提高和成本的降低。因此，配菜的意义归纳起来有以下几方面。

1. 确定菜肴的质和量

菜肴的质，是指一道菜肴的构成内容，也是确定菜肴品质的物质基础或本质特征的具体反映，质还包括各种原料的配合比例；也指菜肴原料档次的高低、品质的优劣等。菜肴的量，是指一道菜肴的构成重量和数量，包括各种原料构成的数量或它们之间的数量关系，也就是一道菜肴的单位定量。菜肴的质量是通过配菜确定的，虽然原料的精粗、烹调技术的高低，对菜肴质量均会产生一定的影响，但是配菜却以确定菜肴质量的前提，是决定菜肴质量的先决条件。

2. 确定菜肴的营养成分

配菜的目的就是为了提供更多的美味佳肴，来促进人们的食欲，并通过饮食达到美的双重享受。但从本质上说还是为了获取营养，来维持人体的生理需求。烹饪原料的品种和部位不同，其所含营养成分也各不相同。通过科学的配菜，就能使每只菜肴的营养成分更加全面、更加合理(营养平衡或膳食平衡)，如肉类原料含有蛋白质、脂肪等成分较多，而缺少维生素和纤维素。相反，蔬菜中含有维生素和无机盐较多，而缺少蛋白质和脂肪。配菜时将上述原料有机地搭配在一起，使其互相补充，就能有效地提高菜肴的营养价值，尤其整桌宴席、会议用餐更加要重视营养平衡。因此，菜肴的营养价值在很大程度上是由配菜来确定的。

3. 确定菜肴的色、香、味、形

色、香、味、形是衡量菜肴的质量标准，如何使菜肴具有良好的色、香、味、形的效果，是整个烹调程中需要达到的目的，其中配菜就是一个重要的环节。菜肴的色、香、味、形虽然不能在配菜中直接体现出来，但是各种原料本身所具有的基本素质(色、香、味、形)，只有通过配菜使之相互融合、相互补充、相互衬托，经过烹调处理才能充分地体现出来，成为美味佳肴。所以，配菜时必须按照美的规律、美的要求，将各种相同或不同形状的原料进行有机地配合，使其成为一个完美的整体。

4. 确定菜肴的成本

菜肴的成本高低，主要是通过配菜来实现的。原料质量的高低、优劣和用量的多少，直接影响到菜肴的成本。如果配菜时优质原料用量较少，大众化原料用量较多，就可直接降低菜肴的成本（海参肉片）。因此，配菜是掌握菜肴成本，加强成本核算的重要环节。

确定菜肴的品种，促使菜肴品种多样化。配菜不仅可以确定菜肴的品种，如宫保鸡丁（鸡肉、花生仁、花椒、干辣椒、葱丁、蒜姜片）。配菜还可以促使菜肴多样化，如双色鱼花（鲜鱿鱼、碱发鱿鱼都改成麦穗形）。由此可见，配菜不仅能确定菜肴的品种，而且还是创作菜肴的重要因素之一。

（二）配菜的基本要求

配菜是烹制前的一个重要环节，它涉及的知识面很广。要做好这项工作，就必须做到以下几方面的基本要求。

1. 熟悉和了解服务对象的需求

在配菜时，配菜人员应该了解所服务的对象，根据服务对象的职业、饮食爱好、口味要求，以及经济的承担能力，做到因人而异，如外宾、内宾（包括旅游团体、会议）等。另外，由于人们生活的地域不同、信仰不同，饮食爱好和口味的要求也有一定差异，如某些外宾（信奉伊斯兰教）忌吃猪肉或不喜食河鱼、鸭子；有些嗜咸，有些嗜辣等。这些情况都是所要了解和掌握的，不然就可能出现严重的后果或差错。

2. 要熟悉和了解原料的供应情况

不同的菜肴是由不同的原料配合而成的，所以配菜人员必须掌握原料的有关知识和上市季节，才能更好地做好配菜工作。①要熟悉原料的性质。不同的原料其性质不同，有的呈韧性，有的呈脆性，有的呈软性，这些不同性质的原料，在烹调中所发生的变化也各不相同。配菜人员必须掌握原料在烹调中的变化状况，尽可能使原料性质趋于一致。另外，同一原料其性质也因季节的变化而有一定差异，例如，初春的韭菜，具有生机盎然的清香，仿佛咀嚼着嫩春的滋味（三月里的韭菜芽，羡杀佛爷爷）。民间又有“八月韭，佛开口”之说，说明初春和秋冬是韭菜最鲜美的季节。由此可见，不同季节的原料，其性质不同，给予人们的感受也不同。②了解市场供应情况。市场上供应的原料，不是一成不变的，而是随着生产季节、采购及运输情况的变化而变化。配菜人员必须了解市场供应情况，结合企业经营状况，有目的地推出有特殊风味的菜肴品种，为广大消费者服务。例如，江苏湖熟镇饲养的南乡鸭（桂花鸭），桂花盛开之际供应量最多，而且质量最好（肌肉丰满、表皮洁白），企业可根据其特点，积极地推出具有特殊风味的鸭肴，为就餐者服务。③了解企业库存情况。配菜人员必须了解和掌握本企业的库存情况，并根据库存原料的性质来确定供应的菜肴品种，使企业的库存原料既不积压，也不缺乏，更不会造成因库存时间长而腐烂变质或造成不必要的损失和浪费。

3.必须掌握成本核算的方法

成本核算是烹制菜肴过程中的一个重要环节，不仅涉及就餐者的个人利益，也关系到企业本身的利益。因此，做好配菜这项工作具有十分重要的意义。成本核算时要注意以下几方面：①熟悉和掌握每种原料从毛料到净料的损耗率，即原料的出品率。②确定构成每个菜肴的主料、辅料和调料的质量、数量和成本。③根据国家或单位所规定的毛利幅度，确定每个菜的毛利率和售价。④制定每个菜肴的成本核算单，即投料标准。其内容包括：菜肴的名称，主料、辅料和调料的名称、数量、单价和成本；产品的总重量和总成本；毛利率和售价等。

4.菜肴辅料的种类不宜过多、主辅料因分别放置

辅料的主要作用是为了衬托主料，增加菜肴的色泽和美化菜肴的需要。如果辅料种类过多，易造成喧宾夺主、层次不清的感觉，反而影响到菜肴的整体美观和主料的特点。配菜时必须将主辅料分别放置在盘中，便于操作使用。因为烹调时原料下锅有先后顺序，原料混合放置不利于操作，也容易造成成品生熟不均的现象，将会严重地影响到菜肴的质量。

5.必须了解有关的营养卫生知识

配菜人员除了应该掌握原料性质和精通烹调技术外，还必须了解和掌握有关的营养和卫生知识，并能够运用现代营养学的基础理论和基本原理去指导配菜，使配菜更加趋于科学化、营养化。如安排一桌宴席，既要考虑到原料的品种搭配，又要参考中国营养学会推荐的营养素供给量标准合理地安排菜单或选用原料。

6.精通烹调技术，富于创新精神

配菜是联系刀工和烹调的纽带，配菜人员必须精通刀工和烹调技术，才能配制出符合要求的菜肴。如果配菜人员不精通刀工和烹调方法，不了解火候对原料的影响，就无法进行配菜。所以，必须要求配菜人员精通刀工和烹调技术，并在此基础上创造出更加新颖、丰富多彩、富有营养的美味佳肴。创新必须建立在继承的基础上，通过吸收、消化、引进、改良的方法和手段，创制出更多更好的新技艺、新品种、新口味来进一步丰富中国的烹饪技术，为满足广大消费者的需要而服务。配菜人员在精通烹调技术的基础上还要熟悉菜肴的名称和制作特点。菜肴的名称有的反映菜肴主辅料之间的关系，有的反映主料与调料的关系，有的反映主料与烹调的关系，有的反映菜肴与色、香、味、形、质、器的特点。只有熟悉菜肴的名称及制作特点，才能做到合理的配菜，使配制出来的菜肴符合各地风味的需要，包括企业与消费者的需要。

(三)配菜的基本原则

综上所述，配菜可以使菜肴达到色、香、味、形、营、质的要求。因此，配菜的原则有

以下几个方面。

1.菜肴量的配合

菜肴量的配合就是菜肴主料、辅料配合的比例或数量。进行菜肴量的配合时，应注意主料和辅料的比例是否恰当合理，如菜肴配菜的重量与器皿的关系，主辅料形状是否一致，主辅料数量配合是否协调等。菜肴量的配合大体有三种类型：①配单一料的菜肴（重点突出原料的特点和菜肴的风格，如西湖醋鱼、清蒸加吉鱼和清炒虾仁等）。②配主、辅料的菜肴（突出主料，使辅料起到陪衬、烘托和补充的作用，如葱烧海参、八宝豆腐、仔萝鸭片和龙井虾仁等）。③配主辅料不分的菜肴（重点突出菜肴的色泽和营养，如扣三丝、扒四素等）。

2.菜肴质的配合

菜肴质的配合在这里包括两种含义，其一是指原料的质地，即软、硬、老、嫩、脆、韧等。二是指原料的档次，既高档原料、低档原料等。在配菜中，各种原料在质地上的配合很重要，为了使菜肴主辅料的质地符合烹调的基本要求，突出菜肴的特点，菜肴质的配合大体有四种类型，即软配软（鲜蘑豆腐）、脆配脆（南荠炒虾仁）、韧配韧（蒜薹炒鱿鱼丝）、嫩配嫩（银芽鸡丝）。这是菜肴质地配合的总原则或规律。但是在实际的工作中，配菜不仅仅只考虑原料的质地，还要考虑原料的品质、档次，以及菜肴的色、营养等情况，如“熘地三仙”的原料为茄子、青椒、土豆等，它们虽然质地不同，但配合在一起可以使菜肴色泽鲜艳，营养全面，降低成本。这些情况与质的配合的总原则相驳，但我们可以采用不同的熟处理方法来改变其质地、色泽，使它们在烹调时质地状况趋于一致。

3.菜肴色泽的配合

菜肴色泽的配合，就是把各种有色的烹饪原料进行配合，使其协调、美观大方。因为烹饪原料都具有天然的色泽，通过配合可以衬托主料，突出主料，使整个菜肴具有一定的美感，给人以艺术美的感受。菜肴色泽的配合有两种：一是顺色配。顺色配就是主料与辅料的色泽基本一致。这类菜肴以色泽洁白为主，给人以清新淡雅的感觉，如扒三白、银芽鸡丝、鸡丝冬笋、鸡蒙三白等。二是异色配，又称花色配，就是主料与辅料色泽各异。这类菜肴以辅料衬托主料为主，重点突出主料的特点，使人产生艺术美的感受，如西红柿鱼片、仔萝鸭片和松仁鱼米等。

4.菜肴香和味的配合

菜肴的味是中国烹调的核心，而味与香往往结合在一起发挥作用。因此，香和味的配合就显得更加重要。菜肴的香和味，虽然往往要通过烹调才能明显地反映出来，但是各种原料本身都具有特定的气味，如水产品有鲜味，蔬菜瓜果有清香味，以及牛羊、鸭子有膻臊味等。这些原料本身所具备的香和味，在烹调中能互相渗透、补充影响，对整个菜肴香和味的形成起着重要的作用。菜肴香和味的配合大体有三种：一是突出主料的香和味。突出主料的香和味就是以主料的香和味为主，辅料的香和味为辅来增加或补充主料,使主料的香味更加突出和完善,如虾仁豌豆、芹黄炒鱼丝和金钩掐菜等。二是弥补主料的香和味。有些主料本身的香味较为清淡,可用味浓的辅料加以补充,促使主料增加滋味和香味,如虾籽大乌参、肉末烧豆腐和鸡茸鱼翅等。三是冲淡主料的香和味。有些主料本身的香和味较为浓厚或油腻,应配以清淡的辅料加以调和,促使主料减味,达到香和味适度的要求,如菜心肘子、冬菇扒鸭、豆渣鸭子、土豆炖牛肉和羊肉烧萝卜等。

5.菜肴形的配合

菜肴形的配合就是菜肴主料与辅料形状的配合。形状的配合不仅关系到菜肴的外观,还直接影响到制作和菜肴的质量。菜肴形状的配合大体有两种:一是菜肴主料与辅料的同形配合,如丁配丁(青笋炒肉丁)、片配片(肉片炒黄瓜)、条配条(冬笋鸡条)、丝配丝(脊丝青椒)、块配块(萝卜炖羊肉)、粒配粒(五色鱼米)等。同形配合要求辅料的形状要略小于主料形状,来衬托主料的形状,突出主料的特点。二是菜肴主料与辅料的异形配合,如宫保鸡丁、浇汁鱼、红烧鱼、回锅肉、熘腰花、蜜汁火方和火膧神仙鸭等,均属于异形配合,异形配合要求辅料的形状小于主料,一般要求主料的形状是辅料的 2 倍以上。同时,也可以主料与辅料形状不同,这样才能充分体现或呈现出主料形状和成品的特点。

6.菜肴营养的配合

菜肴中所含营养素的量和成分,是衡量菜肴质量的一个重要指标。因此,在配菜时既要考虑到菜肴的色、香、味、形、质,还必须考虑到各种原料所含有的营养素。通过科学地配合使其有利于人体消化吸收和补充人体营养。配菜必须运用现代营养学的基本原理及平衡膳食的观点,将各种原料进行合理的配合。当然,我们也不能片面地追求营养成分,来忽视人们的饮食习惯和口味爱好,这样烹饪就失去了某种意义。所以,现代烹饪既要讲究营养,又要注重菜肴色、香、味、形、质等因素,才能使菜肴达到完美的境地,如菜心虾球、什锦冬瓜盅、翠鸟鱼丝等菜品。

二、配菜方法

配菜的方法并不是固定的,但它必须以菜肴的属性为依据,科学地组合原料,达到食用最佳的效果和审美的最高境界。所以,配菜方法一般分为配菜的基本方法和花色菜的加工方法两种。

(一)配菜的基本方法

配菜的基本方法又称一般菜肴的配菜方法。在配菜时常用的具体方法有以下几种。

1.单一原料的配菜方法

单一原料的配菜方法就是指由一种原料所组成的菜肴。它必须选用具有特色的、新鲜、鲜活的原料,重点突出原料的优点和风味,如清蒸鳜鱼,应选用鲜活的鳜鱼来进行制作,重点突出一个“鲜”字。有些涨发原料本身缺乏鲜味,单独成菜时必须采用鲜汤煨制的方法或选用有鲜味的原料共烹,上席时除去这些原料,如黄焖鱼翅、红烧大乌参等。

2.主辅料原料的配菜方法

主辅料原料的配菜方法就是指一道菜肴由主辅料构成。一般主料多为动物性原料,而辅料多为植物性原料。配菜时应紧紧抓住主辅料的特点进行搭配,在质和量的方面应以主料为主,起主导作用。辅料对主料的色、香、味、形起到衬托和补充的作用,对主料的营养起调节作用,使菜肴的营养更加丰富多样(互补作用)。

3.多主料原料的配菜方法

多主料原料的配菜方法一般有两种,一是配制菜肴时,菜肴中的原料一般不分主辅,品种在三种以上,而且使用数量大致相等,重点突出原料的各自色彩,如植物四宝、清烩什锦、李鸿章杂烩等。二是配制菜肴时,菜肴中的原料一般不分主辅,品种在三种以上,但在刀技处理上进行调整,使其形状趋于一致(各种花刀块),如爆三花等。

(二)花色菜的加工方法

花色菜又称象形菜、艺术菜。花色菜是指在外形和色泽方面具有艺术美感的菜肴。因此,这种菜除了原料方面的选择之外,在刀技处理和配菜方面特别讲究。另外,还要求有较高的艺术性,使制作出来的成品达到造型美观、整齐划一、色泽悦目、口味鲜美、质感各异、营养合理的要求,如百花鱼肚、赤龙戏牡丹、鱼跃蛙鸣、碧波龙舟等。花色菜的加工方法很多,常用的基本方法有以下几种。

1.叠(粘)

叠,就是将几种不同色彩和不同性质的原料,分别加工成各种形状,然后间隔地叠合在一起,成为具有一定形状和色泽的半成品菜肴。如锅贴鸡、千层白菜等菜品,均是选用叠的加工方法制作而成的。

2.卷

卷,就是利用具有一定韧性的整形原料,把碎散的原料包卷起来,成为圆柱或圆筒形的半成品菜肴。如奶油鸡卷、网油虾塔、糟熘鱼卷、炸响铃和烛光虾卷等菜肴,均是选用卷的加工方法制作而成的。

3.包

包,就是利用具有一定特性的整形原料,把碎散的原料包裹起来,成为不同的几何形状的半成品菜肴。如纸包三鲜、荷叶蒸肉、虎跑素火腿、脆皮玉饺等菜肴,均是选用包的加工方制作而成的。

4.酿

酿,就是把主料剔去骨骼或除去废料,填入碎散原料仍保持主料原有形状的半成品菜肴。如八宝糯米鸭、清汤布袋鸡、酿扒海参、荷包鲫鱼等菜肴,均是选用酿的加工方法制作而成的。

5. 镶

镶，就是将加工成茸胶的原料，镶在其他原料表面，形成各种形状的半成品菜肴。如百花鱼肚、琵琶大虾、八卦鱼肚、百鸟朝凤等菜肴，均是选用镶的加工方法制作而成的。

6. 扎(捆)

扎，就是把加工成形的原料，用其他原料捆扎成一定形状的半成品菜肴。如柴把鸭子、捆扎肘花、玉棍里脊、扎蹄等菜肴，均是选用扎的方法制作而成的。

三、菜肴的命名与原则

随着烹调技术的不断提高和原料的不断增多，必然涉及一个现实问题——命名。命名既要名实相符，又要雅致得体。因此，命名不仅要体现菜肴的内容、风味，而且还要便于消费者了解和选择。同时，还能提供美的艺术享受。

(一)菜肴的命名方法

1. 主辅料配合的命名方法。这种命名方法强调主料和辅料的关系，给人一目了然的感觉，一般主料数量多于辅料，如南肉春笋、玉米豌豆、龙井虾仁等菜肴。

2. 主辅料之间标出烹调方法的命名方法。这种命名方法就是在主辅料之间标出某种烹调方法，使就餐者清楚该菜是用那种烹调方法制作，如芫爆里脊、葱爆羊肉、萝卜丝汆鲫鱼等菜肴。

3. 在主料前冠以烹调方法的命名方法。这种命名方法质朴明了，使人一见菜名就能了解整个菜的全貌和特点，如黄焖鱼翅、清炸里脊、清炖羊肉、红烧鱼等菜肴。

4. 在主料前冠以口味的命名方法。这种命名方法直接反映了菜肴的口味特点，如糖醋里脊、椒盐排骨、鱼香肉丝、怪味鸡、酸辣黄瓜等菜肴。

5. 在主料前冠以主要调味品的命名方法。这种命名方法突出特殊调味品的味道和调味后所产生的滋味，给人以某种品味的启示，如咖喱油鸡、蚝油鲍片、沙茶排骨等菜肴。

6. 以特殊辅料和主料的命名方法。这种命名方法重点突出特殊辅料的作用，给人某种嗜好的引诱，如虾籽大乌参、海米扒白菜、夜来香花炒鸡丝、荷叶粉蒸肉、蟹黄狮子头等菜肴。

7. 以成品的色泽和主料的命名方法。这种命名方法重点突出成品的色泽，给人以醒目的提示，增加视觉快感的效果，如翡翠虾仁、珊瑚鳜鱼、水晶熊掌、双色鱼圆等。

8. 以成品的形状和主料的命名方法。这种命名方法重点突出成品的形状，给人以生动形象、艺术效果和美的享受，如蝴蝶海参、松鼠鳜鱼、葵花鸭子、菊花豆腐、麒麟大包翅等菜肴。

9.以成品的质感和主料的命名方法。这种命名方法重点突出成品的质感,增加触觉快感效果,如大同脆皮鸡、酥鱼、梁溪脆鳝、酥海蜇、脆皮大虾等菜肴。

10.以特技加工的命名方法。这种命名方法重点突出成品加工的难度,使人对成品备感珍惜,如清汤布袋鸡、八宝葫芦鸭、双皮刀鱼、三套鸭等菜肴。

11.以数字的命名方法。这种命名方法重点突出数字概念,使人产生一定的联想,如一品豆腐、二龙戏珠、三色鱼米、四喜丸子、八宝鸭子、九转大肠、什锦火锅、百鸟朝凤等菜肴。

12.以比附联想的命名方法。这种命名方法运用比喻联想,加以沟通,创造新的形象和意境,如鸡茸白玉、金银白玉版、红嘴绿鹦哥等菜肴。

13.以夸张比喻的命名方法。这种命名方法采用极尽夸张之能事,引人食欲、发人神思,如佛跳墙、龙虎斗、清炖狮子头、水磨丝等菜肴。

14.以谐音转借的命名方法。这种命名方法采用巧妙的谐音,又积淀着文化内涵,令人发思古之幽情,如霸王别姬、秋月明霞、文思豆腐等菜肴。

15.以人事典故的命名方法。这种命名方法赋予成品某种神秘色彩,增加人们对某种历史文化和人物的纪念或怀念,如东坡肉、太白鸡块、宋嫂鱼羹、宫保肉丁、李鸿章杂烩等菜肴。

16.以地名的命名方法。这种命名方法重点突出成品的渊源,加强地方特色,激发对成品的仰慕之情,如德州扒鸡、无锡小排、临潼鸡、东江盐焗鸡、镇江肴肉、泸州附骨仔鸡等菜肴。

17.以器皿与主料的命名。这种命名方法是在主料前后标出器皿的一种命名方法,如砂锅鱼头、瓦缶鸡、铁板大虾或老鸭煲、栗子鸡块煲、黄豆猪尾煲等菜肴。

18.以菜肴发出声音的命名方法。这种命名方法是指菜肴上桌时能产生响声,能给就餐者带来喜悦,如平地一声雷、大爆炸、炸响铃等菜肴。

19.以水果来命名的方法。这种命名方法主要是根据选用水果名字来命名,如山楂太极盏、榴莲蛋挞、凤梨刺猬包、拔丝地瓜、杏奶小金猪等菜肴。

(二)菜肴的命名原则

1.力求名副其实

菜肴的名与实相符,便于人们选择,使其见其名知其菜,使菜名充分体现其特色和反映其全貌。如清炖蟹粉狮子头、汤爆双脆、干煸牛肉丝、姜葱焗鲤鱼等菜肴,均能如实反映菜肴全貌。

2.力求雅致得体、朴素大方

菜肴的名称不仅需要雅致得体,而且还需要朴素大方,尽可能杜绝牵强附会,滥用词藻和庸俗下流的名称。如蟹酿橙、松鹤鸭方、葫芦蟹虾、松鼠鳜鱼、蝴蝶海参等菜名,均能达到朴素大方、雅致得体的要求。

四、菜肴创新的要求与方法

餐饮市场的竞争是多方面的，但最为关注、最为重要的竞争内容之一，是菜点质量和品种的竞争，其竞争的实质性问题就是开发新产品。因此，作为餐饮企业就必须围绕着这些变化而变化（消费市场在变化、消费群体在变化、消费热点在变化），来满足不同层次、不同群体的消费者需求，使其创新的菜点更加贴近消费者的需要，更加符合时代特征或现代饮食潮。如20世纪五六十年代广州大同酒家推出的招牌鸡——大同脆皮鸡；90年代杭州张生记推出的老鸭煲。再如2000年推出的新杭州菜“甜橙鱼米”；四川利用番茄酱制作的创新菜“鱼香肉丝”、“宫爆肉花”等菜品，都是在传统菜肴的基础上，以新方法、新口味来制作菜肴，来迎合人们的新观念、新时尚、新要求。这些新菜品无论从外观形状、色彩，还是内在质量（质感、滋味、香气、营养价值和食疗功效等）都已达到菜肴属性的标准，从而成为21世纪的地方名菜。因此，菜肴创新必须根据企业的市场定位、文化、特点，以及消费者的心理需求和消费结构设计菜肴、创新菜肴。

（一）菜肴创新的要求

1. 符合绿色餐饮的要求

传统中餐使用的烹饪原料，有许多属于国家保护野生动、植物，应给予保护和拒绝使用（以不购、不烹、不售为原则），从而达到广大消费者的认可和绿色餐饮的要求。在菜点创新时必须根据原料性状、营养价值、食疗功效等因素来开发利用，充分发挥原料应有的作用，达到物尽其用的目的，如芹菜叶可制作凉菜“芹叶香干”；淡水鱼的鳞片可制作“鱼鳞冻”；油菜茎去皮后可制作“鸡茸菜茎”等菜品，从而达到绿色餐饮的标准，即为顾客提供的产品与服务符合既充分利用资源，又保护生态环境和有益于顾客身体健康的标准或要求。

2. 符合平衡膳食的健康要求

创新菜点的营养搭配是现代餐饮的最高要求，也是中国菜走向世界的关键所在。因此，在创作新菜点时可以参考1997年国家颁布的《中国居民膳食指南》，根据国民健康的饮食要求来设计菜点。在具体的设计过程中，一要重视原料的合理搭配。二要选用科学合理的烹调方法。三要正确地掌握调味品的使用方法，避免加热时间过长而产生危害成分，从而影响人体健康。把握好上述三方面的因素，才能使创新的菜点更有利于消费者身体健康的要求。

3. 符合经济实惠的大众化要求

菜点创新不能局限于形态优美、色泽鲜艳、精美绝伦的宴会菜点，更要立足于经济实惠的大众化菜点，如家常菜、乡土菜、农家菜等。利用大众化菜点的价格、地方风味浓郁的特点和适量面广的特征来吸引广大消费者，来满足不同层次消费者的需求，如新杭州名菜中有椒盐乳鸽、竹叶仔排、稻草鸭、砂锅鱼头王、蒜香蛏鳝、开洋冻豆腐、笋干老鸭煲和钱江肉丝等菜品，均属于经济实惠的大众化菜点，深受广大消费者欢迎。

4. 符合制作简捷、上菜快速的要求

创新菜并不是工艺菜、造型菜、象形菜。所以，必须摆脱某些造型菜、象形菜精雕细刻的设计套路。应立足于制作简捷、滋味鲜美、小巧雅致、地方特色浓郁、大众化原料为主和事先可以预制的菜点，来保证企业正常经营和上菜的速度，尽最大可能满足现代消费者快节奏生活的要求，如浪花天香鱼、家乡烧菊鱼和笋干扣肉塔（提前预制）。

5. 符合消费者饮食爱好的要求和喜新厌旧的特殊要求

菜点创新既要满足菜点属性的要求，又要满足消费者饮食爱好的要求，更要满足消费者喜新厌旧的特殊要求。所以，菜点创新必须考虑到消费者的习惯、爱好和季节变化等因素，设计出符合当地消费者所喜爱的菜点，如绍兴地区霉干菜系列菜点（干菜蒸河虾、干菜焖肉、干菜烤仔排），杭州地区笋类系列菜点（蟹粉炒冬笋、南肉春笋、火蒙鞭笋、糟烩鞭笋），宁波地区雪里蕻咸菜系列菜点（雪菜烩墨鱼蛋、雪菜海鲜卷、雪菜大汤黄鱼和雪菜素包）。随着人民生活水平的逐步提高，消费者对菜点的要求也越来越高，传统菜点已不能满足广大消费者的需要。为了迎合消费者喜新厌旧的特殊需求，就需要不断引进新原料、新工艺、新品种和新口味，并通过创新求异达到新、奇、特的效果，如花卉菜点、茶叶菜点、桑拿菜点和火焰菜点等。

6. 符合消费者经济承受能力的要求

以往设计菜点往往忽视菜点销售价格，忽视了消费者的经济承受能力。为此，历届烹饪大赛，获奖的菜点很多，但社会上流行的不多或被广大消费者真正能接受的不多。这是因为某些菜点的制作工艺过于复杂，无法作为正常经营的菜点。更为重要的是这些菜点普遍价格过高，广大消费者难以承受（多数菜点由两种或两种以上高档原料构成）。因此，菜点设计必须重视消费者的承受能力，充分利用原料的主、辅、调之间的价格合理搭配，来降低菜点成本，使创新菜的价格更能接近消费者的需求或使销售价格控制在最低限度。菜点创新如果忽视了消费者的承受能力，再好的创新菜点也只是一种宣传，失去了菜点创新的真实目的，即为消费者服务，更为企业创造利润服务。

（二）菜肴创新的方法

菜点创新是多渠道的，一次烹饪交流活动，一次参观学习，一次菜肴品尝，一次烹饪杂志阅读都会给创作带来灵感。但是，作为一名专业人员，一要具备高超的操作技能，二要具备扎实的专业理论水平，三要了解一些相关的科学知识（现代营养学、美学、饮食史等知识），才有可能担当起菜肴创新的重任。现餐饮行业菜肴创新方法很多，如描摹自然、模仿出新、更材易质、移花接木、化拙为巧、巧用脚料、借题发挥、出奇制胜、偶然拾得和锐意探究等多种。但较为常用的主要有以下几种。

1. 老菜新做，同中见异

老菜新做，同中见异是在古代菜点和历史资料的基础上，根据现有的原料、调料和工艺来制作菜肴的一种创新方法。如在古代名菜“五侯靖”等的基础上，现开发出清烩什锦、红烧什锦、全家福等杂烩类菜肴；在古代名菜“炙鸭”的基础上，现开发出北京烤鸭、挂炉烤鸭以及利用微波炉和各种烤炉制作的烤鸭菜肴。

2. 触类旁通，举一反三

触类旁通，举一反三是在传统名菜的基础上获得灵感，而进行举一反三的模仿，制作新品种的一种创新方法。如在传统名菜“三丝敲鱼”的基础上，现开发出捶熘鸡片、鱼皮馄饨、石榴鸡等菜肴。

3. 改头换面，推陈出新

改头换面，推陈出新是在传统菜品的基础上对其进行改良，使其获得新的菜肴属性，而制作的一种创新方法。如在传统名菜“松鼠鱼”等的基础上，现开发出银鼠鱼、珊瑚鳜鱼、卷毛金丝鱼和鱼跃蛙鸣等菜肴。

4. 因袭旧制，移花接木

因袭旧制，移花接木是在传统风味菜点的基础上，对其进行原料的改变和技术的改进，而制作的一种创新方法。如在传统菜点“竹筒饭”的基础上，现开发出竹香青鱼、竹筒咖喱油兔、竹筒海三鲜等菜肴。

5. 匠心独运，巧辟新径

匠心独运，巧辟新径是根据制作者的独特见解，运用高超的技艺，开辟一种与众不同的菜点风格的一种创新方法。现已开发出炭火鱼、盐烤蟹、金牌倒立蟹、脆皮冰淇淋等菜肴。

6. 力保名牌，精益求精

力保名牌，精益求精是在地方名菜的基础上，根据当代消费者的心理要求，不断提高完善的一种创新方法。如在地方名菜“西湖醋鱼”等的基础上，现开发出后西湖醋鱼、黄油牛肉串、水煮膏蟹等菜肴。

7. 洋为中用，中西合璧

洋为中用，中西合璧是在借鉴西洋制作方法的基础上，结合传统菜点的特点和饮食习惯，制作菜点的一种创新方法（中菜西做或西菜中做）。如在西洋菜“炸牛排”和西洋烹饪原料等的基础上，现开发出椰茸鱼片、松子鸭方、蒜泥荷兰豆、铁扒鸡等菜肴。

8. 更材易质，改头换面

更材易质，改头换面是采用偷梁换柱、材料变异、调味及工艺移植等手法，来设计制作菜点的一种创新方法。如在传统菜点“贵妃鸡翅”等的基础上，现开发出松花鸡翅、笋穿排骨、鱼香脆皮藕盒等菜肴。

9. 小处着手，以小见大

小处着手，以小见大是借助于各种复合调味品，来改变菜肴滋味的一种创新方法。如在传统菜点“酱蒸排骨”等的基础上，现开发出香辣排骨、XO辣酱排骨、京都炸排、沙爹酱烧猪排等菜肴。

10.菜点交融,相得益彰

菜点交融,相得益彰是选用面点与菜肴部分制作方法的基础上,使菜肴变为点心或使点心变为菜肴的一种创新方法。如在传统名点"烧卖"等的基础上,现开发出蛋烧卖、三鲜芙蓉烧卖、脆皮玉饺、韭黄鱼面等菜点。

第六节　调味技法

调味就是调和滋味。它是根据原料的性质和成品的要求,通过各种调味品的合理配合来影响原料,形成菜肴滋味的一种操作技术。调味是烹调过程中最为重要的环节,从某种角度来讲,人们吃菜的主要目的是品其滋味或味道,而菜肴的滋味或味道的好坏往往取决于调味技术。因此,必须掌握调味技术和有关调味品的各种知识,才能使调制出来的菜肴滋味更加符合人们的口味要求。

一、调味的意义

调味在烹调技术中处于关键地位,是决定菜肴风味、滋味和质量的关键因素之一。调味通常与加热相配合,在烹制的不同时机进行(加热前、中、后),从而制成美味佳肴。调味的意义如下。

(一)除异解腻

烹饪原料有些具有臭、腥、臊、膻等不良气味和油腻感,不同程度地影响着人们的食欲。通过味的相互抵消的作用,可使上述不良气味减弱以致去除,使其符合人们食用的要求,如烹调时所使用的葱、姜、蒜、胡椒、花椒、米醋和料酒等,都具有抑制异味和减轻油腻的作用,有些还可增加香味。通过原料与调味品的相互影响,抑制了臭、腥、膻等不良的气味,从而更加符合人们的食用要求或达到减轻油腻感的最佳效果。

(二)确定菜肴的味道

菜肴的滋味主要是靠调味来确定的,调味是形成菜肴口味多样化的重要手段。有些原料本身含有一定的味道或味的前体物质,经过加热就会呈现出来。但是,这些味道仍远远不能满足人们的口味要求,必须增加滋味或调和滋味,才能形成菜肴的味道,如豆腐、粉丝等原料,必须增加滋味才能变得鲜美可口;鸡、猪肉等动物性原料,都带有本身的鲜味,必须调和滋味才能变得芳香可口。由于调味品的种类不同、使用量的多少不同,从而形成了不同的滋味或味型。

(三)增加菜肴的色泽

菜肴的色泽是菜肴的属性之一。一道色彩和谐的菜肴,不仅能刺激食欲,而且还会影响人的味觉。在烹调中可借助有色调味品和加热过程中调味品与其他物质发生的呈色反应，来增加菜肴的色泽，如调味时加入糖可与动物性原料中的氨基酸，在适当条件下产生美拉德反应，促使菜肴上色。又如牛奶、精盐等可使鱼片、鸡片等动物性原料成熟后色泽洁白；咖喱粉、腐乳汁等调味品，可促使菜肴形成金黄色、玫瑰红色，从而达到菜肴五彩缤纷的目的。

（四）促使菜肴品种的多样化

菜肴品种的数量远远超过原料的种类，这不仅仅是因为使用了不同的烹调方法，而且使用不同的调味品也是促使菜肴品种多样化的一个重要因素，如白煮鸡就可以根据不同的调味品做出“咖喱油鸡”、“怪味鸡块”、“棒棒鸡丝”和“椒麻鸡片”等菜肴，从而形成了各种口味，极大地丰富了中国菜的品种，达到菜肴多样化的目的。

二、味的种类

味是一种复杂的现象，它是客观的物质和主观的感受相结合的一种产物。

（一）味的概念

味有广义和狭义上的两种解释：

（1）广义的味，是指食物从看到至进入口腔后咀嚼时给人的综合感觉。这种感觉受视觉、嗅觉、触觉、味觉的影响，同时，还与人们的饮食习惯、嗜好、健康状况、饥饿程度、心情和环境因素等条件有着密切的关系。

（2）狭义的味，是指人们以舌体感受到的味觉，即某种物质刺激味蕾所引起的感觉。由于人们所感受到的味是一种复杂的现象，所以烹调时不仅要考虑到口中感受到的温度、软硬度、黏性、口感等物理性刺激，同时也要注意到化学性质的因素。

（二）味觉

味觉是指食物进入口腔所引起的感觉，这种感觉在广义上被称为味觉。味觉有心理味觉和生理味觉，生理味觉又分为物理味觉和化学味觉。

（1）心理味觉。心理味觉是指菜肴的色泽、形状、组织结构、就餐环境、就餐气氛等因素对人的味觉心理的一种感受或感觉。

（2）生理味觉。生理味觉是指食品的物理味觉和化学味觉，给予人生理上的一种综合反应。

物理味觉。物理味觉是由于食物的软硬、黏度、冷热、咀嚼感、口感、粗细等因素引起的味觉。物理味觉是衡量成品的重要指标，例如菜肴的酥脆、酥烂、脆嫩、软嫩等程度的不同，都能引起人的物理味觉。

化学味觉。化学味觉是由人的味觉器官和嗅觉器官对化学物质引起的味觉。人的舌头的表面，分布着许多乳头状的组织，在乳头状的组织上分布着味觉细胞，称为味蕾。由于舌头的不同部位对味的敏感性不同，会引起不同的感觉，这种感觉称为味或滋味。化学味觉有四原味（甜、酸、咸、苦）、五原味（甜、酸、咸、苦、鲜）之说，如图4.1所示。

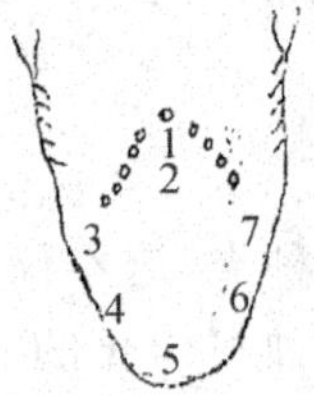

图 4.1　化学味觉

1—苦味；2—鲜味；3，7—酸味；4，6—咸味；5—甜味

注：舌尖对甜味最敏感，舌前部对咸味最敏感，舌两侧对酸味最敏感，舌根对苦味和鲜味最敏感。

三、基本味

基本味，是由一种呈味物质构成的味，称为基本味或单一味。基本味有以下几种：

（一）咸味

咸味是菜肴的主味，有“百味之王”之称。咸味具有提鲜、增甜、去腥解腻的作用。常用的咸味调味品以食盐、酱油为代表。

（二）甜味

甜味在调味中的作用仅次于咸味，不仅可以单独成菜，而且还具有去腥解腻，使辣味变得柔和醇厚的作用。常用的甜味调味品以白砂糖、绵白糖、红糖和蜂蜜等为代表。

（三）酸味

酸味也是调味时常用的一种调味品，不仅具有去腥解腻的作用，而且能促使动物性原料中的骨骼溶出钙，生成可溶性的醋酸钙，增加人体对钙的吸收，还能使酸味调料中的有机酸与料酒中的醇类发生酯化反应，生成具有芳香气味的酯类，增加菜肴的香气。常用的酸味调味品有玫瑰醋、镇江香醋、山西熏醋、上海康乐醋等为代表。

（四）辣味

辣味具有较强的刺激性气味和特殊的香味成分，对其他不良气味，如腥、膻、臭等异味都有较好的抑制作用，并能刺激胃肠蠕动，增强食欲，帮助消化。应用时注意咸味、鲜味的辅助配合，切忌空辣、干辣等现象出现，使用辣味要遵循“辛而不辣”的原则。常用的辣味调味品以干辣椒、辣椒酱、胡椒和芥末等为代表。

（五）鲜味

鲜味是人们比较喜欢的一种味道。鲜味可使无味或味淡的原料增加滋味，还具有刺激食欲、抑制异味的作用。鲜味一般有两个来源,一是富含蛋白质的原料在加热过程中分解成低分子的含氮物质(具有鲜味)。二是加入鲜味调味品。常用的鲜味调味品以味精、鸡精、卤虾油、蚝油和鱼露等为代表。

(六)香味

香味的实质不是一种味,而是一种气体。但是,香气也可作用于口腔而产生味觉。所以,烹饪行业习惯上也将香气称作为香味。香味主要来源于含有呈香味物质的各种香料,如辣味辛香料(姜)、香和味具备的辛香料(豆蔻、肉桂、丁香、小茴香等)、香气为主的辛香料(百里香、洋苏叶、月桂、小豆蔻)。香味可以使菜肴增加香和味,还具有消食除胀、去寒健胃、解温活血等功能。常用的香料以香和味具备的辛香料为代表。

此外,在四川等地也把麻作为一种味,麻味属于辛香料,以花椒为代表,并具有浓厚的香味。各种水果香精也作为香味调味品的一种,广泛运用于食品行业。

(七)苦味

苦味是人们不喜欢的一种味,但在烹调时加入适量的苦味调味品,可促使菜肴形成特殊的风味(陈皮)。同时,苦味还具有去暑解毒、清心火和去除异味的功效。

四、复合味

复合味就是由两种以上基本味调和,而形成的一种新的滋味。复合味的种类很多,常用的复合味主要有以下几种。

(一)咸甜味

咸甜味主要由咸味、甜味和鲜味调和而成,重点突出咸中带甜、鲜香可口的特点。常用的调味品以腐乳汁、黄酱和面酱等为代表。

(二)甜酸味

甜酸味主要由甜味、酸味和少量咸味调和而成,重点突出甜中带酸、咸中逸香的特点。常用调味品以番茄酱、果酱、水果汁等为代表。

(三)鲜咸味

鲜咸味又称咸鲜味,主要有咸味和鲜味调和而成,重点突出咸中带鲜、清淡爽口的特点。常用的调味品以蚝油、鱼露、卤虾油和特色酱油等为代表。

(四)咸辣味

咸辣味主要由辣味、咸味和鲜味调和而成,重点突出辣中带咸、咸而鲜香的特点。常用的调味品以辣酱油、辣酱和郫县豆瓣酱等为代表。

(五)香辣味

香辣味主要由香辣味、咸味和鲜味调和而成,重点突出辣而咸鲜、香而浓郁的特点。

常用的调味品以芥末、咖喱粉、香辣粉等为代表。

(六)酸辣味

酸辣味主要由酸味、辣味、咸味和鲜味调和而成,重点突出酸辣咸鲜、食而不腻的特点。常用米醋、精盐、味精、胡椒粉或辣椒油等调味品调制而成。

(七)香咸味

香咸味主要以香味、咸味、鲜味调和而成,重点突出特殊香味的特点。常用精盐、味精、芝麻等调味品调制而成。

(八)麻辣味

麻辣味主要以麻味、辣味、香味、咸味和鲜味调和而成,重点突出麻辣鲜咸香的特点,并有刺激食欲的作用。常用花椒、郫县豆瓣酱、泡椒、精盐、味精等调味品调制而成。

(九)怪味

怪味主要以咸味、甜味、辣味、麻味、鲜味和香料调和而成,重点突出各味融合后的特点,并有刺激食欲的作用。常用精盐、酱油、味精、白糖、芝麻酱、红油、花椒末等调味品调制而成。

五、复合调味品的制作

在烹调过程中使用单一的或经加工复制的现成的调味品,往往不能满足生产的需要。因此,厨师们根据生产的需要自行加工一些复合调味品,以此来保证菜肴的滋味或菜肴的特色。

(一)椒盐

椒盐味香咸,各地制作方法大致相似。大多数提前制作,并放置在密封的容器内,防止返潮。

1. 配方

花椒 500g,精盐 1.5kg。

2. 制作方法

(1)将花椒的梗和籽去掉,放入锅中用小火炒到焦黄色,取出研成细末。

(2)将精盐放入锅中炒到盐内的水分完全蒸发呈浅黄色。

(3)将研成细末的花椒末与精盐拌和均匀,即为椒盐。

(二)芥末糊

芥末糊味辣而带有苦味,必须经过加工制作,才能调和苦味而突出香辣味。

1. 配方

芥末粉 500g,温开水 375g,米醋 250g,植物油 125g,白糖 15g。

2.制作方法

(1)将芥末装入容器,加入温开水和米醋拌和,再加入植物油和白糖搅拌均匀(稀糊状)。

(2)将容器放置在温度较高的地方焖制,待芥末糊发透能去除苦味。如果急用,可将容器放入蒸锅内蒸制几分钟,同样能达到去除苦味的作用。

(3)加白糖和米醋能抑制苦味,加植物油能增进香味,达到去除苦味和突出香辣味的目的。

(三)香糟卤

香糟卤又称香糟汁,具有浓郁的酒香味。现成的干香糟不能直接作为调味品,必须经过加工制作才能成为复合调味品。

1.配方

香糟 500g,黄酒 2000g,白糖 250g,精盐 150g,糖桂花 5g。

2.制作方法

(1)将香糟用黄酒浸泡回软,将香糟和黄酒搅拌均匀。再加入白糖、精盐和糖桂花搅拌均匀。

(2)将搅拌均匀的香糟卤静置 12 小时,使香糟内的物质充分溶解,再用纱布过滤,即为香糟卤。如果需长期保管,可将香糟卤加热后再用纱布过滤。

(四)咖喱油

咖喱粉味辣而香气不足,而且使用不当会略带药味。因此,一般先要加工成咖喱油,再作为复合调味品使用。

1.配方

咖喱粉 750g,花生油 500g,洋葱末 250g,姜末 250g,蒜泥 25g,香叶 25g,胡椒粉和干辣椒少许。

2.制作方法

(1)油放置锅中烧热,将洋葱、姜末投入,煸炒深黄色。

(2)加入蒜泥和咖喱粉,炒透后加入香叶,即成为香辣可口且无药味的咖喱油。

附:咖喱汁(制作咖喱菜肴)

配方:咖喱油 200g,干红辣椒 100g,生抽 750g,姜 100g,圆葱 75g,蒜瓣 100g,香叶 10g,豆蔻粉 10g,香菜 100g,丁香粉 10g,姜黄粉 50g,椰茸 50g,干葱 50g,柠檬汁 50g,白糖 40g,虾膏 100g,味精 75g,面粉 350g,清汤 500g。

制作方法:将干红辣椒、姜、圆葱、蒜瓣、香菜、椰茸、干葱均改成小型形状,放入锅内加清汤煮制,出香味后过滤,加调味品搅拌,冷却后放入面粉搅拌均匀,即为成品。

(五)复合奇妙酱

卡夫奇妙酱味觉单一,而经过调制成品为淡红色,味道香、甜、酸、辣味共存,能起到调节食欲的作用，都作为佐料使用（煎、炸、烤、腊、熏等烹调方法和冷菜的佐料）。

1. 配方

卡夫奇妙酱一瓶，花生酱一瓶，番茄沙司一瓶，山楂片 50g，黄油 100g，白糖 300g，红椒油 100g，甜酒酿 50g。

2. 制作方法

(1)山楂片用搅汁机搅打成粉末状。

(2)将卡夫奇妙酱、黄油、花生酱、白糖、番茄沙司、红椒油、山楂片粉、甜酒酿一起放入容器内，调和均匀即可。

(六)甜辣酱

甜辣酱主要是用甜味和辣味调味品调和而成，色泽鲜红、香辣、甜酸，具有刺激食欲的作用，都作为佐料使用（煎、炸、烤等烹调方法的菜肴佐料）。

1. 配方

番茄沙司 3 瓶，蚝油 1 瓶，辣椒酱 1 瓶，白糖 300g，色拉油 50g，蒜瓣 30g，花雕酒 25g。

2. 制作方法

将蒜瓣搅打成茸，与上述调料一起放入容器中，搅拌均匀即可。

附：泰式甜辣酱（用处与甜辣酱相同）

配方：泰国鸡酱 20g，辣椒酱 10g，红糖水 10g，柠檬汁 3g，蒜泥、味精等适量。

制作方法：用油煸炒辣椒酱出香味后加入全部调料，炒拌均匀后即为泰式甜辣酱，冷却后即为佐料。

(七)复合雪梨汁

复合雪梨汁是用雪梨、雪梨酒与其他调料调和而成。色泽红润，滋味多样，具有一定的梨香味和刺激食欲的作用（煎、炸、烤等烹调方法的菜肴佐料）。

1. 配方

雪梨 20g，雪梨酒 50g，米醋 15g，红椒末 10g，精盐、白糖、橘油等适量。

2. 制作方法

将雪梨去皮，取净料 20g 改成小碎末，与其他调料全部放入容器中，搅拌均匀即为佐料。

(八)复合鱼露汁

复合鱼露汁是在鱼露的基础上，加入其他调味品，形成以鲜为主，具有多种滋味的一种佐料（白灼菜肴专用）。

1. 配方

生抽 100g，美极鲜酱油 20g，绍兴加饭酒 50g，鱼露 50g，鸡粉 10g，味精 10g，白糖

15g,冷水1500g,西芹100g,香菜150g,大葱段100g。

2.制作方法

将冷水、西芹、香菜和大葱段,放入锅内煮制到汤汁剩余三分之二,过滤后加入全部调味品,调和均匀,冷却后即为佐料。

(九)OK汁

OK汁是选用多种调味品制作而成,具有色泽鲜红、甜酸可口、水果清香的特点,适合于多种烹调方法(焗、爆、炸、浸等方法)。

1.配方

番茄500g,圆葱250g,蒜瓣50g,苹果酱250g,瓶装柠檬汁75g,橙计25g,蚝油100g,番茄沙司100g,高汤1500g,白糖200g,精盐150g,色拉油100g。

2.制作方法

(1)将番茄、圆葱、蒜瓣切成茸状。

(2)炒锅加色拉油,烧热后倒入各种茸状炒制,出香味后加高汤煮制,待汤汁浓稠捞出残留物。

(3)加入上述调料搅拌均匀,冷却后即为成品。

(十)牛柳汁

牛柳汁是在传统牛柳汁的基础上,增加番茄酱和香料制作而成,具有色泽鲜艳、滋味鲜美、香味浓郁的特点,主要用于制作牛柳菜肴。

1.配方

圆葱350g,桂皮10g,大料15g,番茄酱500g,香菜80g,冷水3000g,美极鲜酱油80g,口急汁1瓶,老抽20g,白糖500g,OK汁1瓶,精盐20g,味精10g。

2.制作方法

(1)将圆葱切小块、香菜切小段,放入锅内后再加桂皮、大料和冷水煮制。

(2)待汤汁剩三分之二,过滤后加上述调味品搅拌均匀,冷却后即为成品。

(十一)京都汁

京都汁是选用多种调味品搅拌而成的一种特殊味汁,具有色红、味香、酸甜可口的特点,主要运用于炸、煎、烤的复合调料或佐料,较为有影响的菜肴为京都排骨。

1.配方

浙醋500g,OK汁150g,喼汁200g,番茄沙司300g,白糖500g,忌廉奶1瓶,椰汁200g,鲜汤450g,精盐15g。

2.制作方法

将上述调味品放入锅内加热至烧开,冷却后即为成品。

(十二)椒盐蛇酱

椒盐蛇酱是选用多种调味品搅拌而成的一种特殊酱料,具有上色、调味、起酥的特点,主要运用于炸制菜肴,因炸蛇段使用最为普遍,故称椒盐蛇酱。

1. 配方

紫金辣椒酱 250g,广式腐乳汁 250g,南乳汁 50g,蒜汁 100g,胡椒粉 15g,糯米粉 100g,面粉 100g,精盐 10g,味精 20g,绍兴加饭酒 50g,广东米酒 50g,橙红食用色素少许。

2. 制作方法

将上述调味品搅拌均匀,无颗粒状即为椒盐蛇酱。

六、调味的程序和基本原则

烹调的整个过程,是指加热和调味的两个主要环节。加热可以使原料得以成熟,而调味可以使菜肴获得滋味或形成某一种特定的滋味。俗语说:"五味调和百味鲜",就是这个道理。因此,在调味过程中要注重调味的程序和调味的原则,真正使制作后的菜肴符合消费者的口味要求。

(一)调味的程序

调味程序又称调味方法,是菜肴制作过程中多种多样的调味方式。它是根据原料的性质、形状、质地以及成品的特点灵活调制。所以,必须因地、因时、因人、因料来掌握调味方法。

一般调味方法可分为一次性调味和多次性调味两大类。

1. 一次性调味

一次性调味是指原料由生到熟只经过一次调味而形成的菜肴滋味。一次性调味一般采用加热前、加热中和加热后调味三种方法。

(1)加热前调味。这种调味方法一般都适合在加热过程中不易调味的烹调方法(蒸、熏、烤、炸等),如粉蒸肉、佛跳墙、清蒸鲥鱼、雪花鸡淖等菜肴。调味时,要掌握调味品的性能和调味品与主辅料的比例关系,尽可能达到菜肴滋味的要求或菜肴标准的要求。

(2)加热中调味。这种调味方法一般都适合在加热过程中进行调味的一些烹调方法(干煸、烧、烩、炖等),如干煸牛肉、红烧鱼、清烩什锦、萝卜炖羊肉、钱江肉丝、东坡肉等菜肴。调味时,要注意调味的先后顺序、色泽、渗透效果、调味品和主辅料之间的比重关系。一般在加热中可以进行滋味的调整,以达到菜肴滋味的要求或菜肴标准的要求。

(3)加热后调味。这种调味方法一般都适合于加热后进行定味的烹调方法(拌、炝等),如怪味鸡块、咖喱油鸡、红油鲜贝、海米炝芹菜、虾籽炝冬笋等菜肴。调味时,将所需调味品调和均匀后浇淋在菜肴上或将调味品与主辅料拌和均匀，以达到菜肴滋味的要求或菜肴标准的要求。

2. 多次性调味

多次性调味是指原料由生到熟需要二次以上的调味而形成的菜肴滋味。多次性调味一般采用烹制前、烹制中和烹制后调味三种方法。

(1)烹制前调味。烹制前调味又称基本调味或基础调味，是对原料进行煨口腌制、腌渍或码味等，促使原料吸收调味品，形成一定的滋味。这种调味方法主要用于烹制中不易入味的烹调方法(熘、炒、炸、烹、爆、煎等)，如糟熘鱼片、抓炒虾仁、清炸鸡肫、炸烹肉片、宫保鸡丁、煎焖豆腐盒等菜肴。调味时，口味不易过重，具有一定滋味即可，避免影响菜肴的滋味或菜肴的风格。

(2)烹制中调味。烹制中的调味又称决定性调味或定味调味。它是按照菜肴的口味标准或就餐者的某种特殊要求，通过调味品与原料的相互影响形成的菜肴滋味。这种调味方法主要用于确定口味的烹调方法(炒、熘、爆、烹等)，如龙井虾仁、焦熘肉段、咕咾肉、糖醋里脊、油爆鸡丁、小煎鸡米、清炒鸽松等菜肴。调味时，要确定调味品的数量，确保菜肴的滋味或菜肴的风格。

(3)烹制后调味。烹制后调味又称辅助性调味。它是指为了弥补菜肴的味道不足或促使菜肴形成一定风格的一种调味方法，通过调味品与原料组合形成一种新的滋味。这种调味方法主要用于不易入味的烹调方法或需要改变口味的那些烹调方法(炸、蒸、贴、煎、灼、烧等)，如大同脆皮鸡、清蒸鲈鱼、锅贴鸡、干煎黄鱼、白灼基围虾、锅烧肘子等菜肴。调味时，一般调味品当作佐料与菜肴同时上桌，就餐者可根据口味需求自行沾佐料食用。

(二)调味的基本原则

调味的基本原则是指调味过程中应遵循的规律或要求，调味时要根据这一规律进行操作，避免出现不必要的失误，而影响菜肴的质量。

1. 掌握调味品的性质

“知己知彼，才能百战百胜”。调味也是一样，必须了解各种调味品的性质，才能正确地进行调味，如醋是酸味剂，其酸味来源于醋酸(乙酸)，而醋酸易挥发，不易长时间加热。为此，在调制酸甜味、酸辣味的菜肴时不要过早加入酸性调味品或适当加大酸性调味品的用量，以保证菜肴的滋味。所以，了解调味品的性质是正确调制菜肴滋味的前提条件。

2. 下料必须恰当、适时

不同的菜肴选用不同的调味品来制作，而调味品的用量必须根据成品的要求来确定。同时，在制作过程中根据调味品的性质确定投放顺序，这样才能充分发挥调味品的特性，达到菜肴口味的要求，如红烧鱼。在加入料酒、酱油、精盐、白糖和味精时，要按一定顺序投放。而且，还要严格控制调味品的数量和比例关系，使烧制后的红烧鱼口味达到咸鲜为主、略带回甜的标准。某些地区在加调味品前先用米醋烹制一下，可挥发鱼的腥味。

3. 严格按照标准准确调味，保持风味特色

中国的烹调技术经过长期的发展，已形成了许多地方风味和特色菜肴。在烹调时，必须按照地方风味的标准正确调味，以保持菜肴的风味特点，即烧什么地方菜，就应像那个地方菜，以达到菜肴属性的标准，并保持每一道菜的风味特点或保持地方风味特色。

4. 根据季节变化适当调节菜肴的口味和颜色

人们的口味往往随着季节的变化有所改变，一般夏天喜食清淡爽口的菜肴，冬天则喜欢味浓肥美的菜肴。因此，在调味时夏天多用无色调味品或制作浅色菜肴，冬天则多用有色调味品或制作深色菜肴。通过色泽的变化来调节菜肴滋味或起到调节食欲的作用。

5. 根据原料的性质进行调味

烹饪原料种类繁多，其性质也各不相同，调味时必须根据原料的性质、特点进行调味，才能达到菜肴属性的标准。对于新鲜的原料调味时尽可能保持原料的鲜味和本味，不宜调味过重。而对于不新鲜或有异味和味淡的原料，调味时应都加些抑制异味的调味品和增鲜的原料，如料酒、米醋、葱姜或虾籽、开洋、高汤等，以去除不新鲜的成分或异味成分，并通过增鲜原料来补充原料的鲜味和香味。

6. 根据就餐者口味进行调味

不同地区的人群对味有不同的要求，即使是同一道菜肴也有人喜欢某种味道淡些，而有些人则喜欢某种味道要浓些。因此，调味时必须根据就餐者的口味进行调味，来满足不同地区人群的消费需求。俗语：东辣西酸，南甜北咸，做到投其所好，才能真正满足各地不同人群的口味要求。

七、味觉的基本反应

菜肴的味道是由多种呈味物质组成的，在形成滋味的过程中，各种呈味物质之间会产生不同的影响，这种影响的结果使味觉产生不同的反应。味觉的基本反应主要有以下几种。

（一）对比现象

在味觉中第一种味使得第二种味变得更强或更弱的现象称为味的对比现象，例如，在15％的砂糖溶液中，加入0.017％的食盐后，会感到其甜味比不加食盐的更甜些；宴席最后上汤，口味一定要清淡。这是因为人的口腔内残留有盐溶液的浓度，故清淡的汤感觉更为鲜美。由此可见，对比现象有同时对比效应和续时对比效应两种。

(二)转换现象

先吃到的食品味道使后吃到的食品味道发生变化的现象称为味的转换现象，例如，当吃完冰点食品后再马上喝啤酒，就会感觉啤酒特别苦；尝过浓盐水后再饮凉开水，就会感觉凉开水特别甜。由此可见，转换现象是味道质的变化现象，而不是对第二种味加强和减弱的对比现象。

(三)相乘现象

相乘现象又称协同效果，表示同一类的呈味物质混合后再品尝，就会使味道更加浓郁。这种现象是增强的作用，即：S(A＋B)＞SA＋SB，其中 S 为味之强度，A、B 为两种不同的呈味物质。例如，动物性原料中都含有肌苷酸，烹调时加入适量的味精(谷氨酸)，滋味会更加鲜美。由此可见，两种滋味的混合，味的浓度会得到提高(工业上用 95％的谷氨酸钠和 5％的肌苷酸合成一种新的味精，其鲜味可达普通味精的几倍)。

(四)相抵现象

相抵现象是由于某种味道的存在，而使另一种味道明显地减弱，如烹制的菜肴口味略咸，可多加一点味精，就能缓解咸味。因为味精对酸味和咸味都有缓解作用或相抵作用。由此可见，一种味道能对另一种味道起到缓解作用，从而减弱其味道。

思考题

1. 烹饪行业习惯术语“火候”是指什么？
2. 初步熟处理有哪几种方法？其作用是什么？
3. 简述汤的概念以及制汤的关键。
4. 简述挂糊、上浆的作用。
5. 可以用哪些方法对菜肴进行创新和改良？
6. 什么是调味？通过调味使其达到什么目的？

第五章

热菜烹调与造型工艺

本章内容

- 烹调工艺的分类
- 热菜烹调工艺技法
- 热菜造型工艺

教学要点

1.烹调技法是指将经过初步加工或切配后的原料，再通过加热、调味使之成熟，制成不同风味的菜肴。它是烹饪过程的核心，菜肴的色、香、味、形、质大部分是通过各种烹调技法的运用而体现的。

2.热菜烹调工艺技法按传热的介质分类，可分为液态介质传热法、气态介质传热法、固态介质传热法和特殊混合烹调法四种。

3.菜肴的精致来源于刀功，菜肴的口味取决于烹调，菜肴的美化依赖于装盆。菜肴装盆美化就是通过菜肴的特别盛装过程，或利用其他物料，通过一定的加工，对菜肴色泽、形态等方面进行装饰的一种技法。

烹调技法是指将经过初步加工或切配后的原料，再通过加热、调味使之成熟，制成不同风味的菜肴。烹调技法是烹饪过程的核心，菜肴的色、香、味、形、质大部分是通过各种烹调技法的运用而体现的。热菜造型工艺是烹饪过程的关键，其担负着美化菜肴、增加菜肴附加值的重任。

正确掌握和熟练运用烹调技法，适当运用美学原理对菜肴进行造型，并与器皿和谐搭配，对于菜肴的质量保证、显现特色、促进食欲，都具有极其重要的意义。本章着重讲述热菜的烹调工艺技法与造型工艺技法。

第一节　烹调工艺的分类

烹调工艺的分类也和其他类别一样，有多种分类方法。根据原料加工时传热介质的不同，可分为液态介质传热法、气态介质传热法、固态介质传热法和特殊混合烹调法四种；根据成菜的性质，可分为热菜制作工艺、冷菜制作工艺两种；根据烹调的工艺特点和风味特色可分为炸、炒、熘、爆、烹、炖、焖、煨、烧、扒、煮、汆、烩、煎、贴、塌、蒸、烤、涮等几十种；还有根据烹调工艺操作程序来分，有只调不烹的非热调味工艺、既烹又调的热熟烹调工艺。

综上，我们以传热介质分类方法为主，并结合其他分类方法对烹调工艺技法进行分类，详见表5.1。

表5.1　热菜烹调工艺技法分类一览表

<table>
<tr><th>序　号</th><th colspan="2">按传热介质分类</th><th colspan="2">技　法</th></tr>
<tr><td>1</td><td rowspan="17">液态介质传热烹调法</td><td rowspan="17">水传热法</td><td colspan="2">水焐</td></tr>
<tr><td>2</td><td colspan="2">水浸</td></tr>
<tr><td>3</td><td colspan="2">水汆</td></tr>
<tr><td>4</td><td colspan="2">煮</td></tr>
<tr><td>5</td><td colspan="2">炖</td></tr>
<tr><td>6</td><td colspan="2">煨</td></tr>
<tr><td>7</td><td rowspan="3">烧</td><td>红烧</td></tr>
<tr><td>8</td><td>白烧</td></tr>
<tr><td>9</td><td>干烧</td></tr>
<tr><td>10</td><td colspan="2">焖</td></tr>
<tr><td>11</td><td colspan="2">扒</td></tr>
<tr><td>12</td><td colspan="2">焐</td></tr>
<tr><td>13</td><td colspan="2">烩</td></tr>
<tr><td>14</td><td colspan="2">软熘</td></tr>
<tr><td>15</td><td colspan="2">涮</td></tr>
</table>

续表

序号	按传热介质分类		技法	
16	液态介质传热烹调法	油传热法	油焗	
17			油浸	
18			炸	清炸
19				干炸
20				软炸
21				酥炸
22				香炸
23				包炸
24				脆炸
25				松炸
26				卷炸
27				油淋
28			炒	滑炒
29				爆
30				煸炒
31				软炒
32				生炒
33				熟炒
34			烹	
35			熘	脆熘
36				滑熘
				（软熘—水传热）
37			煎	
38			贴	
38			煸	
40	气态介质传热的烹调技法	热空气传热	烤	明烤
				暗烤
				包裹烤

续表

序号	按传热介质分类		技法	
41	气态介质传热的烹调技法	热空气传热	熏	
42		水蒸气传热	蒸	清蒸
43				粉蒸
44				包蒸
45				上浆蒸
46				隔水蒸
47				带水蒸
48	固态介质传热的烹调技法	金属传热	铁板烧	
49			烙	
50		沙石传热	石烹(沙炒)	
51		盐传热	盐焗(盐炒)	
52	特殊混合烹调技法	油、水传热	蜜汁	
53			拔丝	
54			挂霜	
55			琉璃	

第二节　热菜烹调工艺技法——热熟烹调技法

热菜烹调工艺技法又称热熟烹调技法，是指将原料通过加热、调味成熟的烹调技法。它按传热的介质分类，又可分为液态介质传热法、气态介质传热法、固态介质传热法和特殊混合烹调法四种。

一、液态介质传热烹调法

液态介质传热烹调法是以液态的水或油作为传热介质，从而对原料进行加热使之成熟的工艺技法。液态介质的传热法包括水传热法和油传热法两种。

(一)水传热法

水是一种极性分子，它易与食物中的极性基团形成引力而吸附它们，使食物中的许多基团(如蛋白质、淀粉)分散到水中。另外，水能吸引电解质中的离子，使一些电解质(如盐)溶解于水中，并随水的迁移进入食物内部。同时水的导热性好，一经加热立即发生对流传热作用，迅速形成包括整个容器及所有物料在内的均匀温度场，使原料受热均匀。水的化学性质稳定，又是人体的重要营养物质，所以不会因受热而产生有害人体健康的有毒物质。水是无色无味的液体，又能溶解多种物质，因此食物原料经水处理后，对食品的风味通常不会产生不良的影响，但也要防止某些水溶性营养素的流失，特别是水溶性维生素的流失。水传热是中国烹饪中最重要的一类技法，它使菜肴成品具有软、烂、嫩、醇、厚、湿润等多种风味。

1. 水焐

水焐是将加工切配后的原料，放入冷水或温水中，用小火或中火加热，水温保持在85～95℃，使其缓慢成熟的一种加工技法。

水焐菜肴(不包括发料加工)具有汤宽味鲜、质地细腻的特点。

选料范围：多为极嫩的蓉泥状原料制成的丸、珠形的半成品，如鸡片、虾珠、鱼丸。

烹调程序：原料→入冷水(温水)中→小中火加热→原料成熟→加调味品→出锅装盆。

把原料加工成丸、片、珠等状，逐个放入冷水或温水中，用小、中火加热至汤水升温，保持85～95℃的水温约2分钟，使原料成熟，加入调味品，起锅装盆。

说明：①整个加热是缓慢升温的，水不能沸腾，防止冲散原料。②烹制时是否勾芡可根据成菜要求而定。③此法也可以作为涨发中的辅助程序，如涨发海参，将海参加热至水沸，再离火保持85℃左右的水温进行加热涨发。

2. 水浸

水浸是将原料投入沸水中，使水温保持在90～100℃，让原料缓慢成熟的一种加工技法。

水浸具有肉质细腻、质感嫩滑的特点。

选料范围：刀工成片、块或整形，具有质嫩的动物性原料，如鱼、虾。

烹调程序：原料→入热水中→中火加热→原料成熟→出锅装盆→淋味汁和热油。

选用鱼虾类原料，加工成片、块或整形，投入量大的热水中，中火加热，使原料成熟，出锅装盆，淋入调味汁，撒上葱姜蒜椒丝、胡椒香菜等料，再淋上热油。

说明：①水浸比汆的温度要低，需反复加热保持水温。②水浸比水焐的温度略高，区别在于水浸是热水至沸腾再放原料，保持水温在90～100℃，而水焐则是原料与水一起缓慢加热使原料成熟。

3. 汆

汆是将质地较嫩的小型原料，经过加工切配，上浆或不上浆，再投入量大的沸水和鲜汤中，短时间加热使之成熟的一种加工技法，也称为"汤爆"。

汆具有汤宽量多、滋味清鲜、质地爽口的特点。

选料范围：加工成片、丝、条的动植物原料，如猪肚仁、鸭肫、猪肉丸、牛肉丸。

烹调程序：原料→投入沸水中→大火加热→原料成熟。

①炒锅置旺火上，放入清水或鲜汤烧沸，将上浆或不上浆的原料抖散下锅，放入辅料、调味品，再烧至沸起，撇去浮沫，盛入汤碗成菜。②将制成的半成品丸子投入烧沸的清汤内氽熟，并加辅料、调料等，同时起锅成菜。

说明：①氽比其他的水介质加热的时间都快，往往原料一变色即被捞出，所以原料加工的形状都是小型的。②有些较嫩的原料可以上浆后再氽，以保持其嫩度。③如果氽时使用鲜汤，则实际沸腾时水温会略高于100℃，故称之为“汤爆”或“水爆”。④汤爆（水爆）与油爆相仿，是将主料放入开水快速焯至半熟（或不焯），再投入调好味的沸汤（沸水）中至烫熟，捞出成菜（或需另起锅，烹入兑汁翻拌成菜）的一种加工技法。

4. 煮

煮是将原料或经初步熟处理后，放入量大的汤水中，先用旺火至沸，再用中火或小火使原料成熟、调味成菜的一种加工技法。煮的水温一般控制在100℃，加热时间在30分钟之内。

煮具有汤宽味鲜、汤菜合一、口味醇正、不勾粉芡的特点。

选料范围：刀工成丝、片、条、块以及整形的鱼、猪肉、豆制品、蔬菜等类原料。

烹调程序：原料→入冷水中→大火加热至水沸→中小火加热→原料成熟→调味→入味→起锅装盆。

锅内先放入汤或水，投入原料，用旺火烧沸，移小火或中火继续加热使之断生，调味后，再煮至入味，起锅装盆。有些菜肴加热过程中不加调味，上桌后以调料蘸食。

说明：①煮与烧较类似，但汤汁比烧宽，所以煮菜一般注重汤的质量，但作辅助加热或煮白切肉、白斩鸡时，才有可能使用清水加热。②按汤的色泽，煮又分清煮和白煮，清煮汤清见底，白煮汤汁浓郁。

5. 炖

炖是将经过加工处理的大块或整形原料，放入大量水中，大火加热至水沸后，用小火长时间进行加热，使原料熟软酥糯的一种加工技法。

炖具有汤多味鲜、原汁原味、形态完整、软熟不烂的特点。

选料范围：刀工成条块、整形原料。一般以禽、畜类和食用菌为主。

烹调程序：原料→沸水焯水→入砂锅大火加热至沸→小火长时间加热→原料成熟。

将洗净的原料放入沸水中焯一下，除去血腥浮沫，捞出放入炖锅或陶瓷器皿内，加足热水用旺火烧沸，撇去浮沫，加盖移至小火或微火加热至熟软酥糯，待汤汁浓香时，按菜肴要求调味（或不调味）成菜。

说明：①一般加热的时间为1～3小时，加热工具多用砂、陶器。②为保持原料的香味，有时以桑皮纸封住器皿盖口。③因炖的加热时间长，故绿色植物不宜采用。④为使菜肴汤汁清澈，采用隔水长时间加热（目前一般使用蒸汽），虽采用了蒸的技法，但习惯也叫“清炖”。

6. 煨

煨是将原料经炸、煸、炒、焯水等初步熟处理，放入汤水中，大火加热至沸后，用微火长时间加热至原料成熟的一种加工技法。一般加热的时间在 1～2 小时，比炖法的时间略短。

煨具有形态完整、味醇汁宽、熟软酥香的特点。

选料范围：多用刀工成块、段或整形动物性原料。以禽、畜、鳖龟类原料为主。

烹调程序：原料→入冷水中→大火加热至沸→微火长时间加热→原料成熟。

锅内加入鲜汤，放入原料后用旺火烧沸，撇去浮沫，加入调味品烧沸加盖，用微火加热使之酥软，装盘成菜。

说明：①同一菜肴有多种原料的，除采用初步熟处理、调剂成熟程度外，还可用投料先后的办法，使其成熟程度一致。②在制作鱼类菜肴时，由于质地较嫩，故煨制的时间在 10 分钟左右。③煨与炖一样重菜也重汤，大火加热至沸后，等蛋白质溢出，汤汁浓白后，再改用微火。④煨制菜肴的复合味以咸鲜味、咸甜味、香糟味为主，色泽不宜过深，味感要醇香鲜美，突出主料本身的滋味。

7. 烧

烧是将经切配加工熟处理(炸、煎、煸、煮或焯水)的原料，加适量的汤汁和调味品，先用旺火烧沸，再用中火或小火烧透至浓稠入味成菜的烹调技法。一般加热的时间在 30 分钟以内，原料质地软老的可适当延长时间。按工艺特点和成菜风味，烧可分为红烧、白烧、干烧、酱烧、葱烧等。

(1)红烧

红烧是将原料加入有色调味品，用中小火加热，收汁起稠成菜的一种加工技法。

红烧具有色泽红亮、质地酥软、鲜香味厚的特点。

选料范围：加工成块、条形或整形动植物原料。

烹调程序：原料→放入水中→大火加热至沸→改中小火加热至入味→大火加热收汁成菜。

将切配后的原料，经过焯水或炸、煎、炒、煸、蒸等方法制成半成品，入锅加鲜汤，旺火烧沸，撇去浮沫，再加入有色调味品，改用中火或小火，烧至熟软汁稠，收汁起锅，成菜装盆。

说明：①烧制前可在锅内垫上竹垫或加入葱结、姜块等，以防黏锅。②烧制时可二次调味。第一次在撇去浮沫后进行基础调味，第二次在收汁前进行定味调味。③收汁的时机应控制在菜肴恰好成熟至酥的得令阶段，并采用自然收汁方法，不另勾芡。④如果烧整形原料，应保持菜肴的形态完整。

(2)白烧

白烧是将原料加入无色调味品,用中小火加热,收汁起稠成菜的一种加工技法。

白烧具有色白素雅、清爽味鲜、醇厚清淡、爽口不腻的特点。

选料范围:新鲜无异味,质地细嫩,加工成块、条形或整形的动植物原料。

烹调程序:原料→放入水中→大火加热至沸→改中小火加热至入味→大火加热收汁成菜。

将切配后的原料,经过焯水或炸、煎、炒、煸、蒸等方法制成半成品,入锅加鲜汤,旺火加热至沸,撇去浮沫,再加入无色调味品,改用中火或小火加热至熟软汁稠,收汁起锅,成菜装盆。

说明:①白烧汤汁较红烧的宽薄。②动物性原料烹制时一般汤汁浓白,有时在烹制植物性原料时加入虾干、鱼干也会使汤汁浓白。

(3)干烧

干烧是将原料加入豆板辣酱等调味品,先用旺火加热至沸,再用中小火使之浓稠入味,自然收汁成菜的一种加工技法。

干烧的汤汁基本收干(或尚留有少许),其汤汁(包括滋味)已渗入原料内部或黏附在原料表面。

干烧具有色泽红亮、香辣醇厚的特点。

选料范围:牛、鹿、蹄筋、鱼虾、鸡,部分茎、荚豆、茄瓜类蔬菜等原料。

烹调程序:原料经油炸→入锅→放入炒香的豆瓣辣酱及调味品→旺火烧沸→中小火烧透至浓稠入味→收汁装盆。

豆瓣辣酱炒香出味,放入经油炸或滑油的以条、块和自然形态为主的鱼、虾、鸡、蔬菜等原料,再加入黄酒、酱油等调味品,先用旺火加热至沸,再用中小火加热至浓稠入味,自然收汁成菜。

说明:①面酱应以中火温油炒香后,用汤汁搅散再放入原料烧制,豆瓣辣酱亦应以中火温油炒香至油呈红色后,掺入汤汁烧沸出味,去除豆瓣渣,再放入原料烧制。②原料经油炸或滑油的方法处理,使其固定形状不易烧烂,既增加菜肴的香味,又能缩短烹调时间。③对易碎的原料可用勺舀汁淋在原料面上,使其入味,如遇全鱼则待汤汁收干,先把全鱼装盘,再把少量油汁淋于鱼上。④干烧不能让菜肴呈现汤汁,而是让油汁呈略带水分的状态。

8.焖

焖是将初步熟处理的原料,投入汤汁用旺火加热至沸,投入调味品加盖用小中火长时间加热,使之成熟并收汁至浓稠成菜的一种加工技法。

焖具有形态完整、汁浓味醇、熟软醇鲜或软嫩鲜香的特点。

选料范围:选料多用质地老韧,加工成大块的动植物原料。如鸡、鸭、鹅、兔、猪肉、鱼、蘑菇、鲜笋、蔬菜等。

烹调程序:原料→加入汤汁→大火加热至沸→加调味品→改中小火长时间加热→成熟入味→大火加热收汁成菜。

将经炸、煸、煎、炒、焯水等熟处理的原料投入鲜汤中,旺火加热沸,撇去浮沫,加入调味品至沸,基本定味后,盖严锅盖,移至小火至软熟。根据原料含胶质的轻重、菜肴软嫩质感等具体情况,决定收汁是浓是淡、是否勾芡。

说明:①根据色泽和调味的区别,又有黄焖、红焖、油焖三种。②多用砂锅,并且加盖,含有"闷"的意味。

9. 扒

扒是将初步熟处理的原料,经切配后整齐地叠码成形,放入锅内,加入汤汁和调味品,使之入味,勾芡后大翻勺,保持原形装盘的一种加工技法。扒比烧的时间略长。

扒具有外形美观、汁少味浓、酥软香醇的特点。

选料范围:选用无骨、扁薄、整型的干制品动植物原料。如驼掌、鱼翅、海参、鲍鱼、鱼肚、猴头等。

烹调程序:将原料叠放整齐→入锅后加汤汁调味品→中小火加热至入味→勾芡翻锅→原形装盆。

烹调前按菜肴的成形要求,将加工切配的原料,采取叠、排、摆等手法,分别码在盘内(或碗内、竹垫)成形,再将姜葱等调料炝锅制汤,至沸出味,拣去姜葱,加入调味品,将原料从盆内滑入(或连竹垫放入),中小火加热原料入味熟透,酌情勾芡收汁,边收汁边转动菜肴成菜时大翻勺装盘。用竹垫扒制的菜肴,可直接取出翻扣在盘内,锅内收浓汤汁,再浇淋在菜肴上。

说明:①扒的方法有多样,根据色泽,分为红扒、白扒,从形态上又分为整扒、散扒;按烹调器皿可分为蒸扒(用碗摆好原料上笼蒸制)、烧扒(用盘摆好原料滑入锅内)、排扒(用竹制锅垫摆好原料入锅扒制);按调味的不同特色,又可分为鸡油扒、奶油扒、葱油扒、香油扒等。②蒸扒的菜肴,在蒸制入味成熟后,另起炝锅后将碗内原汁滗入收浓,碗内菜肴翻扣在盘内,浇淋收浓的原汁成菜。

10. 焅

焅是将经过加工成形不上浆不挂糊的原料,经热处理后加入调料和汤汁,先用旺火加热至沸,再用中火或小火加热至浓稠入味成菜的一种加工技法。

焅具有质地酥嫩、汤少汁浓、色红味醇的特点。

选料范围:加工成小块的动植物原料。

烹调程序:原料经炸或煎→加调味品和汤汁→中火加热至沸→改小火入味→收汁起锅。

先将原料炸或煎等热处理后,放入锅内(或原煎锅内),加调味品和汤汁,用中火加热至沸，马上改小火入味，待汤汁减少时收汁起锅。

说明：①在焙制时，多用小火，防止焦煳。②运用此法需要收干卤汁，所以加工前要先炸或煎，减少原料中的水分，使卤汁能渗入原料中或黏附在原料之上。

11. 烩

烩是将多种易熟或初步熟处理的小型原料，放入锅内，加入鲜汤和调味品，用中火加热至沸，勾入宽芡的一种加工技法。

烩具有用料多种、汁宽芡厚、菜汤合一、滑腻爽口的特点。

选料范围：多用加工成片、丝、丁、粒、蓉（茸）的小件原料，如鸡肉、鱼肉、虾仁、鲍鱼、鱼肚、海参、虾潺、乌鱼蛋、冬笋、蘑菇、火腿、木耳、蚕豆、番茄等。

烹调程序：锅内加汤加热至沸→投入预熟处理的原料→中火短时间加热→调味→勾入宽芡→起锅装入深盆。

选用鲜香细嫩、易熟无异味的原料，经焯水初步熟处理晾凉，切配成相宜的丝、片、条、丁等规格（或先切配成形，经上浆滑油），炒锅洗净置于中火，油下锅烧至三成热，放姜、葱炒出香味，倒入鲜汤烧沸出味，撇去姜葱和泡沫，投入原料，调味品短时间加热入味，用水淀粉勾芡成菜起锅。

说明：①对有些本身无鲜味（或有异味）的原料，如水发海参、鱿鱼等，可先用鲜汤煨制一下。②有些不宜过分加热的原料，如番茄、蚕豆、菜心等，可在烩制的后期或起锅前加入。③预熟处理的原料，要控制在8～9分的成熟度为宜。④芡汁的稀薄浓稠度，以食用时清爽不糊、不掩盖色彩为宜。

12. 软熘

软熘又称蒸熘、煮熘，是将质地柔软细嫩或加工成半成品（有固态状和流体状）的主料，先经蒸气加热至熟（或沸水加热至熟），再淋上芡汁成菜的一种加工技法。

软熘具有鲜嫩滑软、汁多味美的特点。

选料范围：质地软嫩的鱼、虾、鸡脯肉、里脊肉等原料。

烹调程序：原料经煮（蒸）加工成熟→装盘→淋入调好的芡汁成菜。

说明：①软熘用水加热成熟，炸熘用油加热成熟，但后期方法相同。②熘制的卤汁比炸熘稍宽、稍薄。

13. 涮

涮是用火锅将汤汁烧沸，食者自行夹住成形的原料放入汤汁内烫至成熟后直接（或蘸调味料）食用的一种加工技法。

涮是用火锅将调制好味的卤汁，或特制的清汤、奶汤、鲜汤烧沸，将切成薄片的各种主辅料放入卤汁内，或清汤、奶汤、鲜汤内烫至刚熟，随即蘸调味品食用或直接食用的一种加工技法。

涮具有原料丰富、鲜嫩醇香、口味自选的特点。

选料范围：加工成小型的片、条、段、丸、花和小型的畜肉、禽蛋、水产、蔬菜、豆制品类原料。

烹调程序：切配原料→分类装盆→与调制好的汤汁一起上桌→食者自行夹烫→蘸调料（或直接）食用。

说明：①不选用新鲜度差、有异味、质老筋多的原料。一些需用水浸漂的原料，如鸡鸭肠、血、脑花、豆腐、海参、鲸鱼等，要不时更换清水，防止变味变质。②涮制过程中可放入大白菜、细粉丝、酸菜等辅料；涮制完毕后（除红汤以外）还可以放入面条或水饺食用。

（1）卤汁火锅

首先要调制好火锅卤汁，然后再配各种主辅料，边烫边食。

卤汁火锅具有原料多种、麻辣味厚、汤鲜味浓、质感多样的特点。

（2）涮羊肉火锅

先用火锅将鲜汤烧沸，把切成薄片的主料放入沸汤烫至断生刚熟，随即蘸上调味品食用的方法。

涮羊肉火锅具有料精肉薄、调料多样、鲜嫩醇香的特点。

（3）奶汤火锅

首先制好清汤或奶汤、鱼汤，调制好汤味后再将各生片、时令蔬菜等放入边烫边食。

奶汤火锅具有原料精细、质嫩清香、汤鲜醇厚的特点。

（4）原汤火锅

将切配后的主辅原料，在配盘中整齐而有艺术性地摆出图案，如“梅兰竹菊”、“诗琴书画”，随后上桌，食者边欣赏边夹着原料在沸汤中烫熟，蘸调料食用。这种火锅又称“四生火锅”、“八生火锅”。另“什锦火锅”、“什锦砂锅”是将原料切成薄片，直接有顺序地排入火锅或砂锅后，放入相宜的调味品，掺入鲜汤烧沸出味。此类不属于涮。

原汤火锅具有原料多样、汤宽菜热、原汁原味、鲜香醇厚的特点。

（二）油传热法

油传热法采用的食用油脂有豆油、菜油、棉子油、花生油、芝麻油、猪油、羊油、牛油、鸡油、奶油、葵花油、茶油、椰子油、棕榈油、橄榄油等。食用油脂根据种类和纯度不同，燃点也不同，芝麻油的燃点在220℃左右，豆油的燃点在330℃左右。我们行业习惯以300℃为燃点，每成油温为30℃，通常讲的五成油温为150℃，低油温为二至三成，高油温为七至八成。所以我们要利用油的高温特性，适度地调节和控制油温，使食物最终达到脆、酥、焦、嫩、滑等口感。但是高温也易对食物营养造成破坏，因此若用油作传热介质，原料一般需要经过挂糊、上浆、拍粉等预处理。

为了减少原料中的水分和营养的流失，如何调节油温显得至关重要，一般可以通过火力与投料的数量来控制油温。如果炉火旺，下料时，油温应略低些；如果炉火低，下料时，油温应略高些；如果原料数量少，油温可略偏低；如果原料数量多，油温可略高些。

1. 油焐

油焐是将原料投入大油量的冷油锅中，用中小火缓缓加热，油温一般控制在二至三成。

油焐是由冷油到温油的加热过程，多作为干制原料用油涨发的一种辅助手段。

油焐具有成形完整、细腻油润的特点。

选料范围：加工成块、条、粒的植物原料和动物原料中的干制类。

烹调程序：原料→入冷油中→中小火加热→原料成熟→起锅。

将原料投入多油量的冷油锅中，缓慢加热到油温100℃左右，待原料成熟后起锅。

说明：油焐的加热过程中要尽量控制温度。

2. 油浸

油浸是将原料投入到100℃左右的油锅中，保持油温，使投入的原料缓慢成熟的一种加工技法。与油焐的区别在于，焐是将原料投入冷油中加热。

油浸具有色泽自然、软嫩香滑的特点。

选料范围：小型原料或整形鱼类，质地较嫩的动物性原料。

烹调程序：原料→投入已升温的油中→原料成熟→起锅。

将原料投入到100℃左右的油锅中，保持油温，小幅降温升温直到原料成熟，起锅后调味食用。

说明：①油浸时用油要多于原料，一般为4∶1，使原料浸没于油中。②有时为保持原料的嫩度，在加工前尽可能不调味，以防水分流失，使肉质变老。

3. 炸

炸是将经过加工处理的原料，放入大油量的中高油锅中加热至成熟的一种加工技法。

炸应用的范围很广，是一种既能单独成菜，又能配合其他烹调的技法。一般炸的菜肴由于油温较高，所以有些原料要挂糊、拍粉，防止水分过多地流失，为此炸法又分为清炸、软炸、脆炸等。

炸以旺火、中高油温、大油量、无汁为主要特点。

选料范围：加工成片、条、块和整形的动植物原料。

烹调程序：原料→投入中温油中加热→根据需要二次入油锅→使原料达到应有目的和要求。

将原料投入多油量的油锅中，经两次加热使原料成熟的加工技法。一般两次炸法的油温有两种，一种是中温（120～150℃）将原料加热成熟；另一种是高温（180～240℃）将原料加热至脆。

说明：①要形成外脆里嫩的口感，初次加热的温度不宜太高，否则外部脱水速度大于内部成熟的速度,会形成外焦里生的现象。②为了饮食安全和营养的需要,尽量避免在240℃以上的油温加热。③一般对于质地较嫩的原料,加热时间稍短,使其外脆里嫩;对于质地较老的原料,加热时间稍长,使其里外酥脆。

(1)清炸

清炸是将原料加工处理后,用调味品码味腌渍,不经挂糊上浆,只直接用旺火热油加热使之成熟的一种加工技法。有时也在原料上涂抹饴糖等调味料,使原料上色增脆。

清炸具有口感清爽,外香脆、里鲜嫩的特点。

选料范围:新鲜易熟质地嫩的原料,或是蒸煮酥烂的原料。

烹调程序:原料腌渍→用中油温加热→成熟后起锅→待油温升到七成→复炸至香脆→捞出装盘。

原料用精盐、黄酒、姜、葱等调味腌渍,根据原料的大小确定油温高低,一般控制在六成油温,投入原料加热至成熟后起锅,待油温升到七成以上,复入油锅使其至香脆,捞出装盘。

说明:①清炸原料宜选用黄酒、食盐腌渍为主,慎用酱油,为防止原料经油炸上色变黑。②整形原料因形体较大,不易熟透,应选用间隔下锅使之成熟,达到菜肴呈外香脆内鲜嫩的质感。③清炸成菜后是整形原料的要迅速改刀装盘,及时上桌,保证菜肴质感的食用效果。

(2)干炸

干炸是将原料加工处理后,用调味品码味腌渍,再拍粉或挂糊,投入热油用旺火加热使之成熟的一种加工技法。

干炸具有色泽浅黄、咸鲜干香的特点。

选料范围:加工成形的、质地较嫩的小型原料。

烹调程序:原料腌渍后拍粉或挂糊→用中油温加热→成熟后起锅→待油温升到七成→复入油锅使之香脆→捞出装盘。

说明:干炸油锅要勤过滤,去尽粉渣等物,防止粉渣焦煳,影响菜肴质量。

(3)软炸

软炸是先将原料码味腌渍后,挂上蛋糊,再用旺火热油炸制,最后复入油锅使之香脆成菜的一种加工技法。

软炸具有色泽浅黄、外香脆、里软嫩、色泽金黄的特点。

选料范围:加工成片、块、条的动植物原料。

烹调程序:原料腌渍→挂蛋糊→用中油温大油量加热使之成熟后捞出→待油升温后再次入锅→起锅装盘。

小型无骨原料经腌渍后,再均匀地挂上蛋糊,逐个放入四至五成油锅中,避免相互黏连,待原料定形成熟后捞出,当油温上升至七成时再次投入油锅,使之成金黄色后,装盘。

说明：可配椒盐味碟，随菜上桌。

(4)酥炸

酥炸是将鲜嫩原料挂上酥粉糊，或将原料码味蒸至软熟或烧煮入味至软熟，放入热油锅内加热使之成熟的一种加工技法。

酥炸具有色泽金黄、表层酥松、内部酥嫩的特点。

选料范围：加工成片、块、条和整形的动植物原料。

烹调程序：将生料挂糊(熟料不挂糊)→放入中温油锅加热→定型成熟→待油升温后再次入锅→起锅装盘。

①将生料挂糊，放入中温油锅内炸至外表定型，内部成熟，待油温上升到七成时再行复炸至表皮酥脆，起锅装盘。

②原料腌渍，蒸至酥烂，不挂糊，放入中温油锅内，逐渐升高油温，炸至表皮酥脆，起锅装盘。

说明：①一般酥炸的为整形动物原料，在腌渍时可加花椒等增加香味。②可配椒盐味碟，随菜上桌。

(5)香炸

香炸是将加工成片、条、球等形状的原料，用调味品腌渍，蘸干面粉，拖蛋液，再蘸上面包糠(核桃仁、芝麻等)后，用旺火热油加热使之成熟的一种加工技法。

香炸具有外脆里嫩、色泽金黄、松香可口的特点。

选料范围：加工成片、块、条的动植物原料。

烹调程序：原料腌渍后→拍干面粉→裹上蛋液→蘸上面包渣→下中油温初次加热→待油升温后再次入锅→起锅装盘。

原料腌渍后，拍干面粉，然后裹上蛋液，再均匀地蘸上面包渣(或核桃仁、芝麻、松子等)，用手压实，下四成油温炸至成熟起锅，待油温上升到七成时再行复炸，起锅装盘。

说明：①如果是植物、水果原料，则要加快速度，以防内部酥软。②为了提高速度，可将蛋液加面粉，增加蛋液稠度，原料直接涂蛋液后，蘸上面包渣。③可用吉士粉替代面粉，增加香味。

(6)包炸

包炸是将加工成碎小的原料用调味品腌渍后，用其他原料包裹成形，再用中油温加热使之成熟的一种加工技法。

包炸具有外形整齐、原汁原味、鲜嫩细腻的特点。

选料范围：加工成碎小的丝、粒、丁、末、泥等动植物原料。

烹调程序：原料腌渍(或上浆)→用纸等包裹→四成油温下锅→成熟装盆。

将加工成碎小的原料用调味品腌渍(或上浆)后，用江米纸或玻璃纸等包裹成形，投入中油温至成熟，起锅装盆。

说明:①用玻璃纸包裹原料时,应纸上抹油,以免主料与纸相连,影响食用。②用玻璃纸包裹原料时,要留下一个开包的小角,方便食用时打开。③包裹时要求每块分量一致,大小均匀。④炸制时,油温不宜过高,否则包裹材料容易爆裂。

(7)卷炸

卷炸是将加工成碎小的原料经调味腌渍后,用猪网油等原料卷成各种形状,外表挂糊(或不挂糊),然后用旺火热油加热使之成熟的一种加工技法。

卷炸具有外皮焦脆、里边细嫩、口味咸鲜、色泽金黄的特点。

选料范围:加工成碎小的丝、粒、丁、末、泥等动植物原料。

烹调程序:主料腌渍或上浆→用其他原料包裹→挂糊(或直接)→入五成油温加热→成熟装盆。

①主料腌渍,或上浆或成熟,用猪网油、威化纸、蛋皮等原料包裹后,拍粉挂糊,入大油量五成油温中,成熟后捞出,待油升温后再次入锅,起锅装盘(大块的需改刀装盘)。

②主料腌渍,或上浆或成熟,用豆腐皮、春饼等原料包裹后,直接入五成油温使之至成熟,最后升高油温至表皮酥脆色泽金黄,起锅装盘。

说明:一般用猪网油包大卷,卷成后,需用刀尖在表皮上扎几个小眼,以便于排出气体,防止炸裂,起锅后改刀装盘。

(8)脆炸

脆炸是将原料挂上脆皮糊,投入中火热油中加热使之成熟的一种加工技法。

脆炸具有色泽中黄、外脆里嫩的特点。

选料范围:加工成块、条、丸等无骨的动植物原料。

烹调程序:原料→挂糊→中火热油加热→成熟装盆。

原料加工成块、条、丸等状,挂上用面粉、淀粉、植物油、发酵粉、清水调制的脆皮糊,投入中火、热油锅内,加热成熟至中黄色,出锅装盆。

说明:脆皮糊多搅容易起筋,不宜挂糊;少搅,会影响炸制品的丰满度。

(9)松炸

松炸是将选的原料调味,并挂上蛋泡糊,用小中火温油加热至表面浅黄色成菜的一种加工技法。

松炸具有色泽浅黄、膨松绵软的特点。

选料范围:加工成片、条、块等小型的动植物原料。

烹调程序:小型原料→调味→挂蛋泡糊→小中火温油加热→呈浅黄色起锅→装盆。

选用软嫩无骨的原料,加工成片、条,或块状,经调味,拍少量的粉,挂上蛋泡糊,用小中火温油加热至原料成熟,表面呈浅黄色起锅,装盆成菜。

说明:①蛋清打起泡后,要加淀粉成糊,淀粉多了影响口感,少了使蛋泡缺少支撑,原料难以挂上,成菜后亦难以定型。②松炸与其他炸法的不同之处是,温油加热,成品不脆。

(10)油淋

油淋是将原料用调味品腌渍后(有些不腌渍),先行成熟,而后置于漏勺上用手勺反复淋入热油,使之脆亮,装盆后再淋上味汁的一种加工技法。

油淋具有色泽红亮、外皮脆香、内部鲜嫩的特点。

选料范围:多为整形的鸡、鸽等禽类原料。

烹调程序:原料加工成熟→反复淋上热油(或入中温油锅加热)→使表皮脆亮→改刀装盆→淋上味汁。

将鲜活质嫩的原料,先用调味品腌渍后(有些不腌渍,有些涂糖浆),先行成熟,再置于漏勺上用手勺反复淋入热油(或入中温油锅加热),使之表皮脆亮,起锅后沥尽油,改刀装盆,再淋上味汁。

说明:①原料在加工时,要保持原料表皮的完整。②原料表皮涂抹糖稀或酱油时,要求均匀。③味汁一般由葱末、姜末、酱油、白糖、醋、麻油、味精、鲜汤调制。

4. 炒

炒是将小型原料,用少油量,以旺火快速翻拌成熟的一种加工技法。根据工艺特点和成菜风味,炒又分为滑炒、软炒、生炒、熟炒、爆炒和煸炒等。

炒具有清爽滑嫩、少汁干香的特点。

选料范围:加工成丁、丝、片、条、粒等小型的动植物原料。

烹调程序:原料→加工成小型料→快速加热→原料成熟。

说明:植物性原料在炒制时一般上浆、不勾芡;动物性原料在滑炒、爆等加工时要上浆,勾芡。

(1)滑炒

滑炒是将刀功处理后的原料,码味上浆,投入中油量中温油中,中火加热至熟,再与配料翻拌并勾芡的一种加工技法。

滑炒具有柔软滑嫩、芡汁紧包的特点。

选料范围:选用加工成丁、丝、片、条、粒和花形的动物性生原料。

烹调程序:原料上浆→滑油→加配料、调料、芡汁翻炒→出锅装盘。

原料切配后用盐、蛋清、芡粉上浆(也有不上浆),投入中、小油量的温油锅中滑散沥油,另炝锅后放入配料、调料,再放芡汁与原料一起快速翻炒,出锅装盘。

说明:也有使用水来替代油加热的,因为滑炒时的油温与沸水的水温非常接近,故效果相仿,且滑嫩不腻,称之“水滑”。

(2)爆

爆是将原料处理后,投入大油量高油温的锅中快速短时间加热成熟,并用兑汁芡调味勾芡的一种加工技法。根据使用的佐料不同,爆又分为油爆(蒜爆)、葱爆、酱爆、芫爆。此以蒜爆为例。

爆具有脆嫩滋润、汁紧油亮的特点。

选料范围:选用质地嫩、成熟快的动物性原料。

烹调程序:原料剞花刀→高温快速加热→另锅烹兑汁翻拌→出锅装盘。

将原料剞上花刀(也有少数不剞的),码味上浆(或不上浆),调好加入蒜泥、盐、酒、味精芡粉的兑汁芡,要掌握好汁水与湿淀粉的比例,原料入中量高温的油锅中快速加热,起锅沥尽余油,再投入留有底油的锅内,倒入兑汁芡,快速翻拌起锅装盆。

说明:①不上浆的原料,在入油锅前先入沸水锅中至使其花纹定型,捞出再油爆成菜。②上浆时湿淀粉宜干宜少,码匀拌匀。③在加热后起锅要沥尽余油,使原料均匀裹上芡汁,最后不淋明油或少淋明油。④成菜达到稠而不干,芡汁紧包,油亮滋润,食毕盘内无余汁为佳。

(3)煸炒

煸又称干煸、干炒,是指将原料,用旺火热油快速翻拨加热,使之干香滋润成菜的一种加工技法。

煸炒具有干香滋润、酥软脆嫩、亮油无汁的特点。

选料范围:加工成丝、条、丁的动植物性原料。

烹调程序:选料→切配→滑油→中油干煸→放入辅料→起锅装盆。

选用细嫩无筋的瘦肉或新鲜脆嫩根茎类蔬菜,切成粗细均匀的丝、条、丁状,炒锅滑油后,投入原料,用中火热油(120～150℃)翻炒至干香,滗出余油,放入调辅料继续颠拌均匀入味,起锅装盆。

说明:①煸具有不码味、不上浆挂糊、不勾芡的特点。②煸与爆炒和滑炒的区别在于用油量的多少,煸使用的油量最少,但油温最高。③干煸与生炒相似,生料不上浆,但干煸的时间比生炒时间长。

(4)软炒

软炒是指将经加工成流体、泥状、颗粒的半成品原料,先与调味品、鸡蛋、淀粉调成泥状或半流体,再用中小火热油匀速翻炒,使之凝结成菜的一种加工技法。

软炒具有细嫩软滑、酥香油润的特点。

选料范围:主料有鸡蛋、牛奶、鱼、虾、鸡肉、豆腐、豆类、薯类等原料;辅料有火腿、菜心、蘑菇等原料。

烹调程序:原料加工→组合调制→滑锅下料→和炒成菜→装盆。

把原料剔净筋络,捶砸成细泥(豆薯类预熟后,制成细泥茸),加入鸡蛋、淀粉和水搅拌,炒锅滑锅后,下多量油加热至三至五成,缓慢放入调好的原料,用手勺匀速地来回推动,使其凝结,起锅沥油,另炝锅放入辅料、调料、芡汁和凝结成片状的主料,和匀后出锅装盘。

说明:根据成菜是半凝固或软固体的要求,视主料的吸水性、淀粉的糊化性能,掌握蛋清、牛奶、鲜汤的比例。

(5)生炒

生炒是指将切配后的小型原料，不经上浆、挂糊，直接下锅，用旺火热油快速炒制成菜的一种加工技法。

生炒具有鲜香嫩脆、汁薄入味的特点。

选料范围：加工成丝、丁、片、条状的根茎等蔬菜类和肉类原料。

烹调程序：原料加工→切配码味→滑锅下料→生炒(加入辅料)→调味勾芡→淋上明油→成菜装盆。

生料直接下锅用旺火热油加热，加调味料，翻炒均匀，至断生或刚熟，勾芡或不勾芡均及时出锅装盆。

说明：①如荤蔬合炒，则将荤料先行炒熟起锅，再炒蔬料近成熟时放入荤料一起合炒成菜。②根茎等类蔬菜如需要保证成菜后有嫩脆的口感，烹制前须码适量的精盐，码味的时间不宜过长，不使清香鲜味受到损失，以不渗透出过多的水分为宜。③勾芡要薄，以能蘸味为度。④生炒烹制，一般在烹调过程中迅速使原料受热一致，以利于保持鲜嫩。

(6)熟炒

熟炒是指将煮熟后切配的小型原料，不经上浆、挂糊，直接下锅，用旺火热油快速颠拌，加调配料成菜的一种加工技法。

熟炒具有酥香滋润、见油不见汁的特点。

选料范围：主料选用加工成丝、片状的香肠、腌肉、酱肉、料肉等原料，辅料宜用青蒜、大葱、柿子椒、蒜薹、鲜笋等香辛味浓郁、质地脆嫩的原料。

烹调程序：选料→熟处理→切配→滑锅下料→颠翻烹制→调味起锅→装盆成菜。

热锅少油中火，将原料反复翻拌，加入调味品、辅料，待出香味后即可出锅装盆。

说明：①有些一时不易迅速成熟的辅料，如蒜薹、鲜笋等，可预先加工成熟。②若使用豆瓣酱、甜酱、豆豉等调味品，颠翻至出香味，才有理想的调味效果。

5.烹

烹是将原料经炸或煎，在原料上淋入不加芡粉的味汁，使之入味的一种加工技法。

烹具有外酥香、里鲜嫩、略带汤汁、爽口不腻的特点。

选料范围：选用质地细嫩、粗纤维较少的动植物原料。

烹调程序：原料→投入中高温大油量中快速炸至外脆→沥尽油→烹入调味汁颠翻入味→出锅装盆。

原料改刀成条、块状拍粉(或不拍粉)，投入中高温大油量中快速炸至外脆断生，起锅沥尽油，原锅炝锅，放回原料，淋入调味汁颠翻入味，出锅装盆。

说明：①烹又称炸烹，俗有“逢烹必炸”之说。②“烹”多选动物性原料，“炸”则加工成段、块、条等形状,“煎”则加工成扁平状。③用于烹菜的复合型味汁有茄汁味、咸鲜味、糖醋味、家常味、荔枝味等,不加芡粉。④烹法菜肴有时也可以将淋汁的过程移到餐桌上,以增加进餐的气氛,如锅巴系列菜肴。

6. 熘

熘是将经加工成熟的原料,淋上稠汁,或将原料投入卤汁中搅拌,便原料入味的一种加工技法。熘菜根据操作和调味不同一般可分为脆熘、滑熘、糟熘、软熘和醋熘。

熘具有卤汁较宽、风味独特的特点。

选料范围:加工成形或整形的动植物原料。

烹调程序:原料→投入热油中加热→成熟后淋稠汁。

说明:软熘、醋熘因加工时传热介质不同,故在水传热法中介绍。

(1)脆熘(又称炸熘)

脆熘是将加工成形的主料用调味品腌渍入味,挂上水粉糊或拍干粉等,然后用旺火热油加热使之松脆,淋上卤汁的一种加工技法。

脆熘具有外脆里嫩、味浓汁宽的特点。

选料范围:质地细嫩的动植物原料。

烹调程序:原料改刀→拍粉(挂糊)→入大油锅炸至成熟到金黄→起锅沥油→另炝锅后勾调味汁→倒入原料翻拌(或淋于原料上面)→装盆。

原料改刀,用适量调味品腌渍入味,拍粉(挂糊),入大油锅炸至成熟到金黄,起锅沥尽余油,复炸,另炝锅后勾糖醋(柠檬、甜辣)调味芡汁,倒入原料翻拌(或淋于原料之上)成菜。

说明:①主料一般多加工成片、条、块、球等形状,若是整条或整只的原料需剞上花刀。②多量生产时一般主料先炸熟待用,之后再用旺油复炸,淋汁成菜。

(2)滑熘

滑熘就是将主料上浆,滑油成熟后,调以较多卤汁并勾芡的一种加工技法。

滑熘具有汁宽滑嫩、鲜香醇厚的特点。

选料范围:加工成丝、片、条状的动植物原料。

烹调程序:切配成形→码味、上浆→油滑至断生→另炝锅后勾调味汁→倒入原料翻拌→装盆。

原料加工成丝、片、条状,用盐、蛋清、芡粉上浆,投入中、小油量的温油锅中滑散沥油,另炝锅后放入配料、调料、主料,勾宽芡出锅装盘。

说明:在调料中加入酒糟,称为“糟熘”;加入茄汁,称为“茄熘”;加入柠檬汁,称为“酸熘”。

7. 煎

煎是用少量油布满锅底加热,低温分别将扁平状的原料两面加热至金黄并成熟的一种加工技法。

煎具有外松脆、里鲜嫩的特点。

选料范围：扁平状的块或加工成扁平状的丝、粒、茸等动植物原料。

烹调程序：原料腌渍→放入小油量的油锅→用小火加热→使之两面至金黄并成熟→烹汁（或不烹汁）→出锅装盆。

把扁平状原料或加工成扁平状的原料，加酒、胡椒、盐腌渍，放入小油量的油锅中用小火加热，至两面金黄内部成熟，滗去余油，淋入味汁（或不淋汁），出锅装盆。

说明：①在加热前，一定要滑锅，防止原料黏锅。②煎制中，原料多半是半露半没，有时可加热到原料定形后，加入多量油使原料内部完全熟透，再沥尽油，继续加热至两面金黄。

8. 贴

贴是将多种原料叠加后，放入布满少量油的锅中单面加热至成熟，再加味汁成菜的一种加工技法。

贴具有色形美观，菜肴底面油润酥香，表面鲜香细嫩的特点。

选料范围：多为鱼、虾、鸡、猪肉、豆腐等加工成扁平状长方形原料。

烹调程序：将几种原料相叠黏合→放入小油量的油锅中用小火加热→底面加热至金黄并内部成熟→烹汁（或不烹汁）→出锅装盆。

将原料加工成长方片，码味上浆，一般底部为肥膘，上面放二层以上的片（多为鸡、鱼、虾等），中间用鱼茸黏合，最上面一般涂抹鱼茸，并缀以图案；底部加热至结壳时，加水、加酒略加盖，利用蒸汽使原料成熟，最后水分蒸发至原料底部金黄，起锅装盆，并淋上亮芡。

说明：①在黏合前肥膘上戳几个小孔，撒上干淀粉，防止加热后变形与主料脱离。②有些不宜成熟的原料或整形原料，采用蒸汽加热至七八分熟后，再放入少量油的锅中单面加热至成熟。

9. 煱

煱是指将原料挂糊后放入油锅内加热至两面金黄，再加入调味品掺入适量鲜汤，用小火收干汁水，或勾芡淋明油成菜的一种加工技法。

煱具有质酥鲜嫩、味香醇厚、色泽金红的特点。

选料范围：多为鱼、虾、鸡、猪肉、豆腐等加工成扁平状或长方形原料。

烹调程序：将原料加工成长方形→码味挂糊→放入小油量的油锅中用小火加热→两面分别加热至金黄并内部成熟→加入味汁→小火收汁→出锅装盆。

将切配成形的原料，先用精盐码味，拍上一层面粉，在鸡蛋液内拖一下，放入锅内使之呈金黄色起锅，另一锅在原料中掺入鲜汤适量，加入调味品用小火收浓汤汁，勾或不勾芡，淋明油起锅装盆。

说明:①需选用细嫩易熟的原料。②面粉不宜拍得太厚。

二、气态介质传热烹调法

气态介质具有其特殊的传热性质,主要利用热辐射或热对流方式进行。在气态介质中加热原料,不会产生在水加热中出现的溶解与扩散现象,但是气态介质中加热调味料,很难进入原料内部,所以气态介质加热一般在加工前或加工后进行调味。

气态介质传热主要分为热空气传热和水蒸气传热两种。

(一)热空气传热

热空气传热是利用干热空气或辐射热能直接将原料加热成熟。热空气传热的设备有炭炉、电烤箱、熏盆、红外线、微波炉等。它的最大特点是能使原料脱水变脆、肉质坚实、香味诱人。从目前加热的介质上来分,热空气传热分为烤和熏两种。

1.烤

烤是将经过腌渍或加工后的半成品原料放入炉具中利用热空气加热,使原料成熟的一种加工技法。

根据烤炉设备及操作方法的不同,烤分为明炉烤和暗炉烤两种。

烤具有色泽美观、形态大方、皮酥肉嫩、香味醇浓的特点。

选料范围:适用于扁平状和整形的鱼肉、禽肉、畜肉和粮食类原料。

烹调程序:原料腌渍→放入火炉→控制温度和时间进行加热→至原料成熟→出炉装盆。

原料经过腌渍或加工成半熟制品后,一般采用大块或整形原料,放入以柴、炭、煤、液化气、天然气为原料的烤炉或红外线烤炉中。如用明炉烤,则将原料用铁叉叉上,放在明炉上,根据原料的大小、质地,决定温度的高低和时间的长短,小型原料要经常转动,大型原料要根据要求,在翻动的同时掌握关键部位着重加热,加热至原料内部成熟,表面黄亮,出炉装盆或改刀装盆。

说明:①根据成菜的要求有些原料在腌渍后,表面涂以糖色或蜂蜜,经过风吹结壳后再行加热,有些在加热过程中进行调味,而有些在装盆后,随跟味碟蘸食。②明炉烤和自助烤在原料的成块上应酌情加工,多加工成小型原料。③有些原料用纸或荷叶包裹后,外面涂以泥巴,再行烤之。通过酒糟泥和荷叶油的包裹隔热,使原料受热均匀,既保持本味,又增添了包裹材料的香味。

2.熏

熏是将成熟或接近成熟的原料置于加热设备中,利用制烟材料所释放的烟气加热,使菜肴带有烟香味,同时使原料成熟的一种加工技法。

熏具有风味独特、色泽红黄的特点。

选料范围:一般为动物性鸡、鸭、肉、鱼和少数的植物性原料。

烹调程序：原料调味、腌渍→蒸至成熟或即将成熟→放入加热设备→点燃制烟燃料使之冒烟→封闭后加重烟浓度→使原料成酱红色成熟→出锅改刀装盆。

原料加工成小件或薄片，蒸至成熟或即将成熟，放入容器或放在设备中的铁网上，点燃在容器的底部制烟燃料，产生浓烟（无明火），加盖或关门使浓烟充分与原料接触，保持5～10分钟的浓烟，使原料带有制烟燃料的特殊烟香味，同时使原料充分成熟，出炉后装盆或改刀装盆。

说明：①制烟燃料一般有茶叶、竹叶、木屑及松树枝等，在实际运用中为了便于取材有时也使用锅巴、大米、糖等原料来替代，但香味不及树叶与树枝。②民间熏制原料一方面是为了增加风味，另一方面是为了便于保藏，因为原料经熏制后，既减少了外部水分，又能使制烟燃料中所含的酚、甲醛、醋酸等物质渗入食品内部，抑制微生物的繁殖。③烟熏的菜肴多少含有一些对人体不利的成分，故使用时应有选择性。④有些地方也有经腌渍的大块生原料用制烟燃料熏制风干，使用时另行加工成熟。

(二)热蒸汽传热

热蒸汽传热主要是利用水沸后形成的蒸汽来加热原料使之成熟，也就是我们常说的蒸。蒸与其他技法相比，更能保持原料的水分和成品的原味，能使质地较嫩的原料成菜极为鲜嫩，使质地较老的原料又可加工成酥烂。因此根据原料的性能和成菜的要求，要适当调整加热的气压。按蒸汽的气压又可分为弱气加热、中气加热和强气加热三类。

1. 蒸的概念和分类

蒸是利用水沸后形成的蒸汽来加热经过加工的原料，使原料成熟达到一定品质的一种加工技法。

蒸具有原形不变、原味不失、原汤原汁的特点。

(1)弱气加热

弱气加热是将原料放入低气压蒸汽设备中，快中速加热使原料成熟的加工技法。

弱气加热具有鲜嫩细腻的特点。

选料范围：一般为加工成蓉泥或蛋奶制品。

烹调程序：原料调味制成茸状或液体状→放入蒸箱（或蒸笼）→用低压气体对原料短（中）时间加热→成熟后出笼。

原料调味制成茸状或液体状，放入蒸箱（或蒸笼），用低压气体对原料加热，如使用管道蒸汽，一般保持在0.1千克左右，并且还要使加热设备留出缝隙，将部分蒸汽逸出，使蒸汽在不饱和状态下，短（中）时间加热成熟。

说明：①成熟蛋泡糊，则加热时间控制在30～60秒。②如果成熟蛋糕，则加热时间控制在30分钟左右。③成熟鱼茸菜，则加热时间控制在3～5分钟。

(2)中气加热

中气加热是将原料放入饱和的蒸汽设备中加热，使原料成熟的加工技法。中气加热的时间根据原料的性质又分为快速加热法与慢速加热法。

中气加热具有润滑鲜嫩或软熟酥糯的特点。

选料范围：刀工成形的或整形的动植物原料。

烹调程序：原料调味→放入蒸箱(或蒸笼)→用中压气体对原料加热→达到品质要求后出笼。

刀工成形或整形的原料，经调味后放入蒸箱(或蒸笼)，用中压气体对原料加热，根据原料的质地和形体的大小，掌握加热时间，一般整鱼类为5～7分钟，质地较老的禽畜类为2～3小时，达到符合品质要求时出笼。

说明：①中气加热是将原料放入饱和蒸汽中加热，蒸汽处于动态平衡中，生成的蒸汽数量与逸出的蒸汽数量相一致，比弱气蒸的压力大大增加，加热温度较高，所以在开盖或开门时要注意安全。②中气加热的菜肴多为预先装盆，出笼后可直接上桌，但有时为了防止高档餐具在加热过程中破损，可在上桌前换盆。

(3)强气加热

强气加热是将原料放入高压蒸汽中加热，使原料成熟的加工技法。

强气加热具有柔软、酥烂和快速便捷的特点。

选料范围：质地老、体形大、要求酥烂的禽畜类原料。

烹调程序：原料调味→放入高压锅→用高压气体对原料加热→达到酥烂后出锅装盆。

刀工成形的或整形的原料，经调味后放入高压锅，用高压气体对原料加热，等小孔出气后加高压阀。根据原料的质地和形体的大小，掌握加热时间，一般为5～20分钟，达到酥烂后出锅装盆。

说明：①离开火口后，等高压锅自然冷却(或用凉水冷却)至无气压时，才能开盖，确保安全。②对于不采用蒸的方法，直接放入高压锅内加热焖制的原料，不能超过容器的2/3，以防沸沫堵住气孔，出现意外。③灵活调节加压和保温时间。

2. 蒸的运用技法

热蒸汽传热的蒸在实际运用中的范围较为广泛，像前面所述质老难熟、质嫩易熟的原料，都可以运用蒸的技法。根据原料的加工程度，蒸还可分为清蒸、粉蒸、包蒸、上浆蒸等。根据原料在蒸汽中的加热过程，蒸还可分为带水蒸、隔水蒸等。

(1)清蒸，是指单一原料不加调料或加入单一调料(一般为咸鲜味)，放入蒸汽中加热。具有质地细嫩、清淡适口的特点。

(2)粉蒸，是指原料改刀后腌渍，再黏上一层米粉，放入蒸汽中加热。具有软糯滋润、醇浓香鲜的特点。

(3)包蒸，是指原料码味后，外裹粽叶、荷叶后，放入蒸汽中加热。具有香味独特、形状美观的特点。

(4)上浆蒸，是指将原料用蛋清、淀粉上一层厚浆后，放入蒸汽中加热。具有色泽光亮、口感滑嫩的特点。

(5)隔水蒸，是指原料加调味后不加汤汁，为了防止蒸汽水进入，器皿上还要加盖或包上保鲜膜，然后放入蒸汽中加热。具有造型完整、原汁原味的特点。

(6)带水蒸，将原料放入容器中，加入适量的汤水，加盖或不加盖，放入蒸汽中加热。具有形态不变、汤清汁宽的特点。

三、固态介质传热烹调法

固态介质传热的主要方式是传导，因而在烹调中大多不作为快速加热的介质（金属除外），又由于使用起来并不方便，所以除非特殊需要，一般被使用的频率很低。通常固态介质传热的种类有金属、盐粒、石沙等几种。

(一)铁板烧

铁板烧是将原料放在金属（铁板）之上，利用金属的温度加热原料，使原料成熟的一种加工技法。

铁板烧具有风味别致、浓香鲜嫩的特点。

选料范围：经过加工调味成半熟的小型动植物原料。

烹调程序：将铁板烧红→倒入调味过的半熟原料→利用铁板的热度使原料成熟。

将鲜嫩原料加工成小块，调味烹制成八九成熟，另将铁板烧红，放上少量油、红葱圈或葱白（防止粘锅、增加香味），倒入半成品，马上加盖，利用铁板的温度二次加热原料，约1～2分钟，开盖食用。

说明：一般为了增加气氛，将铁板烧红后，拿到餐厅台面上完成后续程序。

(二)烙

烙是将原料放在铁锅上，利用铁锅金属的温度加热原料，使原料成熟的一种加工技法。

烙具有干香松软、酥脆适口的特点。

选料范围：粮食类原料。

烹调程序：薄形原料→放在铁锅上→两面加热→使原料成熟。

粉质的粮食类原料，加水调成粉团，摊成薄形，铁锅烧红滴入几滴油或用油纸涂抹锅底，放上薄饼，用铁锅的热量，两面（或单面）加热使原之成熟，起锅食用或另行他用。

说明：烙一般少用或不用油，主要传热介质是金属。

(三)石烹

石烹是将原料放在烧红的石锅内(或烧红的石头上),利用石材的温度加热原料使原料成熟的一种加工技法。

石烹具有风味独特、口味香醇的特点。

选料范围:虾、牛蛙等小型易熟的动植物原料。

烹调程序:将石锅(石头)烧红→倒入原料→利用石头的热度使原料成熟。

①将鲜嫩原料加工成小块,调味烹制成八九成熟,另将石锅烧红,放上少量油、红葱圈、葱白或生菜(防止黏锅、增加香味),倒入半成品,利用石锅的温度二次加热原料,约1～2分钟,即可食用。

②鹅卵石烧烫烧红,放入坚固的陶罐中,上桌后将鲜活的虾、生鱼片和加热的调味汁倒入陶罐中,加上盖子,用石头的热量使汤汁沸腾产生热气,使原料成熟。

说明:①石锅的加热原理与铁板烧类似,只是加热的固体介质不同。②盛放鹅卵石的容器选用坚固结实的陶罐等。

(四)盐焗

盐焗是将原料放在盐中,通过盐的传热使原料成熟的一种加工技法。

盐焗具有肉质结实、香味独特的特点。

选料范围:一般为禽类和水产原料。

烹调程序:原料调味→将原料埋入盐中→用中、小火缓慢加热→原料成熟。

①锅内放入相当于原料4～5倍的粗盐,埋入经过调味腌渍、用纸包裹的原料,用中、小火缓慢加热,使原料成熟。②锅内放入粗盐,炒烫后倒入另一盛放小型原料的餐具,使原料正好置于盐的中间,用盐的温度使原料成热。

说明:①此种加热法由于用盐作为介质,所以加热前原料要用锡纸或韧性好的棉纸包裹起来,以防成菜过咸。②如果不用纸包裹则要选用颗粒较大的盐为介质和易熟带壳的原料,并采用快速加热法。③目前为了快速成菜,采用微波盐焗法,在原料上面施一层薄的粗盐,两者数量大约相等。

四、特殊混合烹调技法

特殊混合烹调技法是将糖油水混合加热调味的一种特别技法。特殊混合烹调技法是将糖与水油介质加热,使糖受热产生一系列的变化,最终形成不同状态的成品。烹调中一般运用的有四种技法:一是起黏,习惯称蜜汁;二是出霜,习惯称挂霜;三是出丝,习惯称拔丝;四是结壳,习惯称琉璃。这四种状态是一个连续的过程,将糖投入水中使糖颗粒溶解于水,经过一定时间的加热,糖汁起黏,形成蜜汁;继续加热,水分蒸发,溶液开始过饱和,糖晶体析出冷却后,形成糖霜;如果继续加热到颜色变化,则是糖的熔化阶段，黏性增大，在冷却前拉出晶莹的糖丝；如果将原料裹上糖浆后冷却，就会形成一层玻璃状外壳。

（一）蜜汁

蜜汁是将原料投入糖水中加热，使之甜味渗透，糖汁收浓而成菜的一种加工技法。

蜜汁具有表面光亮、酥糯香甜的特点。

选料范围：水果、蔬菜和畜肉腌制品。

烹调程序：原料加水、加糖→加热入味→熬浓汁包裹原料。

将原料加糖加水，用火加热或用蒸汽加热，滗出糖汁，再用大火使糖汁起黏，淋浇于原料上或倒入原料拌匀。另外也可以将原料加糖加水，用火加热，直接收浓汁成菜。

说明：熬糖法一般有两种：一种是白汁的，多用水为介质，针对无色的甜菜；另一种是红汁的，多用油为介质，使糖先上色再熬汁，针对有色的甜菜。

（二）挂霜

挂霜是将经加工熟处理过的原料，倒入熬制的糖浆中，冷却后形成一层类似白霜的一种加工技法。

挂霜具有洁白似霜、松脆香甜的特点。

选料范围：小型的干果仁和挂糊炸制的水果、蔬菜和畜肉。

烹调程序：糖加水熬成浓汁→倒入原料→翻拌起沙→出锅装盆。

将糖放入水中，用小火缓慢加热使糖充分地溶解，根据糖液中起泡的变化，掌握温度，从大泡变成小泡，即放入原料翻拌至冷却出霜成菜。原料裹上酱汁，再滚上糖粉，也是一种方法。

说明：①挂霜的糖与水的比例一般为 3∶1。原料与糖液的比例为 1.5∶1。②在加热中应注意火力的控制，开始的火力不能太大，否则，溶解的速度小于蒸发的速度，使糖还没溶解就被析出，结晶的颗粒变得很大，将造成挂霜失败。当糖液的温度达到 110℃左右时，是结晶的最佳温度，一旦糖液冷却到 80℃左右时，糖霜开始出现。③挂霜菜肴既可作为热菜，也可作为凉菜。

（三）拔丝

拔丝是将经油炸的半成品，放入白糖熬制的液体中，翻拌出锅，拨动原料出丝成菜的一种加工技法。

拔丝具有色呈琥珀、外脆里嫩、口味甜香的特点。

选料范围：选用水分少、纤维少的果蔬原料。

烹调程序：将糖放水或油中→用中火加热→至颜色酱红色→放入原料、颠翻→出锅装盆。

原料加工成小块或圆球，经拍粉、挂糊、油炸成熟；另锅内将糖放入水或油中，用中火加热至颜色变酱红色，当舀一勺再徐徐倒出，用嘴吹气能使流质变成丝状时，放入成熟的原料，颠翻至糖液均匀包裹原料，出锅装盆，即可上桌。

说明：①拔丝中一般糖与水的比例为 6∶1，糖与油的比例为 30∶1，原料与糖液的比例为 3∶1。②在加热中应注意火力的控制，开始的火力不能太大，否则，糖色发黄将无法判断。③当糖液的温度达到 160℃左右时，即能出丝，冷却后糖液就迅速冷凝成玻璃状，形成淡黄、透明、脆硬的糖丝。

（四）琉璃

琉璃是将原料放入白糖熬制的液体中，裹上糖液，冷却后原料外表形成一层脆糖的一种加工技法。

琉璃具有明亮晶莹、口味甜香的特点。

选料范围：选用水分少、纤维少的果蔬原料。

烹调程序：将糖放入水中→用小火加热→蒸发水分至糖液浓稠→放入原料裹上糖液→出锅冷却。

选用小型的整形原料或加工成小块、圆球的原料，挂糊油炸成熟（也有可生食的原料不挂糊油炸）；另锅内将糖放和水中，用中火加热，熬至水分蒸发糖液浓稠，放入原料，裹上糖液后冷却成菜。

说明：①琉璃熬糖与拔丝相同，只是只能用水不能用油。②在加热中也要注意火力的控制，使糖液中间沸于四周，熬制的浓度大于或等于拔丝糖汁的浓度。③一般原料用沾汁法裹上糖液，这样能使原料之间不黏连，形状美观。

第三节 热菜造型工艺

中国菜肴的造型丰富多彩，千姿百态，通过优美的造型，可以表现出菜肴的原料美、技术美、形态美和意趣美。其造型过程贯穿于原料的初步加工、切配、半成品制作、烹调、拼摆装盘等各个过程，与整个烹饪加工过程有着不能分割的联系。一般认为菜肴的精致来源于刀功，菜肴的口味取决于烹调，菜肴的美化依赖于装盆。因而菜肴的装盆是产品的包装，是演员出场的化妆，是评判菜肴质量的一项指标，也是体现厨师精湛厨艺的一个重要方面。本节我们着重讲述菜肴的过程造型和菜肴的装盆造型。

一、热菜造型的特征

（1）造型艺术表现时间最短，具有一挥而就、一扫而光的特点，一挥而就是指出锅装盘成形，一扫而空是指乘热分而食之。

（2）热菜多为酥烂、细嫩之物，从而不利于切割，更不利于精细刀工的二次体现。

（3）热菜多为卤性，汤汁较多，稠黏多味，一般不利于拼摆造型，受“串味”制约较严，不适于拼盘。

(4)由于热菜受温度制约严格,因此不宜加长装盘造型时间,即使需精细制作,亦需超前造型。

(5)热菜为分别上席,在筵席统一主题中更追求个性的表现,前后配合具有内在节奏,因而因菜而异,一菜一格,环环相扣,叠窍多姿。

二、热菜造型的技法

(1)利用原料的自然形态造型,即利用整鱼、整虾、整鸡、整鸭,甚至整猪(烤乳猪)、整羊(烤全羊)的自然形状,加热后的色泽来造型。这是一种可以体现烹饪原料自然美的造型。

(2)通过刀工处理来造型,即利用刀功把原料加工成各种美观的丝、末、粒、丁、条、片、段、块、花刀块,使这些原料具备大小一致、粗细均匀、花刀美观的半成品,为菜肴的造型奠定基础。

(3)通过模具来造型,将原料采取特殊加工方法制成茸后,将泥茸打上劲,灌入模具定型,成为具有一定造型的菜肴生胚,再加热成菜。

(4)通过手工造型,将原料加工成茸、片、条、块、球等,再用手工制成"丸子"、"珠子",挤成"丝"、"蚕",编成"辫子"、"竹排",削成"花球"、"花卉"。或用泥茸、丁粒镶嵌于蘑菇、青椒内,使原料在成菜前就成了小工艺品。

(5)通过加热来定型,原料在加热过程中,通过人为的弯曲、压制、拉伸来定型,或加热后,用包扎、扣制、加压来定型。通过热处理后,不仅使原料成熟,成为一定风味的菜肴,而且使菜肴的形状确定下来。

(6)通过拼装来造型,将两种以上的泥茸状、块状、条装、球状等菜肴经过合理的组合,使菜肴产生衬托美、排列美。

(7)通过容器来造型。一是选用漂亮合适的容器来盛装菜肴;二是用面条、土豆丝等来制作盘中盘来盛装菜肴;三是选用瓜果原料,挖掉瓤子,并在表皮刻上花纹和文字变成容器来美化菜肴,如冬瓜盅、南瓜盅。

(8)通过点缀围边来造型。点缀围边是菜肴制作的最后一关,也是最能体现美化效果的一道工序。用蔬菜、瓜果进行各种围边点缀,给人以清新高雅之感。

三、热菜盛装手法

菜肴的盛装是把加工烹调后的菜肴盛入容器的过程。中国菜肴种类繁多,成菜的有汤羹、整块、丝末等形状,盛装的方式也各不相同。下面根据不同菜肴的类别,结合原料的形状,介绍菜肴的盛装技法。

(一)拨入法

将锅端临盛器上方,倾斜锅身,用手勺将锅内菜肴拨入容器中,此法适用于炒、熘、爆类小料型菜肴的装盆,呈自然堆积造型形式。

(二)倒入法

将锅端临盛器上方,倾斜锅身,使菜肴自然流入盛器,此法适用于汤菜的装碗,倒时需用手勺背盖住容器内的原料,使汤经过勺底缓缓流下。

(三)舀入法

将锅端临盛器一侧,用手勺逐勺将菜肴舀出盛入碗(盘)之中,此法适用于芡汁较多,稠黏而颗粒较小的烩制菜肴的装盘。

(四)排入法

将锅端临盛器一侧,用筷子把块、条状菜肴夹入盘中整齐排列装盘(或将成熟后的菜肴改刀排入盘中;或提前将菜肴在盘内排好,放入蒸笼蒸制)。此法适用于炸、熘、蒸、煎类菜肴造型,形制较为整齐匀称。

(五)拖入法

将锅端临盛器左侧上端,倾斜锅身并同时迅速将锅往右移动,使锅中菜肴整个脱离滑入盘中,此法适用于整条或排列整齐的扒、烧菜肴的造型。

(六)扣入法

扣入法同于冷菜造型手法的扣法,将成熟后的扣碗菜肴,滗出汤水,把空盘翻盖在扣碗上,然后迅速将盘、碗反转过来,把扣碗拿掉。或滗出汤水用一只周转盘翻盖在扣碗上,然后迅速将盘、碗反转过来,再移至菜盘上,右手拿周转盘略倾斜,左手拿扣碗把菜肴移入盘中。

热菜造型手法种种,都必须使其形态饱满,神形生动,大小得体。对炸、煎类菜肴,应沥尽余油,再行装盆;装盛时锅底不宜离盘过近,以免锅灰污染菜肴,亦不宜过高,给装盛带来不便,汤汁四溅;动作要既轻又准,防止菜料破损或零乱;淋浇芡卤时需将菜肴四周完整淋到;对带皮块肉应皮面在上,鸡鸭类应选肉质较厚的胸脯朝上,半片鱼应选皮面在上,如两条鱼应并排装盆,腹部向对,紧靠一起。一些用砂锅、气锅、蒸笼炖制或整制而成的菜肴,有些成熟后不必换盆,但在上桌前也要用底盆衬垫,一是为了与其他餐具保持统一;二是为了防止锅底、笼底玷污台面;三是便于服务员上菜时操作。

四、热菜装盆的要点

热菜的盛装如同商品的包装,既要新颖别致、美观大方,又要出奇制胜,从各方面取悦食用者。一般盛装菜肴时要注意以下几个要点。

(一)餐具选用要合适

菜肴制成后,要选配合适的器皿盛装。一般来说,腰盘装鱼不易产生抛头露尾的现象,汤盘盛烩菜利于卤汁的保留,炖制全鸡、全鸭宜用大号品锅,紧汁菜肴宜装平盘,利于表现主料。加量菜宜用大号餐具盛装,2～3 人食用的小盆菜宜用小号餐具盛装,等等。

另外,宴席菜肴的盛器要富于变化,如选用橙子、菠萝、小南瓜等瓜果蔬菜作容器;选用面条、面片等制成面盏、花篮作容器。

(二)盛装配色要相映

菜肴装盘时还应当注意整体色彩的和谐之美。选用餐具的色彩应与菜肴的色彩相映衬,选用的围边应与菜肴的色彩相衬托。如白色原料选用深色容器或在白色容器上配以绿色、红色的原料相衬。

(三)盛装容器要保温

冬天为了使菜肴保持温度,在盛装前要对餐具进行加热,一般餐具放在保温柜中,上菜时再取出使用。用砂锅、铁板盛装的菜肴,要把握准上菜的时间,需将沙锅、铁板在烤箱或平灶上烧热保温,需要时及时上桌。对菜肴装饰点缀要预先准备,减少菜肴的滞留时间,保持温度。

(四)盛装数量要适中

菜肴的装盆数量既要与食用者人数相适应,也要与盛具的大小相适应。菜肴盛装于盘内时,一般不超越盘子的底边线,更不能覆盖盘边的花纹和图案。羹汤菜一般装至占盛器容积的 85%左右,如羹汤超过盛具容积的 90%,就易溢出容器,而且在上席时手指也易接触汤汁,影响卫生。但也不可太浅,太浅则显得分量不足。

如果一锅菜肴要分装数盘,那么每盘菜必须装得均匀,特别是主辅料要按比例合装均匀,不能有多有少,而且应当一次完成。因为如果前一盘装得太多,发现后一盘不够,再重新分配,势必破坏菜肴的形态,影响美观。

(五)菜肴主料要突出

菜肴应该装得饱满均称,主料突出。若是炒制菜肴中既有主料又有辅料,则主料应装得醒目,不可被辅料掩盖。若是单一原料的菜,也应当注意突出重点。例如,“清炒虾仁”,虽然这一道菜没有辅料,均是虾仁,但要运用盛装技巧把大的虾仁装在上面,以增加饱满丰富之感。

(六)盛装过程要卫生

菜肴经过烹调,已经起到了杀菌消毒的作用。但如果装盘时不注意清洁卫生,让细菌灰尘污染了菜肴,就失去了烹调时杀菌的意义。首先盛装器皿要严格杀菌消毒,消毒后严禁手指接触、抹布擦抹。其次装盘时，锅底不可太靠近盘的边缘，更不可用手勺击打锅沿，以防锅灰掉入盘内。菜肴盛装后，要用洁净的筷子调整表面形态，如果发现盘边有滴入的芡汁、油星，应及时用准备的专用纸巾擦拭干净。

五、热菜装盆的美化技法

许多菜肴的色泽、造型等由于受原料、烹制法或盛器等因素的限制，装盘后并不能达到色、香、味、形的和谐统一，因而需要对其进行美化处理。所谓菜肴装盆美化，就是通过菜肴的特别盛装过程，或利用其他物料，通过一定的加工，对菜肴色泽、形态等方面进行装饰的一种技法。

菜肴的美化是人们对美的一种追求，是制作菜肴必不可少的辅助手段。菜肴通过恰如其分的美化可诱发人的食欲，提高工艺观赏价值，给人以美的熏陶和享受，从而使品位与欣赏合为一体。在菜肴制作的过程中，装饰所占的比例不大，作用却不可忽视，如同一幅精美的图片必须要由别致的镜框去镶配，才能达到完美的境地。一般菜肴美化可用组合、点缀或改变容器，达到美化艺术效果。不同的菜肴，美化形式往往不同，可分为主菜装饰法和附加装饰法两类。

(一)主菜装饰法

主菜装饰法是利用调配料或其他食用性原料装饰在菜肴主体(或主料)上的一类美化形式。这类装饰在菜肴加热前或成熟后制作，这些可食装饰料，经装饰后成了菜肴的组成部分。主体装饰常见的形式有以下七种。

1. 覆盖法

覆盖法是将色彩艳丽、风味鲜香的原料，有顺序地排在菜肴顶端。其为分加热前覆盖和加热后覆盖两种。加热前覆盖，如将红色的火腿片、黑色的香菇片、浅黄的冬笋片间隔排在准备蒸制的清蒸全鱼上，对比分明；将各种片状原料，色彩间隔、荤蔬搭配、排列有序覆盖在砂锅表面制成“什锦火锅”等。加热后覆盖，如把鱼圆加热后盛入碗中，再摆放上成熟的火腿片、小菜芯、香菇制成的“清汤鱼圆”。

2. 撒料法

将细碎的原料或辅料放置于成熟的菜肴表面上，起增色或调味的作用，与覆盖式不同的是零乱无序，但形散而意不散。这种装饰方式一般在菜肴成熟后运用，如撒在“芙蓉鸡片”上的火腿末，红白相映，使鸡片色泽显得更洁白、更漂亮，不仅能引起食欲，而且能增加成品的风味；又如撒在“干烧鲤鱼”上的葱花，既能增色，又能增香。

3. 施画法

施画法是将不同颜色的原料制成小件放置于菜肴上，拼成各式各样的纹样或图形。这种手法较为繁复，只能在菜肴成熟前操作，且要求菜肴表面较平整，多见于泥茸菜肴。如“锅贴鱼饼”上的各种花卉，“一品豆腐”上的腊梅，使其单调之中见变化，显得轻松活泼。

4. 象形法

象形法是用主料塑造成各种象形物，或用主辅料拼成象形图案，使整个菜肴具有一定的物象特征。如“八宝葫芦鸭”、“葵花莲子肉”，使整个菜肴栩栩如生，美观大方。

5. 组装法

组装法是采用两种以上的菜肴优化组合，拼成一只菜肴。改变单一菜肴的呆板平淡状况，丰富种类，增加色彩，如“太极双泥”、“脆炸双味”。

6. 排列法

排列法是将块形、球形、条形原料，用排入法一块一块地摆放在盘中，可直可圆，可紧凑也可拉开距离，使成形整齐有序。

7. 间隔法

间隔法是在菜肴装盆时将主料或主副料间隔排放。如“香芋千层肉”将五花肉和香芋均切成薄片，间隔叠放。又如将各种球形、块形菜肴的主料之间用青菜间隔。这一方法能增加色彩差异，起到美化作用。

8. 衬垫法

与冷菜的垫底一样，将一物垫于另一物之下，起支撑作用，但与冷菜不同的是，热菜垫物需有所见，既起到撑形作用，又起着色相对比的作用，使菜肴更为悦目。通常是蔬菜垫荤菜，垫底还具有荤蔬搭配的食用性，如冰糖扒蹄下垫绿色生菜。

（二）附加装饰法

附加装饰法是利用菜肴主辅料以外的原料，采用拼、摆、镶、塑等造型手段，在菜肴旁对其进行点缀或围边的一类装饰方法。采用附加装饰法能使菜肴的形状、色调发生明显变化，如同众星拱月，可使主菜更加突出、充实、丰富、和谐。附加装饰花样繁多，与主体装饰不同的是，装饰物不属于辅料，一般不作食用。常见的形式有点缀和围边。

1. 点缀法

用少量的物料通过一定的加工，放在菜肴的某侧，形成对比与呼应，使菜肴重心突出。此法简洁、明快、易做。常见的用雕刻制品对菜肴的装饰多属于点缀法。根据点缀的形式可分为以下几种。

(1)对称点缀。在菜肴两侧摆放同样大小、同样色泽、同样形状的点缀物进行点缀。特色在于对称、协调、稳重。

(2)中心点缀。多见于圆盘盛装的块状菜肴，排列于盘的四周，用花卉、丝松或雕刻等点缀物置于菜肴中间部位，如同花坛，如同放射型花卉。

(3)单边点缀。多为腰盘类菜肴，在菜盘的一角或一侧用蔬菜、水果或食品雕刻加以点缀，来弥补盘边的局部空缺，创造意境，使人赏心悦目。

(4)等分式点缀。用蔬菜水果等原料的固有形态或加工成片、球、小花等状，用单个或重叠的方式,在菜盆上以三点、四点、五点、八点等形式加以点缀。

2.围边法

围边法在菜肴装盆前用,即用蔬菜水果等原料加工成片、球、小花等状,在盘中围成平面几何图形或具象图形。恰如其分的围边可使菜品的色、香、味、形、器有机地统一,产生诱人的魅力,刺激食用者产生强烈美感及食欲。常见的方式有几何形围边和具象形围边。

(1)几何形围边。利用某些固有形态或经加工成为特定几何形状的物料,按一定顺序方向,有规律地排列,组合在一起,形成三角形、四方形、菱形、五边形和圆形等平面几何形。可起到间隔餐具与菜肴的色调,增加色差,衬托菜肴的作用。

(2)具象形围边。利用固有形态或经加工成为特定几何形状的物料,拼成桃形、叶形、蝴蝶形、宫灯形等图案。中间堆放丁、丝、末等小型原料制作的菜肴。这种以大自然物象为刻画对象,用简洁的艺术方法提炼出活泼的艺术形象,能把零碎散乱而没有秩序的菜肴统一起来,使其整体变得统一美观。

需要指出的是,上述种种菜肴装饰美化形式,并不是孤立使用的,有时可以用两种或两种以上的形式进行装饰美化,许多场合下还要根据个人的经验思维和技巧,加以发挥和创造。

六、热菜装盆的美化种类

(一)食用性美化

以能食用的小件熟料、菜肴、点心、水果作为装饰物美化菜肴的方法,称为食用性美化。食用性美化的装饰原料均可作为菜肴食用。

用一种菜肴衬托另一种菜肴是一种传统的食用性美化方法。两种菜肴均是主料,同一种类别,不同原料的,叫“双味”,如“双味海鲜”、“时蔬双味”;同一种原料,不同口味的,叫“两吃”,如“鳜鱼两吃”;同一种烹调方法,不同原料的,叫“两样”,如“脆炸两样”。

两种菜肴是一主一辅的,多用植物性原料、鱼茸类原料和点心类原料来为动物性主料衬托围边、间隔点缀。植物性原料多选蘑菇、西兰花、玉米笋、笕兰菜、青菜、生菜、番茄等,鱼茸类原料多选用冬瓜合、香菇托、酿长瓜、酿青椒、炸鱼球等;点心类原料多选用荷叶夹、薄饼、春饼盏等。经过美化使整个菜肴形态更加饱满,色泽更加艳丽。

(二)实用性美化

美化菜肴的材料既可起到实用作用,又可起到美化作用的方法,称之为实用性美化。实用性美化的方法有原壳原装、瓜果盛装、叶竹盛装等。

原壳装原味菜品是指一些贝壳类和甲壳类的软体动物原料,经特殊加工、烹制后,以其外壳作为造型盛器的整体而一起上桌的菜肴,如鲍鱼、赤贝、海螺、螃蟹等带壳菜品。原壳原装的美化作用是既可作为容器,又可使食用者了解原料的品种的外观,方便食用,并丰满了菜肴,增加了色泽。

瓜果盛装的菜品是用冬瓜、南瓜、西瓜、菠萝、甜橙、椰子等外壳作为容器,来盛装菜肴。有些在瓜果表面雕刻上各种花卉、山水、动物图形,并可配上与宴席内容一致的文字,使花纹图案变化多端,美不胜收;也能利用瓜果的香味、甜味来增加菜肴的风味。

叶竹盛装的菜品是用粽叶、荷叶、竹筒等原料来盛装和美化菜肴。如"粽叶子排"、"竹筒米饭"既使菜肴增加香味,又使菜肴生辉添彩、风韵独特。

(三)欣赏性美化

采用雕刻制品、琼脂、蔬菜、面塑作为装饰物美化菜肴的方法,称为欣赏性美化。虽然大多数是可食材料,但这类装饰物以美化欣赏为主。

(1)雕刻美化。用芋头、胡萝卜、白萝卜等雕刻成动植物品种后,来点缀菜肴进行美化。这类美化方法技术性强、艺术性高。雕刻品摆在盘中,栩栩如生,有力地渲染菜肴的艺术品质,激发顾客的品味雅兴。

(2)花卉美化。这是指采用鲜花或用白萝卜、胡萝卜等加工成薄片,然后卷曲插制的各类花卉,来点缀菜肴进行美化。这类菜肴经花卉点缀后,既鲜艳又素雅,会使菜肴更加艳丽夺目,诱人食欲。花卉旁边再点缀些香菜、胡萝卜丝,会起到更好的艺术效果。

(3)蔬菜美化。这是指用青瓜、柠檬、番茄、包菜、卷心菜、胡萝卜、心里美萝卜、红绿樱桃、青菜叶等制作的佛手、松叶、菜丝、花片、渔网等来点缀菜肴进行美化。这类蔬菜点缀品,品种繁多,配色、形态各异,可以在盘中拼配出各种各样的图案、花边,极大地丰富和提高了菜肴的装盘艺术效果。

七、热菜装盆的美化原则

尽管菜肴装饰美化重要,但它毕竟是菜肴的一种外在美化手段,决定其艺术感染力的还是菜肴本身。因而菜肴的装饰美化要遵循以食用为主、美化为辅的原则。切不可单纯为了装饰得好看而颠倒主从关系,使菜肴成为中看不中吃的花架子。

(一)卫生安全原则

菜肴采用装饰美化方法是制作美食的一种辅助手段,同时又是传播污染的途径之一。一道色彩、形状、口味、营养完好的菜肴,但不合卫生要求,有内在或外在的污染,都不能称为美食。假如重视装饰美化,而忽视必要的卫生安全,特别是对成菜过于装饰,是不可取的。我们要做到适量装饰,对蔬果饰物一定要进行洗涤消毒处理,尽量少用或不用人工色素,加工点缀物的砧板和刀具要专用,经常消毒,保持清洁。

(二)食用为主原则

菜肴装饰只是一小部分的点缀,目的是为了衬托菜肴,万万不可装饰过于繁杂,尽量使用能够食用的原料，而不是单纯做摆设，更不能用花泥刻品、树叶来点缀。以食用为主的装饰物其口味与菜肴滋味应尽可能保持一致，甜菜宜用水果相衬，煎炸菜肴宜配爽口原料，不出现串味或翻味的情况。若在一盘咸鲜味菜肴上点缀几颗甜樱桃，便会影响菜肴的质量。所以要在以食用为原则的基础上，结合菜肴的口味进行美化，甜菜用水果、黄瓜、番茄点缀；辣菜宜用红辣、京葱作饰物；羹汤类菜肴用太极图、漂浮物等本身原料的特性和造型来美化。

(三)经济快速原则

热菜进入餐桌后往往被一扫而空，其装饰物没有长期保存的必要，加之价格、卫生等因素及工具的限制，尽可能简洁、省时。不能过分地雕饰和投放太多的人力、物力和财力。不要因为装饰而左摆右弄，使菜肴受凉变形变色，造成该热的不热，该脆的不脆，影响口味。若遇高档宴请有复杂的象形围边装饰，则可提前制作，薄膜封存，这样就能缩短装盘时间，不会影响菜品质量和卫生。此外，装饰物要选用价廉的原料，成本不能过大。

(四)协调一致原则

美化的关键是要与菜肴的色泽、宴席内容、盛装的器皿相协调，从而使整个菜肴在色、香、味、形诸方面趋于完整而形成统一的艺术体。

从色泽上考虑，色彩单调的菜肴选用与之有一定对比度的装饰色，才能显得色彩鲜艳、相映成趣。色彩丰富的菜肴要尽量减少围边，不可使菜肴五彩斑驳过于复杂。

从宴席内容和菜肴内容上考虑，点缀、围边物尽可能与内容相符。一道“灌汤虾球”从外表看不出原料是虾，如在盘边放一对用莴笋刻成的大虾，就不讲自明。一席寿宴中的菜肴用寿星、寿桃、寿字片等来围边点缀，不仅增加了菜肴的内涵，更增添了寿宴的气氛。

菜肴的美化还要考虑到菜肴与器皿相协调。仿古宴宜选用古瓷餐具，宫廷宴宜选用华贵的餐具，农家菜宜选用毛瓷、毛钵。又如炸菜选用平盘，烩菜选用深盘，难取食的菜肴，选用每人份装盘或使用可食的“盏”、“盅”分装，如小南瓜盅、青椒盅、甜橙盅、木瓜托。

总之，上述原则是相互联系、统一于菜肴之中的。利用装饰技艺美化菜肴，要注意综合多方面的因素，菜肴分主次，有内涵，重人性，讲卫生，使菜肴在色、香、味、形诸方面，更加趋于完美，给人以物质与精神的双重享受。

思考题

1. 烹调技法涵盖哪些工艺过程？分别简述其重要性。
2. 热菜烹调工艺技法按传热的介质可分为哪几类？
3. 简述菜肴装盆的重要性和原则。

第六章

冷菜的制作与造型工艺

本章内容

- 冷菜制作技法
- 冷菜装盘技法
- 花式冷拼造型工艺
- 食品雕刻工艺

教学要点

1. 冷菜的制作方法颇有特色，可以像热菜一样加热与调味同时进行，可以加热和调味先后进行，甚至不加热直接调味。前者我们称为热烹调味技法，后两者我们称为非热调味技法。

2. 凉菜分为单碟、拼盘和造型拼盘等，其装盘的步骤为垫底、盖边、盖面和点缀衬托。装盘的手法有推、叠、围、排、扣、摆、扎、刻。

3. 冷菜的拼摆装盘从美学的角度来说，属于一种实用艺术，它的内容、形式既受时间、空间的限制，又受原材料、工具的制约，因此应遵循以欣赏为主、食用为本，整齐美观、体现刀功，高效实用、讲究卫生三大原则。

4. 食品雕刻根据雕刻使用原材料的不同，可分为果蔬雕、黄油雕、糖雕、冰雕及琼脂雕等种类。根据雕刻的工艺又可分为整雕、组雕、浮雕、镂空雕、突环雕等。其主要是用来美化宴会环境，渲染气氛，起到菜肴点缀、盛装、补充、主导的作用。

冷菜又名凉菜，冷菜制作工艺是把经过初步加工或切配后的半成品原料，通过加热调味或直接调味，制成不同风味的冷菜的过程。冷菜造型工艺是指运用美学知识，通过一定的刀功处理和手法，拼摆成富有艺术感的冷菜拼盘。

冷菜造型是我国烹饪技术的一朵奇葩，它不仅要有娴熟的刀工技法，而且还要具备一定的艺术素养。冷菜装盆造型要求高，无论小碟或拼盘，都要刀功精致、形象生动、色彩美观。冷菜是宴席中的重要组成部分，它对刺激人们的食欲，增加筵席的气氛有积极的作用。

第一节 冷菜制作技法

冷菜的制作方法颇有特色，可以像热菜一样加热与调味同时进行，可以加热和调味先后进行，甚至不加热直接调味。前者我们称为热烹调味技法，后两者我们称为非热调味技法。但热菜的好多烹调技法在冷菜制作也使用到，如炸、蒸、煮、烧、烟熏等，不再赘述。下面用表 6.1 举例说明。

表 6.1 冷菜制作技法分类表

	按是否加热分类	按调味方法分类	技法	
1	非热调味技法	直接调味法	凉拌	
2			炝	
3			醉	
4			沾	
5		浸泡调味法	浸	盐水浸
6				糖水浸
7			酱	
8		腌渍成熟调味法	盐腌	
9			醋浸	
10			碱腌	
11		发酵成熟调味法	泡	
12			醉	
13			糟	
14	热烹调味技法	加热调味法	炸收	
15			酥	
16			卤	
17			挂霜	
18			冻	

一、非热调味技法

非热调味工艺技法是食物不通过加热，只通过调味而使食物达到食用标准的处理方法。

非热调味工艺技法的主要加工过程是调味（部分原料是经氽熟的半成品），具体可以分为原料直接调味拌食法、原料浸泡调味法、原料腌渍成熟法和原料发酵成熟法四种。

（一）直接调味法

直接调味法是将清洗干净的原料，加工成丝、片、条、块等较小的形状，沥干水分，调味拌匀后装盆，也可装盆后让食者自行选沾调味食用。

1. 凉拌

凉拌是将生料或晾凉的熟料，用调味品拌匀成菜的一种加工技法。

凉拌具有制作方便、成菜清鲜爽口的特点。

选料范围：一般为加工成丝、片、条、块等状，质地较嫩（脆）的动植物原料。

调味程序：加工成形的熟料（生料）→放入调味品→搅拌均匀→装盆成菜。

①原料清洗，加工成丝、片、条、块形，氽熟后晾凉，放入调味品搅拌均匀，装盆成菜。
②原料清洗，煮熟后晾凉，加工成丝、片、条、块形，放入调味品搅拌均匀，装盆成菜。
③原料清洗后，加工成丝、片、条、块形，直接放入调味品搅拌均匀，装盆成菜。

说明：①凉拌菜的调味料多为盐、酱油、醋、麻油、味精或糖。生食原料的清洗一般为较卫生的凉开水、过滤水、矿泉水。②熟食的绿色蔬菜原料在焯水时水量要大，沸水（水中可放少量的盐，起保色作用）下锅，成熟后及时出锅，用凉（冰）水过凉。

2. 炝

炝是将小型的生料用沸水烫熟后，用带有花椒油（面）调味品拌匀成菜的一种加工技法。

炝具有鲜嫩味醇、香辣清脆的特点。

选料范围：一般为加工成片、块状的动植物原料。

调味程序：原料加工成形→焯水成熟→放入调味品→搅拌均匀→装盆成菜。

原料清洗后，加工成丝、片、条、块或花刀形，焯水成熟后放入复合型调味品，搅拌均匀，装盆成菜。

说明：炝菜多为焯水后热拌，调味料多为花椒、胡椒面、胡椒油、酱油、味精，口味比凉拌要重。

3. 醉

醉是将鲜活水产原料，放入白酒、黄酒及调味品，短时间腌渍成菜的一种加工技法。

醉具有口味醇厚、肉质鲜嫩的特点。

选料范围：鲜活的虾、蟹等水产原料。

调味程序：将鲜活虾、蟹（切碎）→放入白酒焖至片刻→加入调味品→短时间腌渍即可食用。

将鲜活虾洗净（蟹要切碎），放入容器中，倒入一勺白酒焖至片刻，倒出余水与白酒，加入黄酒、酱油等调味品腌渍，虾的蹦跳速度减缓时（蟹的腌制略长 2～3 分钟）即可食用。

说明：鲜活原料在醉制前要放在清水内，让其吐尽腹内杂质，再行制作。

4. 蘸

蘸是将加工成片、段的原料，直接装盆，由食者自行选蘸调味食用的一种加工技法。

蘸具有清香鲜嫩、清脆爽口的特点。

调味范围：可生食的新鲜蔬果和水产原料。

烹调程序：将原料加工成片、段状→直接装盆（随跟味碟）→由食者自行选蘸调味食用。

选用可生食的新鲜蔬果和水产原料，加工成片、段状，直接装盆，跟随甜酱、芥末酱、千岛汁、酱油、瓦萨比等，由食者自选蘸食。

说明：一般有多种调料，食者自选蘸食或调和蘸食均可。

（二）浸泡调味法

浸泡调味法是将原料浸于水溶液中经过物理和化学变化，使之入味或入味“成熟”的加工技法。

1. 盐水浸

盐水浸是将熟料放入调好味的汁水中，使之入味成菜的一种加工技法。

盐水浸具有湿润入味、皮脆爽口的特点。

选料范围：多为加工成片、块状或整形的动物原料。

调味程序：将原料煮熟→晾透→放入调味水中→一天后即可食用。

将原料煮熟，晾透，有些切成薄片、块和花刀形，放入调好味的汁水中，汁水一般由盐、水或盐、水、少量酒组成，浸泡一天后，原料入味即可食用。

说明：盐水浸不可采用浓鸡汤、肉汤，因胶质厚冷却易结冻，影响菜肴的美观。

2. 糖水浸

糖水浸是将原料放入调好的浓糖水中，使之入味成菜的加工技法。

糖水浸具有口感爽脆、适口不腻的特点。

选料范围：一般选用可生食的水果蔬菜类原料。如萝卜、藕、黄瓜等原料。

调味程序：原料清洗加工→放入容器→倒入浓糖水→腌渍 12～24 小时即可食用。

选用可生食的水果蔬菜类原料，清洗消毒后，加工成片、丝、卷，放入容器内，排紧或压实，倒入饱和糖水或浓糖水，腌渍 12～24 小时即可食用。

说明:①根据原料内在的水分,决定糖水的浓度。②在糖水中可加入少量的盐、醋、柠檬酸等,增加风味。③原料直接加糖拌制,属于凉拌,不在此列。

3. 卤水浸

卤水浸是指将油炸后的半成品,放入调制的卤汁中浸泡入味成菜的一种加工技法。

卤水浸具有色泽红亮、醇香味浓的特点。

选料范围:多为猪肉、鱼、豆制品、禽及禽蛋类原料。

调味程序:原料加工成熟→浸于卤汁之中→待卤汁的滋味渗透入味→即可食用。

原料加工成熟,浸于调制的卤汁之中(也有原料直接与卤水烧制),待卤汁的滋味渗透入味,取出改刀装盆,或酌淋卤汁即可食用。

说明:原料与卤水的温度要相同,如果卤水是凉的则原料也要晾凉。

4. 酱

酱是利用酱油的渗透作用,长时间腌制使之入味成菜的一种加工技法。

酱具有色红味咸、酱香浓郁的特点。

选料范围:禽畜及其内脏和鱼类等原料。

调味程序:原料略干→浸入酱油→数天后挂起晾干→食用时另行熟处理。

把禽畜类生料滴干血水,放入容器,用酱油浸没,腌至数天,吊挂风干半月,食用时另行熟处理。

说明:①吊挂风干时最好用太阳晒两次,以增加香味。②酱制工艺一般在冬天进行。③有些在酱油内放入八角、姜、酒等,增加风味。

(三)腌渍成熟调味法

腌渍是利用盐、糖等溶液的渗透作用,使原料中的水分脱出,味汁进入原料内部,同时,又可以将细菌细胞体中的水分渗出,细菌细胞内因大量失水,原生质萎缩,从而使细菌细胞的原生质分离,导致细菌的"质壁分离"①,不能繁殖或死亡,从而保持原料不变质。

1. 盐腌

盐腌是利用盐的渗透作用,长时间腌制使之入味的一种加工技法。盐腌又分干腌和湿腌。蔬菜经盐腌后能成熟,可直接食用。

盐腌具有风味别致、鲜香入味的特点。

选料范围:水产、禽畜和蔬菜等动植物原料。

调味程序:原料略干→放入容器→撒上盐→压实压严→数天至月余→生食或熟食。

说明:①生料干腌。把洗净的鱼类、禽畜类生料滴干血水,放入容器,一层原料一层

---

① 周晓燕.烹调工艺学.北京:中国轻工业出版社,2000.

盐，并且压实压严，甚至在原料上面再压数块石头，腌至数天，启缸吊挂风干半月，食用时另行熟处理。②熟料干腌。把禽畜类原料煮熟后晾凉，放入容器，裹上盐巴，密封存放数天，改刀加工即可食用。③蔬菜湿腌。蔬菜类原料用日照和自然风晾干几天，把原料放入容器，一层原料一层盐，并且压实压严，甚至在原料上面再压数块石头，一天内原料就溢出水分，腌至月余后生食或另行加工成熟食用。④荤菜湿腌。把水产、禽蛋类原料（如蟹、鸭蛋）用近饱和的盐水浸没原料，腌至 1～10 天，改刀食用（蛋要煮熟后食用）。

2.醋浸

醋浸是利用酸醋对原料的腌渍而使之入味的一种加工技法。如醋蛋、醋花生、醋黄瓜、醋蒜等。

醋浸具有香酸可口、风味奇特的特点。

选料范围：选用禽蛋和蔬菜类原料。

调味程序：整料或加工原料→投入酸醋内→浸 5～10 天→使之入味后即可食用。

说明：①醋渍的口味较为特殊，有时为了人们能够适应，可添加些糖以缓解酸味。②醋渍是利用醋的酸味来使之入味，整个加工中原料不发酵，而泡制是利用发酵产酸，同时使原料成熟形成风味。

3.碱渍

碱渍是利用纯碱、石灰、食盐、氧化铅等材料构成混合制剂，对鲜蛋浸拌而使之变性成熟的一种加工技法。

选料范围：常用原料为鸭蛋、鹌鹑蛋等禽蛋类原料。

工艺说明：变蛋的工艺流程与配方很多，如一般将变蛋分为溏心与硬心两大类，前者叫京彩蛋，后者叫湖彩蛋，这两类变蛋的变制、配料均不相同。另外，鸡变蛋、鸭变蛋、鹌鹑变蛋仍至鹅变蛋的加工方法亦有区别。在配料上，又有无铅、有铅、无铅增锌等不同。在致变剂介质方面，有泥和水两种，用泥者叫泥包致变法；用水者叫浸泡致变法。前者多用于硬心变蛋（湖彩蛋），是传统方法，后者多用于溏心变蛋（京彩蛋）。[①]常用的变制原料有生石灰、纯碱、食盐、茶叶、松柏枝和水。

说明：现在制作变蛋已成为食品工业加工的范畴，既能大批量生产，又能保证产品的安全可靠，所以一般不列入烹饪工艺。

（四）发酵成熟调味法

发酵是蔬菜原料在盐溶液中厌氧条件下进行的，抑制了酵母菌和霉菌的生长，促使乳酸菌繁殖。在烹饪实践中常指“泡”为发酵，但因酒、糟也有抑菌和发酵作用，故酒酵和糟酵也列入其中。

---

① 陈苏华.中国烹饪工艺学.北京：中国商业出版社，1992.

1.泡

泡是将新鲜的蔬菜原料在一定浓度的盐溶液中厌氧发酵至熟的一种加工技法。

泡具有咸酸微辣、蒜香浓郁的特点。

选料范围：卷心菜、萝卜、胡萝卜、黄瓜、莴笋、豇豆等新鲜蔬菜。

调味程序：蔬菜洗净后切配→塞入坛子压紧→倒入盐水淹没原料→密封发酵→3～5天后即可食用。

蔬菜洗净后切配，与配料（大蒜，红椒）拌匀，塞入特制的泡菜坛，装满压紧，倒入盐水淹没原料，并且加盖密封，造成缺氧的环境，抑制了有害微生物的生长，同时创造了有利于乳酸发酵的条件，促使乳酸菌生长，使坛内原料产生酸味，3～5天后即可食用。

说明：①原料清洗后，要晾干水分再行制作。②制作泡菜要使用特制的坛子，在口径的凹口处可以用水封口，完全杜绝了外界空气的进入，使厌氧的乳酸菌更好地发酵。③如果原料发酵过火，酸味太重，食用时则可加糖减轻酸味。

2.醉

醉是用酒、盐对原料浸渍至发酵成熟的一种加工技法。一般为醉5天以上，即可食用。醉又分为湿醉（生醉、熟醉）和干醉两种。此醉不同于直接调味法中的醉。

醉具有酒香浓郁、味鲜细嫩的特点。

选料范围：禽畜原料和鱼、蟹等水产原料。

调味程序：原料→加酒→密封→食用。

①湿醉：原料洗净沥干（或加工成熟后晾凉），放入容器内，加黄酒、酱油、糖等调制的调料，腌至5～10天，即可食用。

②干醉：容器内放入小碗一只，把干腌的鱼干，切块后，放在小碗之上，淋入高度的白酒，加盖密封，以酒气熏醉而成，能使原料酒香浓郁，长久保存不变质，一般可保存一年左右。需要时另行加热成熟食用。

说明：①湿醉的调味一般以黄酒为主，辅以酱油（增咸）、糖（去酒的苦味、除酱腥味）。②熟醉一般使用在禽畜类原料。③鲜活原料在醉制前要放在清水内，让其吐尽腹内杂质，再行制作。

3.糟

糟是将原料置于酒、糟和盐的浸渍液中密闭发酵入味的一种加工技法。使用的原料有生、熟之分，故有熟糟、生糟两种，此外糟也有红糟、香糟、酒酿之分。

糟具有酒香浓郁、酥糯不腻的特点。

选料范围：鸡鹅及其内脏原料和水产原料。

调味程序：原料煮熟晾凉→加入酒糟汁（或裹上酒糟）→数天后即可食用。

①熟糟：原料煮熟晾凉，切块，放入容器内，加入香糟汁，上放香糟包（也可放入酒酿卤），压实密封，数天即可食用。②生糟：原料洗净，加入红糟，压实密封，十天后可取之

熟处理后食用。

说明:①香糟汁的配比:香糟 500g,黄酒 2000g,白糖 15g,搅拌后用纱布包住过滤成汁。②酒酿卤的配比:酒酿 1500g(不计汁),白酒 1500g,白糖 100g,炒制花椒 2g,搅拌均匀。

二、热烹调味技法

1. 炸收

炸收是指将用油处理后的半成品入锅,加入调味用中火或小火加热,使之入味收汁成菜,晾凉后装盆的一种加工技法。

炸收具有色泽棕红、酥松醇厚的特点。

选料范围:鱼类、畜肉类、豆制品、禽及禽蛋类原料。

烹调程序:原料经刀工处理→用油熟处理→调味收汁→晾凉→二次调味→装盆。

原料加工成丝、条、片、丁、块、段等形,经油炸后沥尽油,放入复合调味,中火加热,使之酥烂入味,收汁起锅,倒入容器晾凉,因晾凉后色无光泽,再加香油或辣椒油拌匀后装盆。

说明:炸收的口味多为复合形,如咸甜味、五香味、麻辣味、怪味、鱼香味、茄汁味、豉香味、糖醋味、咸鲜味、咖喱味等。

2. 酥

酥是指将经油熟处理原料有顺序排列于锅内,加含醋的调料,用小火焖至酥软,晾凉后装盆的一种加工技法。

酥具有骨酥肉烂、香酥适口的特点。

选料范围:整形或加工成片的鱼、海带、天菜等原料。

烹调程序:原料加工洗净→用油加热至酥脆→沥尽余油→加醋等调料→小火焖至酥软收汁→晾凉后食用。

原料加工洗净,炸制酥脆沥尽余油,另锅内加酱油、糖、酒、香料及醋等调料,小火焖至酥软收汁成菜,晾凉后装盆食用。

说明:收汁时为了使成菜湿润光泽,有时打破常规使用热菜中的芡粉,但要少而薄,只起光泽,而看不到芡汁。

3. 卤

卤是指将大块或整形原料,放入卤汁中,中火加热使之入味成熟,晾凉后装盆的一种加工技法。

卤具有色红香鲜、醇厚滋润的特点。

选料范围:禽畜类及其内脏、豆制品、禽蛋等原料。

烹调程序:整形或大块原料→放入卤汁→中火加热→使之成熟入味→晾凉后改刀装盆。

锅底先放竹垫和葱姜，再放整形或大块原料，加入调料与老卤，大火加热至沸，中火使之成熟入味，至原料酥软起锅，晾凉后改刀装盆。

说明：①卤水一般由酱油、黄酒、糖、葱姜、香料熬制。②原料起锅后留下卤水，第二次卤制时加入，这习惯上称为老卤，能起色增香。③动物内脏建议焯水后卤制。

4. 挂霜

挂霜菜肴既可作为热菜，也可作为凉菜。故在前面“特殊混合烹调技法”中已有介绍，不再赘述。

5. 冻

冻是指利用胶质原料经加热使其充分溶化，再经冷却凝固成菜的一种加工技法。

冻具有外形晶莹透明、口感柔嫩爽口的特点。

选料范围：小型的畜肉、鱼虾、水果、禽蛋类原料。

烹调程序：原料放在容器内→倒入充分溶化的胶质→冷却后凝固成菜→装盆。

原料加工成丝丁状放入容器，倒入用猪皮（琼脂）熬制的胶质液体，冷却后凝固成菜，直接食用或改刀装盆食用。

说明：一般畜肉、鱼虾类用猪皮、鱼胶制咸鲜味冻菜，水果类用琼脂胶制甜味冻菜。

第二节　冷菜装盘技法

一、凉菜装盘的要求

冷菜装盘，是指将加工好的冷菜，按一定的规格要求和形式，进行刀工切配处理，再整齐美观地装入盛器的一道工序。所以，冷菜比热菜更注重刀功，注重卫生。

（一）刀功要求

制作冷菜要有过硬的刀功技术，条、丝、块、片不仅要大小一致，厚薄均匀，还都有一定的标准。为了使刀面整齐，刀口平整漂亮，原料在烧制后待完全冷却后再进行加工。有些还要压制结实，否则原料易变形，影响菜品形状。

（1）粗条：长 40mm，宽 10mm

（2）细条：长 35mm，宽 4mm

（3）丝：长 60～70mm，宽 2mm

（4）滚刀块：长 32mm，宽 14mm（短形）；长 50mm，宽 14mm（长形）

（5）长方片：长 45mm，宽 20mm，厚 2mm

（6）自然片：长约 50mm，宽约 30mm，厚 2mm

（7）段：长约 50mm，粗（自然形）

(二)色彩要求

多拼冷菜的装盘色泽配合要鲜艳和谐。卤制原料为了增加色彩和光泽,可用香油、姜丝、蒜丝、芝麻等拌制。

(三)形态要求

同桌的冷菜更应运用多种形式装盘,不使形状单调呆板。

(四)数量要求

装盆时原料不能超出盘的底边线,高度是原料底平面跨度的 1/2 以上。

(五)点缀要求

冷菜的点缀手法有全围、对称点缀、一角点缀,但点缀物要精小。

(六)防止串味

多拼冷菜须避免将带有汤汁的原料相互串味。

(七)卫生要求

冷菜因刀工处理后,直接装盘食用,因此要特别注意卫生,保持砧板刀具清洁,不使用色素和不洁的点缀物。

二、凉菜装盘的种类

(一)单盘

在盘中只盛装一种原料,一般有两头低、中间高的桥形,有叠成方形的印形,有中间高的馒头形等。

(二)拼盘

盘中有两种以上的冷菜叫拼盘。一般有双拼盘、三拼盘和四拼盘等,在装拼盘时要注意色彩的调和、荤素的搭配以及形态的美观。

(三)多格盘

盘中有双格、三格……九格不等,可利用格子盛装菜肴,色彩和荤蔬相间,也可用某一格摆放点缀物。

(四)攒盆

七只或九只组合成中间一个大盘,边围六只或八只小盘的一种大型组合式冷菜盘,能分能合。在装盘时必须注意原料、色彩、荤素和形状等配合。

(五)攒盒

盘底略深带有盖,通常是由七只、九只组合拼成。和攒盆略同,只是每只盆上有盖。

(六)果盘

冷菜中水果、干果、蜜果等原料的盛装器具,有高脚果盆、深底果盏和平底果盘。以不同的原料采用不同的果盘盛装。

(七)什景拼盘

多种不同的冷菜原料装盘成菜,有刀工造型整齐美观的,有多种原料堆放组成的,根据不同的规格进行盛装。

(八)花式拼盘

多种不同的冷菜原料拼制成各种花鸟虫鱼等形状的拼盘,其技术性和艺术性要求较高。

三、凉菜装盘的步骤

(一)垫底

在对冷菜进行刀工处理的过程中,不可避免地会出现一些质量较次和形态不太整齐的边角料,装盆时将这些边角料切成基本匀称的条、块、片堆在盘子中底部,作为盖面的基础,此工序称为垫底。一方面可以充分利用原料,减少浪费,另一方面可以衬托形状,使拼盘丰满美观。垫底的边角料不宜切得过小过碎,又不可过于厚大,否则会影响菜肴的食用和造型。

(二)盖边

盖边是将加工成大小一致、厚薄均匀的片状原料,按顺序叠成台阶形成半弧状,码在垫底的两侧或四周,也可以一片片按顺序叠在底料上面,遮住垫底的原料。用于围边的冷菜要根据装盘的需要,采用不同的刀法,以整齐、匀称、美观的形式来装盘。

(三)盖面

盖面也叫"盖刀面"。采用切或批的刀法,把冷菜原料质量最好的部分,加工成刀口整齐、厚薄均匀的片料,并均匀地叠排起来,用刀铲起,再覆盖在冷碟的顶部,遮住盖边料上面的边缘,使整个冷碟浑然一体,整齐美观。

(四)点缀衬托

点缀衬托是现代烹饪的不可缺少的环节,有在装盆前衬托,也有在装盆后点缀,使冷碟清鲜艳丽。

四、凉菜装盘的手法

(一)排

排是将刀功处理的条、块等整齐的小型原料,整齐而有规律地排列于盘中。在实际运用中，如果单层排列使得装盆高度和食用数量不够，可以与“叠”同时使用，即在底层的基础上加叠数层。排选用的是整齐、大块的无骨畜肉类原料或根茎类蔬菜和瓜果原料，如火腿、蛋糕、素火腿、京糕、笋、卤牛肉等原料，造型有方形、梯形、三角形、菱形等。

（二）堆

堆是把小型原料随意地堆放在盘中，形成各种立体图形的手法。堆的手法简便、自然，适应面广，不仅用于盛装“堆”碟，也常常用于刀面下的垫底。堆选用的是加工成松、丝、末、粒、块、条、段、丁和球的原料，如蛋松、鱼松、海蜇皮、萝卜丝、芹菜、红枣、花生粒等。造型有馒头形、塔形和自然形等。

（三）叠

叠是把切成片的原料一片片整齐地叠成阶梯形（又称瓦楞形），或把块、条状原料一层层叠放的手法。在实际应用中，“叠”往往与“排”、“堆”同时使用，一般采用切一片叠一片，随切随叠。在砧板上叠好后铲至盘中，盖在垫底堆砌的原料表面，或在排好的原料之上，再叠排数层。叠选用的是无骨片状、条状或柴把状的原料，如火腿、白肉、冬笋、莴笋、柴把鸭等。造型有桥拱形、四方形和图案形等。

（四）围

围是把加工成形或整形的小型原料，排列于圆盘四周成环形，或层层围旋成螺旋形的手法。在实际装盆应用中，“围”往往与“覆”、“堆”结合使用，如四周围放一圈，中间“扣”、“堆”其他原料；或中间是主料，旁边围上一圈点缀物。围使用的原料范围较广，选用可加工成条、圆片、梳子片、球形、鸡心形、整体的动植物原料。

（五）扣

扣也称“覆”，意为成形的原料一次性移入盘内，即将加工成形的原料整齐地排放在扣碗内，再反扣入碟，或加胶质原料入模具冻结后，再反扣入碟的手法。另一种不常使用的方法，是将加工成形的原料，用刀铲起覆盖于底料上。覆选用的原料范围较广，以片、块、丝、丁、粒为多，如鸡丝、猪舌、虾仁、水果等。

（六）摆

摆包括贴，是运用各种技法，将不同形状和色彩的原料，摆放成花鸟鱼虫等图案的手法。摆是造型冷菜中常使用的一种手法，但在摆的过程中往往离不开粘贴，所以贴也划入此列。摆所使用原料的范围较广，选用可加工成块、片、条、丝、丁、末或整形的动植物原料，但单碟选用的原料品种不宜过多，造型要简洁，色彩要协调。

（七）扎

扎是为了造型，将冷菜原料捆扎起来，使之牢固不松散的一种辅助手法。扎的手法虽然运用不多，但在某些菜肴的制作过程中有时要用到，如“三丝琼脂”、“柴把鸭”等，又如花式拼盘中的扎风帆、扎飘带等。选用的原料为有韧性、粗纤维、有长度的芹菜、葱、肠筋、胡萝卜等。

(八)刻

刻是把堆放成坯胎的原料运用雕刻工艺使它成形的一种手法。“刻”的手法在实际装盆应用中往往与叠排结合使用,如几何形单碟多为用软嫩的原料叠排整齐,然后用模具刻成桃形、圆形、五角星形。又如在花式拼盘中,用颜色相间的块形原料排叠成墙,用大刀削成斜坡,另覆上叠好的片料成桥面,再用刀刻出半圆孔成桥孔。选用的原料多为质软肉嫩的糕类、冻类菜肴。

五、单碟装盘的形式

单碟又称“围碟”,每碟装一种冷菜,是一种最常见、最简单的装盘类型,同时又是目前中式宴会中最常用、最实用的冷菜形式。单盘的装盘造型有如下形式,如图 6.1 所示。

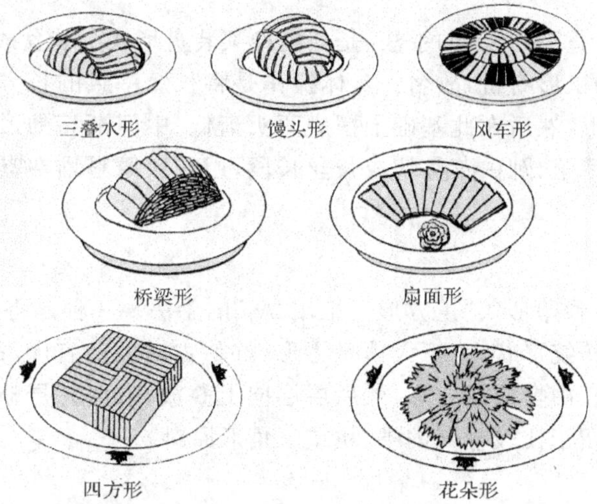

图 6.1　单盘的装盘造型

(一)自然形

自然形采用堆的手法,是冷菜中最常见的一种装盘形式。具体操作是将丝、丁、粒、条、片、块的小型原料,自然地堆砌在盘中,但装盆时原料不能超出盘子的底边线,高度要在原料底平面跨度的 1/2 以上。如果遇到不能堆高的原料,或带有汁水的原料,则自然盛放于小盅、小碗。

(二)三叠水形

三叠水形采用叠的手法。具体操作是先用边角料垫底,再将长方片或半圆片原料叠好后,按顺序呈两行摆在垫底上,最后挑选原料质量最好的部分加工成的片料,用刀铲起,覆盖在两行中间,成两边低、中间高状,故称“三叠水”。要求刀工处理时厚薄均匀,刀面整齐。

(三)馒头形

馒头形又称“半球形”,与三叠水形一样是采用叠的手法,是传统冷菜装盘形式。装盆成形后比“三叠水形”高,一般高度为跨度的 1/2 成半球形,形似馒头,故名。具体操作是先将边角料或质地稍次的原料料垫在盘子中间,作为垫底,再将质量稍好的熟料切片,盖在底料的边沿成半圆形,最后将质量好、形状好的原料料,切片后均匀地排列在顶面。

(四)宝塔形

宝塔形采用“堆”的手法,装盆成形后高度高于“堆”,下大上小形同宝塔,故名。具体操作是选用形状较好的粒、球、原料,先用菜叶等原料垫底,使盘底不滑,再在圆盘上摆放一层圆形后,用同样方法向上堆砌一层,越到上面越小,形似宝塔即可。

(五)桥梁形

桥梁形是采用“叠”和“复”的手法,是传统冷菜装盘形式。装盆成形后中间高、两头低,好像一座古式的拱形石桥,故名。具体操作是将长短一致的长方块、片或条在盘子内圆中先摆出长方形,然后在此基础上摆成两头渐低、中间渐高的形状,而两侧要齐整垂直。另一种是将芹菜、辣白菜类切成长丝长段,用较次原料堆在盘中,再用好的原料覆于上面成“桥梁”。

(六)四方形

四方形又称“一颗印形”、“正方形”,采用“叠”的手法。一种是将条块横竖交错排列成方形。另一种是传统形状,上下大体呈方形,好似古时候的官印,故名。具体操作是先将熟料在盘子的正中摆成四方形,然后层层向上叠放,有时每层略微向内收拢,不致歪斜垮塌。此法适用于比较规则的条、块或三角形原料。

(七)菱形

菱形又称平行四边形,采用“叠”的手法,装盘成形后相当于两个等腰三角形的对称组合。具体操作是先将原料在盘子的中间摆成菱形,摆时向外的刀口整齐,四个接头处要自然、拢紧,中间用边角碎料填充,上面再叠放 2～3 层后点缀,也可将条状原料排齐后斜切成菱形。其适于各种丝、条、末、块等原料。

(八)等腰形

等腰形采用“叠”的手法,是一种新颖的装盘形式,因断面呈等腰三角形,故名。具体操作是将原料切成长短、粗细大约一致的形状原料,先用部分铺垫在盘内呈长方形,再将同样冷菜一层层堆起;每层两边都向内倾斜,最后封顶即成。其适用于直条、直段和粗丝等原料。

(九)螺旋形

螺旋形采用“围”的手法。因装盆成形后下大上小,介与宝塔形与馒头形之间,好似螺纹自下盘旋而上,故名。具体操作是将圆片或梳子片原料在盘子中间先铺成一圈圆形,之后再跟随最后一片一圈圈一层层从底部开始盘旋而上,最后收口。其适用于圆片、梳子片和小型的整形原料。

(十)扇面形

扇面形采用“排”、“摆”、“扣”的手法,一种传统的装盘形式,因成形后酷似折扇,故名。具体操作是先将熟料切成一定规格的长条,等距排列成折扇状装入盘中即成;也可将泥蓉、细末等原料用模子扣成扇形。其适用于泥蓉、细末、自然条或要改刀的大块原料。

(十一)花朵形

花朵形采用“摆”的手法,装盆成形后酷似一朵花卉,故名。具体操作是将原料加工成规格一致的片、卷和小花后,由外至内,由下向上堆砌成各种花形。根据菜肴不同味型的需要,花蕊可施以适量的糖粉、火腿茸。

(十二)还原形

还原形采用“摆”的手法,具体操作是将经过刀工处理的熟料在盘中拼摆成动植物原形的装盘形式。如白鸡、酱鸭等经刀功处理后,仍在盘中摆成鸡、鸭的形状。但这种形式使用的盘比普通的小碟要大,多采用腰盘。

(十三)风车形

风车形采用“叠”、“摆”的手法,具体操作是将原料改成厚薄一致的长方片,按刀面等距离整齐地装入圆盘,如用荤素两种原料,也可将原料间隔叠放,装盘时原料要外宽内窄,顺时针方向叠摆一圈,盘中可以用其他原料点缀成形。

六、多味拼盘的制作

用两种或两种以上的原料,按一定形式合装一盘,即为拼盘。拼盘在用料上比较丰富、灵活,根据用料品种数目,有双拼、三拼、四拼……什锦拼盘等形式,各地方还有一些独特拼盘形式,如潮州“卤水拼盘”、四川“九色攒盒”等。这类拼盘在形状、色彩、口味和数量的比例上要求安排恰当、装盘整齐、线条清晰,能给人一种整体美,其造型以几何图案为主,有半球体、椭圆体、扇形体、正方体、长方体、菱形体等。现分别叙述如下。

(一)双拼

双拼就是把两种不同的冷菜拼摆在一个盘子里。它要求刀工整齐美观,色泽对比分明。其拼法多种多样,可将两种冷菜每样一半,摆在盘子的两边,形成中间高、周围低,中间有一条缝隙,以分开两味菜肴,俗称“合掌形”;也可以将一种冷菜摆在下面,另一种盖在上面；还可将一种冷菜摆在中间，另一种围在四周。

(二)三拼

三拼就是把三种不同的冷菜拼摆在一个盘子里。三拼不论从冷菜的色泽要求和口味搭配，还是装盘的形式上，都比双拼要求高。三拼最常用的装盘形式，一种是用某种原料在中间叠放成桥梁形，两边分别堆不同的两种原料；另一种是从圆盘的中心点将圆盘划分成三等份，每等份摆上一种冷菜；第三种是将三种冷菜分别摆成内外三圈。

(三)四拼

四拼的装盘方法和三拼基本相同，只不过增加了一种冷菜而已。四拼最常用的装盘形式，是从圆盘的中心点将圆盘划分成四等份，每份摆上一种冷菜；也可在周围摆上三种冷菜，中间再摆上一种冷菜。四拼中每种冷菜的色泽和味道都要间隔开来。

(四)五拼

五拼是在四拼的基础上，再增加一种冷菜。五拼最常用的装盘形式，是将四种冷菜呈放射状摆在圆盘四周，中间再摆上一种冷菜；也可将五种冷菜均呈放射状摆在圆盘四周，中间再摆上一座食雕作装饰；也可将五种冷菜摆成五角星形或梅花形。

(五)九色攒盒

九色攒盒是一种将底盘分成九格的有盖盒子(也有七格的攒盒)，有大有小，有木质、瓷质和漆制，形状有圆有方。盛装冷菜的专用餐具，盒盖多绘有风景、珍禽异兽图案作装饰，菜格可以移动或取出，同时盛装九种类别、味型和色彩各不相同的冷菜，称“九色攒盒”，实际上就是一种冷菜拼盘。

(六)什锦拼盘

什锦拼盘就是把多种不同色泽、不同口味的冷菜拼摆在一只大圆盘内。什锦拼盘要求外形整齐美观，刀工精巧细腻，拼图角度准确，色泽搭配协调。装盘形式有圆、九宫格等几何图形，以及葵花、大丽花、牡丹花等花形，从而形成一个五彩缤纷的图案，给食者以心旷神怡的感觉。

(七)抽缝叠角拼盘

抽缝叠角拼盘是一种比较独特的冷菜拼盘，无论是两拼、三拼或是什锦拼盘，都可以有数个扇面形状构成，扇面体相互对称，各个独立，之间用一条直线缝隙隔开，不能闭合，称为“抽缝”。这种冷菜拼盘的扇面体棱角分明，要求内外弧线、弧度一致，直线长度相等，侧面笔直有序，各扇面体组合而成的形状如一模所铸，都是大小一致、高低相等，每一扇面的冷菜原料、色泽、口味，都彼此间互不雷同。

第三节　花式冷拼造型工艺

一、花式冷拼的种类

冷拼是冷菜拼盘的简称，花式冷菜拼盘是所有冷菜拼盘中最为复杂的品种，是经过精心构思设计后，运用精湛的刀工及艺术手法，将多种冷菜原料在容器中拼摆成各种飞禽走兽、花鸟虫鱼、山水园林等平面或立体的造型。因花式冷拼工艺复杂，制作难度大、艺术性含量高，故一般多用于高档宴席，作为宴席冷菜席面中的主盘。

花式冷菜拼盘有主题鲜明、题材多样、构图简练、用料讲究、形象神似、做工细腻等特点。根据造型的空间构成可分为平面形、卧式形和立体形三种。

平面式拼盘一般使用多种原料，采用叠、堆、排的手法，利用整齐的刀面拼成五角、荷花、组合块等形状。特点是刀工整齐，线条明快，食用性强。

卧式形拼盘一般使用多种原料有机组合，偏重于追求形态和色彩，用摆和贴的手法拼摆成各种象形图案，虽食用性不强，但具有色彩协调、画面完整、形态逼真的特点。如表 6.2 所示。

表 6.2　花式冷菜拼盘分类

拼盘大类	造型分类	具体种类	实　例
	几何图	椭圆形	吉祥奥运、文化传承
		扇形	四味扇形、扇形窗花
		正方形	仿古时钟、四喜临门
		长方形	方圆同心、奥运精神
		菱形体	五彩色块、五彩缤纷
		圆形	什锦冷拼、精诚团结、六合同春
		图案	期待辉煌、新厨艺、绿色环保
	数字类	字母数字	九九归一、百年寿庆、福星临门
	动物类	动物	蝴蝶冷拼、金鱼彩拼、孔雀争艳、一马当先
	花卉类	花卉	七星映花、红梅迎春、百花争艳、春花斗艳

续表

拼盘大类	造型分类	具体种类	实　例
卧形拼盘	动物类	龙凤	龙凤呈祥、麒麟送子、双龙戏珠、丹凤朝阳、金凤展翅
		猛禽	鹏程万里、雄鹰展翅、寻觅
		飞鸟	锦鸡报春、鸳鸯戏水、双喜盈门、飞燕迎春
		畜兽	猪羊万福、熊猫戏竹、金牛催春、牧归
		鱼类	金鱼戏莲、双鱼戏水
		蝴蝶	彩蝶双飞、彩蝶迎宾
		虾蟹	弯弯顺、双雄争霸
	植物类	花卉	岁寒三友、倒挂金盏
		树木	旭日松云、椰林风光
		果实	硕果累累、蟠桃献寿
		叶类	碧荷听雨、荷塘情趣、绿荫小憩
	器物类	花篮	花篮迎宾、喜庆花篮
		花瓶	五福平安、青翠欲滴
		奖杯	金杯独揽、驰名天下
		宫灯	宫灯高照、吉庆彩灯
		扇子	彩扇扑蝶、桃花扇
		船类	西子夜泊、一帆风顺、龙舟赴会
	景观类	自然景观	南海风光、锦绣山河、宝石流霞、江南水乡
		人文景观	文昌阁、中华魂、三潭映月、钱塘春色
	博古类	工艺品	曲苑杂谈、莹窗红烛、长命百岁、五盘托珠
		乐器	琴瑟和弦、编钟乐舞
		文房四宝	妙笔生花、废寝忘食、颜如玉、瀚海
		图案	喜庆有余、鞭炮声声
	综合类		鹿鹤同春、福寿双全、荣华富贵
立体拼盘	景观类	建筑	天坛雄风、什景古塔、万里长城
		山水	高山流水、西湖十景
	器物类	器物	花篮迎宾、月光宝盒

立体式拼盘多采用刻、堆、排、叠等手法，拼摆成立体造型的亭坛和山水，特点是造型美观，立体感强。

二、花式冷拼的制作程序

花式冷拼与普通冷盘相比较，除了增加欣赏的功能之外，还具有一定的意境，它通过具体动物、植物、器物等自然界的物象造型表现出来。花式拼盘的制作程序较为复杂，它不仅要制作者有娴熟的刀功技法，而且还要具备一定的艺术素养。因此作为一个冷菜厨师平时要多看勤练，学习绘画技术，分析他人作品。要求拼摆成形的冷盘形象生动逼真、色彩美观大方、食用欣赏兼顾。一般来说，制作一只花式拼盘要经过构思、构图、选料、刀工、拼摆等一系列制作过程。

(一)构思

在拼摆花式冷盘之前，首先要进行严密的构思。构思是冷盘构图造型的基础，必须考虑到内容与形式的统一，创作思路可以取材于现实生活，也可以根据某些意象，做到尽情地表达内心的思想感情与意境。

1. 根据宴席的主题构思

宴会的主题很多，厨师应根据不同主题作出不同的构思。比如婚宴可设计“鸳鸯嬉水”、“比翼双飞”、“龙凤呈祥”之类的主题，表达夫妻恩爱的中心思想，以突出喜庆的气氛；迎宾宴席设计“喜鹊迎宾”、“孔雀开屏”之类主题较为适合，以示和善与友谊；祝寿宴席可设计“松鹤延年”、“古树参天”之类的造型，以祝福老人健康长寿。总之，要结合主题来进行构思设计。

2. 根据人力和时间构思

花式冷拼制作难度较大、技术要求高、制作时间长。所以，在花式冷拼构思时，应从实际出发，对于重大的冷菜任务，在构思时，既要考虑到拼盘的艺术性，还要考虑到人力和技术等制约的因素。在技术力量较强、时间允许的情况下可设计较为复杂的。反之，则应从简，不能影响宴会的正常进行。

(二)构图

当主题构思成熟之后，接着要考虑如何构图。构图就是设计图案，它主要解决花式冷拼的形体、结构、层次等问题，以便在盘中按图“施工”。花式冷菜的装盘工艺，是一门造型艺术，它是在美学观点的指导下完成烹饪的过程。因而，在造型方面又有很大的约束性，正因为有这样的约束性，所以冷菜的构图不同于一般的绘画，而是有它特有的个性。要求恰当运用图案的造型规律、图案构成的色彩规律和图案形式美的制作原理，把主题构思组成完美的艺术整体，在盛装器皿中表现出来，使冷菜造型收到满意的艺术效果。

(三)选料

花式冷拼的选料十分讲究。选料的原则是根据构图的需要,荤素搭配,色彩和谐,质地精良,用料考究。制作花式冷拼的原料繁多,选料是拼盘成形的关键,没有好的原料很难拼出质量高的花式拼盘。第一,选用质地较好的传统原料,如优质的火腿、翠绿的莴笋;第二,要选用新颖原料,如火龙果、彩蛋肠;第三,制作一些色彩艳、口感好的卷、糕,如豌豆卷、南瓜糕。

(四)拼摆

花式冷菜的造型是通过拼摆来实现的,在拼摆过程中,必须注意以下几个问题。

1. 精选盛器

原料准备完毕后,就可选择符合构图要求的盛器,除考虑色彩外,还要考虑器皿的形状、大小。有的要选用圆盘,有的要选用条盘,有的要选用方盘。如果盘底太深,则可加琼脂冻打底弥补。

2. 合理垫底

在拼摆前要根据确定的构图,先行安排造型的基础轮廓,也就是常说的垫底。花式冷拼的垫底,不能像小碟一样用碎料、次料,而拼盘要根据拼摆对象来合理垫底。表面不规则的鸟类、叶类图案应采用细丝垫底,而像华表、船身大块类型的图案采用整料切成形后,再改刀垫底。对于山坡、山体则不垫底,均用整料拼摆。

3. 严谨拼摆

垫好底之后,即开始盖面拼摆。根据形象的要求,将原料进行刀工处理,一边切,一边拼摆,由主到次、由低到高。刀面与刀面之间,一要拼叠伏贴,二要间距紧凑,一般在2～4mm。如用梳子片摆放细小的羽毛,既加快速度,又增加精致感。在拼摆卧式拼盘时,垫底要少,最好有半立体的刀面产生,使整只拼盘生动活泼,增加美感。

4. 保持平衡

在花式冷拼主体和副体部分完成后,要观测其作品的整体效果。因是手工拼摆,加上选盘和用料的不同,每次制作同一种图案的拼盘会出现不一样的效果。如外边太宽,使拼盘显得空旷,可加“窗框”围边。如空白太多,可加“花草”、“印章”点缀,保持平衡。

三、花式冷拼的设计原则

冷菜的拼摆装盘从美学的角度来说,属于一种实用艺术,它的内容、形式既受时间、空间的限制,又受原材料、工具的制约,因此应遵循以欣赏为主、食用为本,整齐美观、体现刀功,高效实用、讲究卫生三大原则。所以我们也从这三个方面来鉴定花式冷盘的优劣。

(一)遵守欣赏为主、食用为本的原则

花式冷拼的造型图案通常以花鸟禽鱼、自然风景为主。在制作中,应以欣赏为主、食用为本为原则,结合美学达到形美、味美,使食用者观之心旷神怡,食之津津有味,从而得到美的享受,这是冷菜制作工艺的根本目的。冷菜拼盘是一种审美与食用相结合的艺术品,它先供人们欣赏,所以要具有很强的艺术性,但又必须遵循以食用为本的原则,切不可单纯为拼摆而乱用色素等材料。

(二)遵守整齐美观、体现刀功的原则

冷菜拼摆过程中,厨师不仅要有一定的艺术修养和装盘技巧,最为基础的是要有熟练的刀工技法。因为刀工是决定冷菜造型是否美观的主要因素,娴熟的刀法是创造高质量花式冷菜拼盘的根本保证。大多冷菜是先烹后切,经过熟制的块料、糕料比较酥软,所以在切配时,应根据原料的不同性质灵活运用刀法,刀工的轻、重、缓、急要有分寸,无论是哪种形态,都应整齐划一、干净利落,形状上符合拼摆要求。在切制荤料时,要与块料的纤维垂直下刀,等刀口完全压住并压平原料后再行运刀,这样使刀口不会出现弯曲状。切制冻糕类,则左手不能对原料施压,右手要匀力下刀,使刀口平整、厚度一致。以捏、塑、刻、堆等手法完成的拼盘,只能算是一只不合格的拼盘。

(三)遵守高效实用、讲究卫生的原则

花式冷拼是席前给人欣赏和食用的冷菜,它既属实用工艺,但又不同于其他工艺品具有长久欣赏的时效,花式冷拼只能展示在食用者面前几至十几分钟。所以我们在拼摆一只花式总盆的时间应控制在1小时之内,甚至更短。在充分考虑艺术性的同时,也要考虑制作成本(时间成本、原料成本、人员成本)。改进刀具、模具,提高工效,改变工艺技术,提高配料的质地和性能,自己生产豌豆糕、鱼糕,以利刀工造型和成本的节约。还要做好食品的安全卫生工作,不使用有害液体浸泡的原料,不使用色素,慎用添加剂,少用或不用手工雕刻物来组装冷拼,禁止竹签、树叶等不能食用的物品进入拼盘,体现高效实用、讲究卫生的原则。

四、花式冷拼的构图关系

冷盘造型的形式美是指构成冷盘造型的一切形式因素(如色彩、形状、质地、结构、体积、空间等)按一定规律组合后所呈现出来的审美特性。因此,研究并掌握冷盘造型各种形式因素的组合原则,对于指导冷盘造型美的创造具有重要的指导意义。

(一)主与宾的关系

主有主题和主体之分,有时花式冷拼的主题就是此拼盘的主体,但有时冷拼的主体并不是此拼盘的主题。如"黄山日出",虽意为日出,主题是太阳,但我们在拼摆中,仍应把重点放在主体松树上。

我们这里讲的主是花式冷拼的主体,宾即花式冷拼的副体,有主无宾则孤独,有宾无主则散杂。优秀的花式冷拼,要做到主体突出,副体随之响应。如"一帆风顺",主体是帆船，副体是海鸥；又如“椰林风光”，主体是椰林，副体是沙滩、小帆船和太阳等。

主体要突出，大部分的制作精力要放在主体上，做到拼摆精细、造型美观、质量丰富。主体摆放的位置既不能太偏也不能太正，太偏会使得构图失衡，而太正则会显得呆板。而副体采用单薄的原料，简洁明快，起到烘托主体的作用。

(二)对称与不对称的关系

对称指的是对称与均衡。对称与均衡是冷盘造型求得重心稳定的基本原则，对称是以一个假想中心为基准，构成各对应部分的均等关系，是一种特殊的均衡形式。对称分为两种，即轴对称和中心对称。轴对称如小提琴，在制作“琴面”时，要做到两边大小对称之外，还要色块对称、片数对等。中心对称如图形的什锦冷拼，也力求色块对称、片数对等。在同一个拼盘中，可以有多个对称轴或对称点，如梅花总盆、荷花总盆。对称形式的冷盘造型，会给人以整齐、和谐的感觉。

不对称是制作过程中有意打破对称，制造不对称。如拼盘“江南水乡”中的竹，在制作时力求不对称，如几段竹节的竹枝要上下分开，错落有致，两边的竹叶要有多有少，有厚有薄。不对称形式的冷盘造型，会给人以自然飘逸、耳目一新的感觉。

(三)平行与交错的关系

平行能产生和谐、平衡的感觉。多数花式拼盘在制作时都需要平行的造型。特别是几何型、器物型的拼盘，片与片的间距要平行，色块与色块之间要平行。

但有时花式冷拼更需要交叉和错落。如在山水画中，避免出现平行的线条和块面，避免出现等腰、等边三角形构图，避免出现等距和排列的现象。

(1)避免出现平行构图。如“竹乡风光”中，两支粗壮的翠竹顶天立地。在制作过程中应避免两根竹子相互平行或竹节等高，而应使两根竹子产生一定的角度，并且竹节高低相错。如出现平行情况，可另添加一支竹打破平行的构图。如“夏荷”的叶柄和花枝从“水”中或“藕节”中生长出来的时候，要交错生长，粗细搭配，弯直自然。

(2)避免出现直线构图。如“春”构图时出现的春笋，任意三支不能排在同一直线上，要上下错落有致。又如“旭日松云”的松针，堆放的边缘不能成直线(包括弧线)，不规则才更显真实。

(四)疏与密的关系

设计花式冷拼，不仅排列要交错，也要疏密有致，要有疏有密才能打破均齐、平淡。疏与密是相互依存的，没有疏，也就没有密。如“旭日松云”，主体是松树，摆放松树的关键是松针的排列，不仅要掌握前面所提到的打破排列规律，也要有疏有密，有紧有松，有些区域放得稀疏，有些区域摆放得紧密厚重，区域与区域之间既分隔又要有联系。所以在拼摆过程中要眯起眼睛来察看效果。眯上眼睛就产生一块一块的区域，睁开眼睛又有相互联系。如存在问题，再进行添加，给予弥补。

(五)虚与实的关系

虚实与疏密不同,虚指的是空白、空间,实是物质、实物。我们在设计工艺冷拼时,首先要考虑主体,而这一主体一般不放在正中,在它前方要留有空白。就像给人物拍侧面的照片时,一般人像前空白多,人像后空白少。我们在设计时要根据主体的性质和意境来决定留有空白的位置。如"船",要船前留有空间;"花"要上面留有空间;倒挂的"果实",要在下面留有空间;"松"要远处留有空间。

古诗云:"只画鱼儿不画水,此中亦自有波涛。"有时空白并不是没有东西,而是有着丰富的内容。如"天空"、"云彩"、"大海"、"水波"等,如果都把它拼摆出来,反而感到沉闷、压抑,杂乱无章。假若感觉空白又太多,可在空白处加上"落款"或小饰品,使画面平衡。

(六)动与静的关系

花式冷拼是食用的菜肴,传统的拼摆手法多采用规则的平面形和图案形。随着时代的进步,拼盘也要与时俱进。在原先较规则的基础上,好多静态的拼盘,有了生命。如拼盘"金杯独揽",在拼摆"金杯"时扎上两根飞舞的飘带。如拼盘图案上方的苍劲古松上垂下几根飘动的缠藤。如"富贵平安"中,花瓶上方飞几只蝙蝠,既富动感,又有寓意。又如拼盘"琴思",在小提琴边上添上几节乐谱,就仿佛美妙的乐章在我们耳边萦绕。总之,要使花式冷拼生动、活泼起来,应赋予静态的物体以生命。

(七)藏与露的关系

中国拼盘讲究含蓄,要给人以想象的余地,不能纤毫毕露、一览无余。想使一件作品具有丰富的内涵,不仅要有独特的创意,而且在构图上也要巧妙地运用藏的技巧,使人回味无穷。如拼盘"松鹤延年",鹤的爪子如摆放出来,就会增加难度和时间。一种解决途径是使鹤站在水中,把爪子藏起来,再在脚杆边放两根细丝作水波,就足以代表水面,而并不是要把"水面"都摆放出来。如拼盘"三潭印月",在盘边垂下几丝柳条,既能起到点缀、平衡的作用,又象征着春天的到来。又如山水拼盘中"山"与"山"之间的空白,可作云,亦可作水。放一叶扁舟,就是波涛汹涌;飞一只雄鹰,就是高山插云。

在冷拼的制作过程中,除了用含蓄来表现外,也可以用露的方式。如竹林中的竹笋破土而出时,露出地面上的一小段与人们平时看到的"上尖中大下面小"的冬笋、春笋有一定差异。所以在放拼盘时,可以把人们看惯了的"笋老头"也表现出来,使其更具有逼真的效果。冷拼"春"就运用了这种露的手法。

(八)写实与写意的关系

花式冷拼也有写实与写意之分。齐白石的果蔬小品是果蔬写意、昆虫写实。花式冷拼则不然,要主体写实,副体写意。写实即设计制作中要求大、多,仔细、复杂;写意在设计制作中要求小、少,简洁、快速。也就是主体要在构图中占的比例大,在制作时要丰满有层次,制作复杂且难度大。而副体在构图中占的比例小,制作时量少而单薄,制作简洁、快速、难度小。可以说主体是一只拼盘的生命,而副体则是生命的延伸。

除以上八种关系外,在具体构图中,还要讲究轻重、意境等要素。构图不仅是烹饪美学的一种表现形式,也是一门有规律、讲艺术的科学,而且构图的好坏,直接影响花式冷拼的欣赏价值和食用价值。因此,构图法是每一位烹饪工作者的必备技法,而且要在学习中实践,实践中学习,从而不断地提高和完善。

第四节　食品雕刻工艺

食品雕刻是我国饮食文化的重要组成部分,也是中国烹饪技艺中一颗璀璨的明珠。雕刻工艺是指运用雕刻技术将烹饪原料或非食用原料制成各种艺术形象,用来美化菜肴、装饰宴席或宴会的一种工艺。食品雕刻中丰富多彩的造型、精巧别致的图案和精湛娴熟的制作技艺,形成了其独特的艺术风格,成为世界烹坛百花丛中一枝独放异彩的奇葩。

一、食品雕刻的分类

食品雕刻根据雕刻使用原材料的不同,可分为果蔬雕、黄油雕、糖雕、冰雕及琼脂雕等种类。食品雕刻根据雕刻的工艺又可分为整雕、组雕、浮雕、镂空雕、突环雕等。食品雕刻根据品种的造型可分为龙凤类、花卉类、鸟雀类、鱼虫类、兽畜类、瓜雕类、吉祥物品类等。由于目前雕刻工艺的需求量日益增大,雕刻的工艺品质也越来越好,所以雕刻又成为一种热门技术。目前已有专门的公司从事冰雕、泡沫雕、黄油雕、果蔬雕等对外加工业务,为宾馆酒店、婚庆礼仪(摄影)公司精心制作各种雕刻作品,给人以高档次的享受。甚至电视台演播厅的主持人桌面上的工艺品也用食品雕刻替代,每日一换。

(一)根据雕刻原材料分类

根据雕刻原材料的不同分,可分为果蔬雕、黄油雕、糖雕、冰雕和琼脂雕。

1. 果蔬雕

在食品类雕刻中,用作原料的往往是一些蔬菜瓜果。由于这些原料颜色鲜艳,搭配起来五颜六色,非常好看,因此往往成为食雕原料的首选。这类果蔬雕刻成品,既可渲染宴会气氛,提高宴会意境,也可美化菜点,提高菜点的艺术品位。由于果蔬雕是各级各类烹饪学校学生的必学内容,也是行业中使用广泛的雕刻形式,因此,本节重点介绍果蔬雕刻知识。

2. 黄油雕

黄油雕是最早源自于西方的一种食品雕塑,常见于大型自助餐酒会及各种美食节的展台,可以增加就餐的气氛,提高宴会的档次,营造出一种高雅的就餐环境。一般选用硬度大、可塑性强的人造黄油为原料，如专门用于制作酥皮点心的酥皮麦滨淋，可塑性强，熔点也较高，含水很少，容易操作。小件的黄油雕作品，可以直接用手捏出来用于盘中装饰。用于装饰展台的大型作品，则先要根据作品的形态做一个支架，就像人体的骨骼一样，因为大型作品光靠黄油是很难长时间稳定的，这就要用到牙签、竹片、木头等简单的工具。与果蔬雕不同的是，果蔬雕是由表到里去掉多余的部分，是一个减料的过程；而黄油雕则是一个加料的过程。

3. 糖雕

糖雕又称"糖塑"，采用糖粉和脆糖工艺制作，造型优美，色彩浮翠流丹，常常令人耳目一新。其中，由糖粉与蛋清、柠檬汁制成的糖粉膏，通过使用不同的裱花嘴，挤出不同的花朵、叶子、人物及动物造型等，而且还能用于大型蛋糕的挂边、挤面、拉线装饰。由糖粉与蛋清、鱼胶、葡萄糖、色素、柠檬汁制成的糖粉面坯制品，是各种高级宴会甜点装饰、各种大型结婚蛋糕、立体装饰物常用的装饰品。由白砂糖、葡萄糖和柠檬酸上火熬至特定的温度，加入各种颜色的色素，又成为一种独特的装饰原料脆糖。用脆糖可制成花朵、树木、叶子等，制品形象逼真、晶莹剔透、色彩斑斓、立体感强，在室温下可保持较长时间，制品不易因受潮、受热而变质。因此，糖雕是制作大型装饰品的首选品种。

4. 冰雕

冰雕是冰灯游园会中大量运用的造型艺术之一，现在许多宴会、鸡尾酒会、冷餐会中常用冰雕作为装饰品。这种形式能根据主办单位要求雕刻其产品或公司标记，起装饰作用，如 2001 年 APEC 会议采用的冰雕就是刻成"APEC"字样。冰雕装饰物一般需要借助不同颜色的投射灯光来照射，以衬托其美感，增加效果，因为适当的灯光投射往往能恰如其分地增添冰雕装饰的质感与感染力，更能彰显冰雕的存在意义。

5. 琼脂雕

琼脂雕采用琼脂为原料，将其浸泡蒸熔后调入果蔬汁或食用色素等，冷却成初坯后再用其制作成不同风格题材的雕刻作品。与其他雕刻相比，琼脂雕的原料不受地域性、季节性限制，成品如美玉、似翡翠，晶莹剔透，给人以强烈的视觉美感。由于原料的初坯、成品及废料均可反复使用，能有效地降低原料的成本。

另外，还能用豆腐为原料进行雕刻，可将豆腐放在一平面器具上进行操作或将豆腐淹没在清水中雕刻，即整个操作在水中进行，便于剔除废料。在雕刻时，要下刀准确，一次成形，以使整个作品浑然一体。但因豆腐水分含量高，质地细嫩，极易破碎，雕刻难度大，故多数为简单的造型。有些复杂造型的豆腐雕，是用模具制成的，而被人自诩为手工豆腐雕，我们要加以区别。

近年来大型泡沫雕的出现，丰富了各美食展台，为各大烹饪活动营造了气氛，从中也出现了各路高手，推进了烹饪雕刻艺术的发展。泡沫雕的特点是体积大、立体感强、造型气势磅礴，有些统一涂以黄油，有些涂上相应的颜色，也有些保持泡沫本色。但毕竟泡沫不是食品，泡沫雕刻不能列入食品雕刻行列。

(二)根据雕刻工艺分类

食品雕刻花样繁多，雕品无论是花木虫鱼、风景建筑，还是人物盆景、飞禽走兽，无不栩栩如生。它融精神、物质、艺术为一体，可烘托宴席上的热烈气氛，使人在获得物质享受的同时获得精神享受。按雕刻工艺成形来分，分为整体雕刻、组装雕刻、浮雕、镂空雕和突环雕五种。

1. 整体雕刻

整体雕刻就是选用形体较大的一整块原料雕刻成一个独立完整的立体成品，形象逼真，具有完整性和独立性，不需要其他雕刻制品的参与和衬托，不论从哪个角度来看，立体感均比较强，具有较高的欣赏价值。这种雕刻难度系数最大，需要具有一定的美学基础和立体雕刻技艺，如花瓶、凤凰等。

2. 组装雕刻

一般情况下，因果蔬原料体积的限制，雕刻作品不可能有石雕般那样伟岸，那样大体块作品，但是利用组合方法却可以克服这些缺点。组合造型最能延伸空间，造就空间。常用多块的原料分别雕刻成作品的各个部件，然后再组装成完整的物体的形象。具有色彩丰富、雕刻方便、成品立体感强、形象逼真的特点，是一种比较理想的雕刻形式，特别适合一些形体较大或比较复杂的物体形象的雕刻。如制作大型组合食雕展台上的孔雀开屏、凤凰展翅、龙凤呈祥等。

3. 浮雕

浮雕是利用原料表皮与肉质颜色的差异，在原料的表面上雕刻出凸起或凹下的各种图形花纹，其装饰性强，图案简洁，常用于西瓜盅、冬瓜盅、花瓶等的制作。浮雕花纹向外凸出的称为凸雕或阳文雕，即在原料表面的刻画范围内，先将所要雕刻的图案画在上面，然后把所要表现的花纹图案向外凸出、背景凹下的雕刻方法，其雕刻难度较大。与凸雕相反的称为凹雕或阴文雕，即花纹向内凹进、背景凸出的雕刻方法，其雕刻速度较快，难度较小。同一种花纹图案既可以用阳文雕，又可以用阴文雕，应视具体情况而定。

4. 镂空雕

镂空雕是将西瓜、冬瓜等去瓤，把表面刻画图案中不需要部分的瓜皮挖去，刻成具有空透特色的雕刻方式。它一般适用于雕刻瓜灯、萝卜球等。

5. 突环雕

在西瓜、萝卜等表面雕刻出各种环状的表皮与母体脱而不离、各环相互连接的成品，如各种瓜灯。制作时先在原料表面刻出各种环状图案，将需分离部分的表皮铲起，并留部分与母体相连，再在其中分割出一定形状，使其能凸出瓜体并因环的连接而不脱离瓜体。

(三)根据品种的造型分类

(1)花卉类。如菊花、玫瑰、月季、牡丹、大丽菊、马蹄莲、荷花、牵牛花、梅花等。雕刻时可在色泽、形状大小、花瓣宽窄、疏密、弯直等方面加以变化。

(2)鸟雀类。如孔雀、凤凰、鹰、鹤、雄鸡、天鹅、鸳鸯等。可采用整雕或组装雕,一般选用体型较大或形体相宜的原料。

(3)鱼虫类。如金鱼、鲤鱼、虾、蟹、螳螂、蝉、蝴蝶等。

(4)兽畜类。如龙、兔、牛、马、麒麟等。有立体整雕、分雕组装和浮雕等表现形式。

(5)吉祥物品类。如花瓶、绣球、福寿等。可采用整雕、分雕组装、镂空雕、浮雕等技法。

(6)瓜雕类。如瓜雕、瓜盅、瓜灯。瓜雕是在整只西瓜的表面进行凸雕和凹雕加工,制作较简单,主要在于表面图案的设计;瓜盅一般作盛器使用,由盅盖、盅体和底座(有些底座用瓷盘)三部分组成,盛装甜品和热菜等;瓜灯是专门用来观赏的雕刻制品,在瓜表皮上雕刻出各种精美的透孔花纹图案及各种各样的突环和连扣,当雕刻完毕再挖出瓜瓤,内置点燃的蜡烛或通电的灯泡,光亮透过瓜壁突环雕缝和镂空的空隙向外散射,形如灯笼。

二、食品雕刻常用的原料

食品雕刻一般都使用具有脆性的瓜果,也常使用熟的韧性原料。在选料时必须注意:脆性原料要脆嫩不软,皮中无筋,形态端正,内实不空,色泽鲜艳而无破损;韧性原料要有韧劲,不松散,便于雕刻。由于雕刻的原料种类很多,在色泽、质地、形态等方面各有不同,雕刻时应根据作品的实际需要,适当选料,才能制作出好的雕刻作品来。

常用的食品雕刻原料特性及用途如下。

(一)萝卜类

(1)红、白萝卜。肉质细嫩,色白,网纹细密。长15～40cm,直径6～8cm。用途较广,可雕刻各种萝卜灯、人物、动物、花卉、盆果、山石等。

(2)青萝卜。肉质细嫩,皮色青,肉呈绿色,网纹较细。长15～18cm,直径6～8cm。可雕刻小鸟、草虫、花卉及小动物等。

(3)心里美萝卜。肉质细嫩,皮色青,肉色红。长10～15cm,直径10～15cm。可雕刻各种复瓣花朵,如牡丹花、月季花等。

(4)洋花萝卜。肉质细嫩,皮色红艳,肉白色,形态圆而小,直径约2cm。可雕刻各种小型花朵,如桃花等。

(5)胡萝卜。肉质略粗,皮肉均呈黄色或红色,呈长条形。长约15～20cm,直径约3～4cm。可雕刻装饰性圆柱、迎春花花朵和虾等。

(二)薯类

(1)马铃薯。肉质细嫩,外皮呈褐色,肉白或白中带黄色,呈椭圆形,直径 6～9cm。可雕刻各种小动物。

(2)甘薯。肉质较老,皮色略红,肉色微黄,体型较大,长约 20cm,直径约 10cm。可雕刻各种动物,如马、牛等。

(三)芜菁,又称大头菜

肉质较老,皮色青中带白,茎络较多,肉色白,体型较大。长约 15cm,直径约 18cm。可雕刻小型建筑物和各种动物。

(四)球形甘蓝,又称擘兰

肉质略粗,肉绿色,皮色青,多茎路,呈球形,直径约 12cm。可雕刻各种鱼类动物。

(五)番茄

肉质细嫩,色泽鲜艳,有橙、红颜色,呈扁圆形,直径 3～8cm。可雕刻各种单瓣花朵,如荷花等。

(六)辣椒

有尖头、圆头辣椒,嫩时绿色,老时红色。尖头椒可雕刻石榴花等,圆头椒可雕刻玫瑰花叶等。

(七)瓜类

(1)冬瓜。皮色青,肉色白,肉质细嫩,呈椭圆形,长 15～40cm,直径 8～25cm。小冬瓜可雕刻冬瓜盅,大冬瓜可雕刻平面镂空装饰图案等,专供欣赏。

(2)西瓜。皮有深绿、嫩绿等色,瓜瓤有红、黄等色,呈圆形或椭圆形。用于雕刻的西瓜一般为直径 15～20cm,如雕刻西瓜灯、西瓜盅等。

(3)番瓜。皮有橙、绿等色,瓜肉橘红色,肉质细嫩,呈椭圆形,长约 80cm,直径约 12cm。可雕刻各种人物、动物、建筑等。

(4)南瓜。皮、肉均呈橙色,肉质脆嫩,呈扁圆形,直径约 20cm。可雕刻南瓜灯等。

(八)苹果

肉质软嫩,肉色淡黄,皮有红、青、黄色,呈圆形,直径 7～10cm。可雕刻各种装饰花朵、鸟,也可作苹果盅。

(九)梨

肉质脆嫩,色白,皮色青、黄,呈椭圆形,直径约 6cm,可雕刻佛手、梨盅等。

(十)菱白

肉质细嫩,色泽洁白,皮绿色,呈长条形,长约 18cm,直径约 3cm。可雕刻小花朵,如白兰花、佛手等。

(十一)荸荠

肉质脆嫩,色质洁白,皮褐色,呈扁圆形,直径约3cm,可雕刻宝塔花等。

(十二)白果

肉质软嫩,色黄绿,皮色淡黄,有硬壳,呈椭圆形,直径约1.5cm。熟白果去壳可雕刻腊梅花。

(十三)樱桃

肉质细嫩,色泽鲜红,呈椭圆形,直径约1.2cm。可雕刻红梅花等。

(十四)冬笋

肉色淡黄,质地脆嫩,呈圆锥形,长约10cm,直径约6cm。可雕刻小竹桥等。

(十五)莴笋

肉色嫩绿、翠绿,质地脆嫩,皮色淡绿,有茎络,呈长条形,长约24cm,直径约3cm。可雕刻各种小型花朵和虾虫,如喇叭花、对虾、螳螂等。

(十六)生姜

肉色嫩黄,质地较粗,皮色淡黄。可雕刻山石、金鱼等。

(十七)大白菜

大白菜又称黄芽菜。叶黄梗白,质地脆嫩,呈椭圆形,长约28cm,直径约15cm。可雕刻菊花等。

(十八)球葱

球葱又称洋葱。肉色日中带红,质地脆嫩,呈扁圆形,直径约6cm。可雕刻各种复瓣花朵,如荷花等。

(十九)紫菜头

肉质较老,皮、肉紫红色,呈球形,直径约12cm。可雕刻各种花朵,如月季花等。

(二十)蛋类

煮熟去壳的鸭蛋,蛋白细嫩,可雕刻花篮等。煮熟去壳的鸡蛋,蛋白细嫩,可雕刻小白兔、熊猫、小白猪等。

(1)黄蛋糕。是用鸡蛋黄加盐等调料蒸熟,成块形。蛋质有韧性,色泽金黄。用途较广,可雕刻人物、花卉、动物等。

(2)白蛋糕。是用鸡蛋清加盐等调料蒸熟,成块形。蛋质细嫩,色洁白。可雕刻花卉、动物等。

(3)黑白蛋糕。是用鸡蛋清、皮蛋小丁加盐等调料蒸熟,成块形。蛋质有韧性,色黑白。可雕刻各种宝塔等。

除上述常用的雕刻原料外，还有很多水果类、藻类、菌类原料可作为雕刻原料，如需雕刻大型作品，可采用黄油、冰块等。总之，可根据各种原料的质地、颜色和用途适当运用。

三、操作特点与运用手法

果蔬雕刻在操作技术上主要是一个减料过程，通过雕或刻，对现有原料的空间形体由外向内进行体积的剔减，去掉与造型不相吻合的多余形体，以增加凹凸或减小凹凸来塑造新的形体。

果蔬雕刻一般一次性成形，去掉的体积，不可能再补，如果下刀去料失误，二次修整成形，只能缩小比例，越雕越小。在减料成形过程中，形体的呈现，主要是通过形体“凸”、“凹”的对比与转化来实现的。凸因凹而明，凹缘凸而显，在初坯上切挖出低点部分原料后，就相对地塑出高点部分，形象的特征和体积感也因此显得很强烈。

雕刻操作中，有时还要采用下列手法完成整个造型。

（一）插接

多用于组装雕刻，用牙签将不同的形体，插夹在一起，形成作品。

（二）粘接

多用瞬间黏合剂来粘贴形体或连接形体断裂部位。

（三）榫接

利用形体的凹凸榫缝，互相咬合，接稳形体，使造型连贯一致。要求接合处丝纹合缝，看不出咬合的痕迹。如食雕的龙头与龙身连接处，多利用龙鳞遮盖住接缝。

（四）拉抻

如用胡萝卜切成长方体，双对面分别交错等距直切三分之一深度，然后再卷批成大薄片，一抻一拉即成渔网形。

（五）卷裹

如将西红柿削成长条片，再卷裹成月季花；也有用胡萝卜长方片对折，在折叠处，等距、等长，切均匀的缝口，再从一端卷到另一端即成绣球花。

（六）折叠、扭转

黄瓜、萝卜切蓑衣刀，折叠扭转成佛手、兰花形状。

（七）变形

食雕中利用原料形体厚薄不均，吸水或失水后，在弹性、张力、应力作用下自然扭曲变形。例如，用大黄菜梗刻菊花，水泡后形成巧夺天工的娇姿。鸟的羽毛，瓜灯上的瓜环，非经水泡，不能挺括、卷翘，这些皆非人力所能及。其他作品水泡后，也都会有不同程度的变形和意想不到的艺术效果。

四、食品雕刻的工具种类

食品雕刻的工具没有统一的规格和式样，少的一套10余件，多的有数十件，它是厨师根据实际操作的经验和对作品的具体要求，自行设计制作的。由于不同地区的厨师雕刻手法的不同，所以在工具设计上也有所不同。这里就我们制作的常见工具介绍如下。

(一)直刀

大号直刀的刀刃长度约150～200mm，宽30～50mm，切割大块原料；中号直刀的刀刃长度约60～80mm，宽约15mm，主要用于轮廓的刻制；小号直刀的刀刃长度约50～60mm，宽约10mm，主要用于刻制作品的细微部位。如图6.2所示。

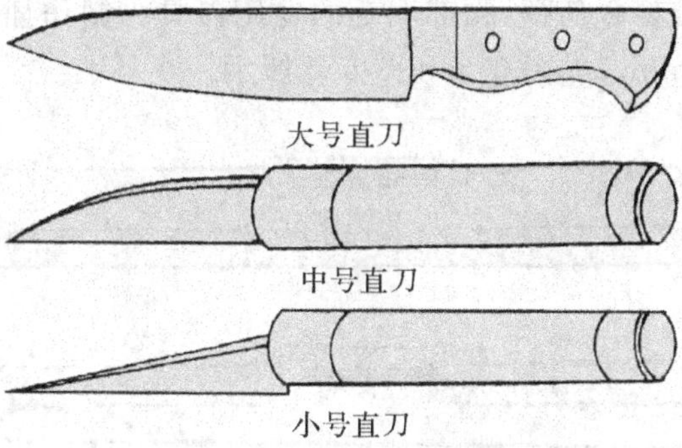

图6.2 直刀

(二)平口刀

平口刀在雕刻过程中也是不可缺少的工具，平口刀有大小两种型号，大号平口刀适用于雕刻有规则的物体，如刻台阶等，刀的长度约100～150mm，刃宽为15～30mm。小号平口刀多适用于雕刻镂空雕和结构复杂的雕刻作品，采用铲的手法，其使用灵活，刀的长度为100～150mm，刃宽为4～6mm。大号平口刀一般是用锋钢(锯条)制作的，小号平刀口可以用篆刻刀、木刻刀磨薄后替代。如图6.3所示。

(三)斜口刀

斜口刀的刀刃呈斜度，刀口呈尖形，根据其斜度的大小，可分两种类型：一种为大号斜口刀，刀刃长度为38mm，刀刃高2mm；另一种为小号斜口刀，刀刃长度为38mm，刀刃高12mm。斜口刀多用于绘制图案、线条之用。斜口刀也是由锋钢(锯条)制成的，有

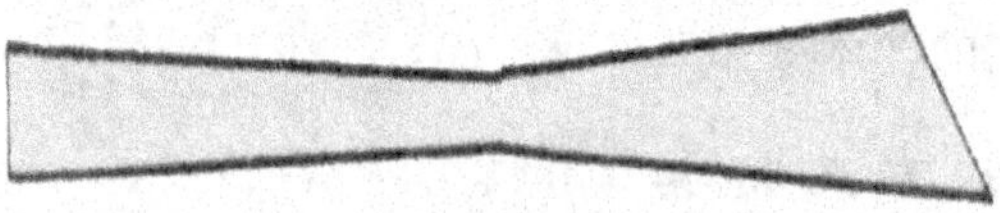

图 6.3 平口刀/斜口刀

时设计一头为平口刀,一头为斜口刀,如图 6.3 所示。

(四)插刀

插刀的种类比较多,达数十种,其中比较常见的有 U 形刀、V 形刀、L 形刀、W 形刀、方形刀、圆形刀及勺形刀等。它是根据不同的雕刻品种来进行选择的。插刀还可以由一种形状按刀刃的大小分为几种大小不同的规格。最大的刀口宽为 25mm,最小的刀口宽度为 3mm。插刀在雕刻中用途最为广泛,主要适用于雕刻花卉的花朵、花瓣、花蕊及鸟类的羽毛、翅膀、尾部等。U 形、方口刀具是雕刻方孔或 U 形槽的专用工具;弯头 V 形、U 形刀具是雕刻禽鸟颈、胸部羽毛的专用刀具。制作插刀的原料最好用不锈弹簧钢片,规格为 0.5mm。如图 6.4 和图 6.5 所示。

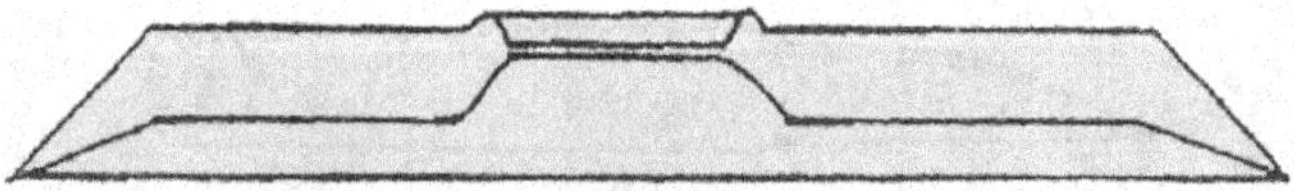

大号V形刀

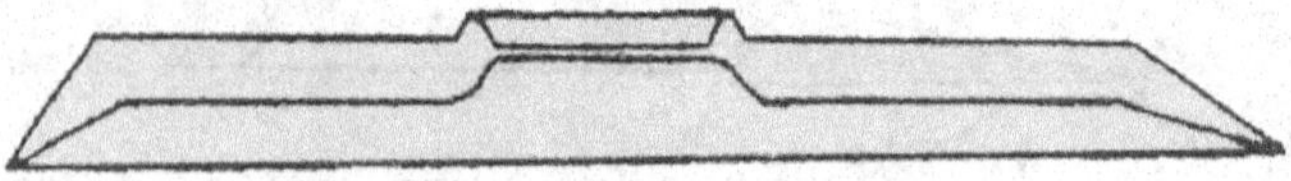

中号V形刀

弯头V形刀

图 6.4 V 形刀

(五)刻线刀

刻线刀与 U 型刀相似,在 U 型刀边又多了一个小钩,U 型部分不作刀刃,而小钩才是锋利的刀刃,用于雕刻瓜盅瓜的立体线条,如图 6.6 所示。

(六)模型刀

模型刀是根据各种动植物的形象,用不锈钢片或铜片制成各种形状的模型,用它将原料按刻出需要的形状,然后切片使用。使用模具刀能简洁快捷地刻压出各种造型,使

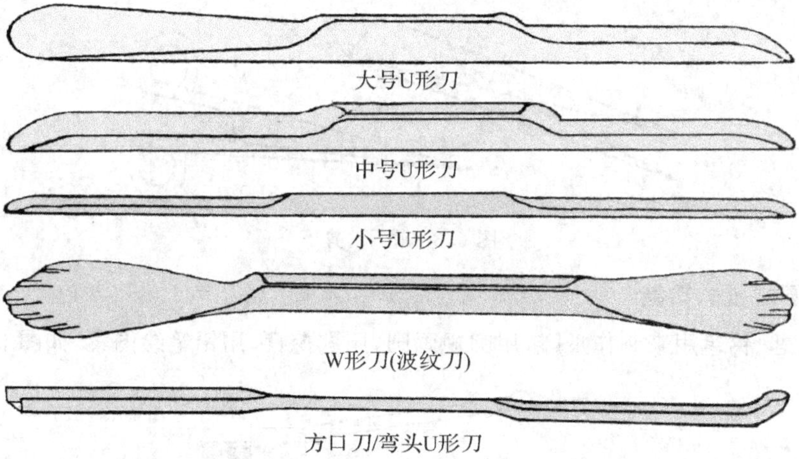

图 6.5　U 形与 W 形刀

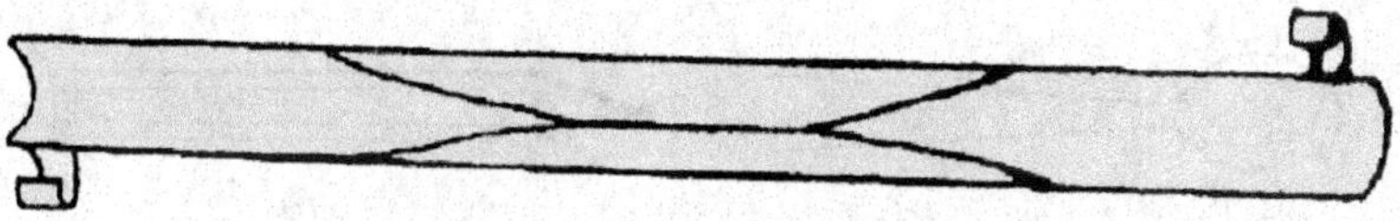

图 6.6　刻线刀

规格统一，批量制作提高工作效率。模型刀种类很多，一般有梅花、桃子、葡萄叶、蝴蝶、蝙蝠、秋叶、鸽子、小鸟、兔、鹿、松鼠、喜字、瓦楞形等模具，如图 6.7 所示。

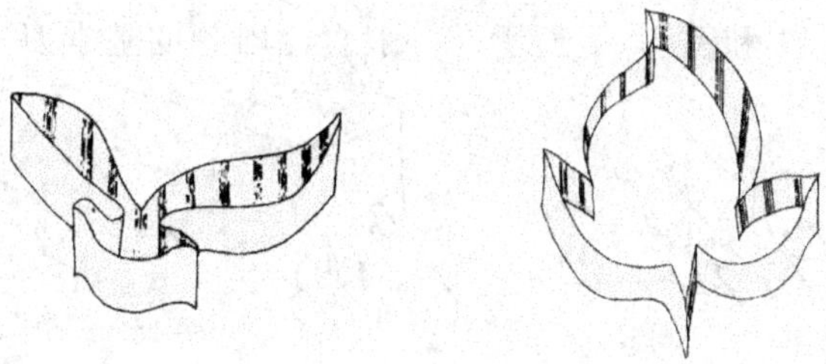

图 6.7　棋型刀

（七）镊子、剪子

镊子、剪子用途很广，镊子用来安装和夹起一些点缀物；剪子用来修剪花卉和其他作品，如图 6.8 所示。

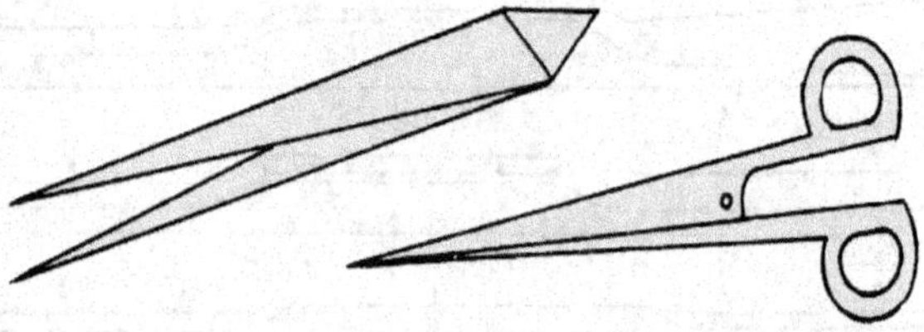

图 6.8　镊子、剪子

(八)圆规、匙、铅笔

圆规、匙、铅笔用来制作瓜雕,用圆规画圆,用匙挖瓤,用铅笔绘图案,如图 6.9 所示。

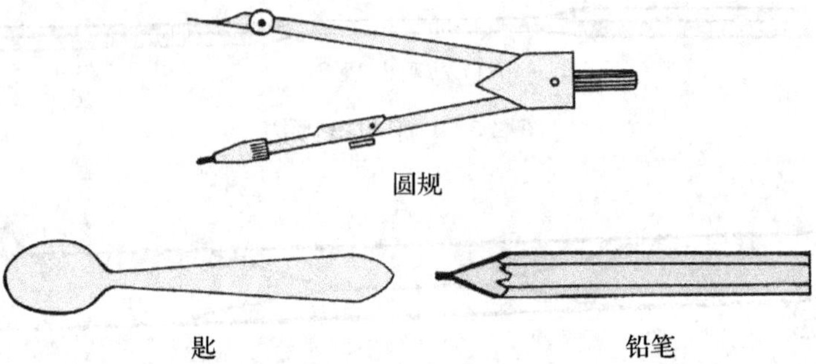

图 6.9　圆规、匙、铅笔

五、食品雕刻的基本刀法

食品雕刻与其他烹饪加工的刀法不同,因运用的是雕刻专用工具,故有专门的刀法。如图 6.10、图 6.11 和图 6.12 所示。一般食品雕刻的基本刀法有以下一些。

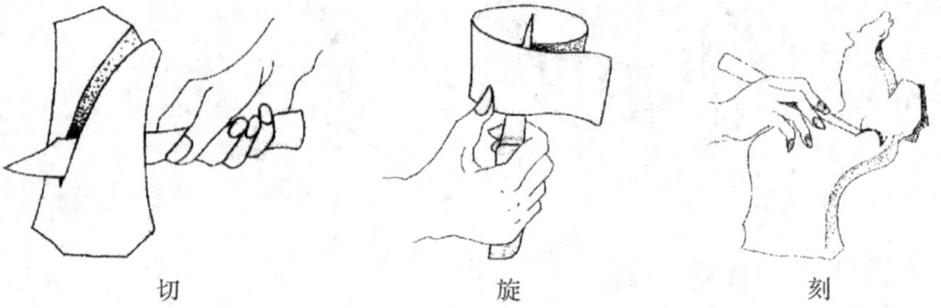

图 6.10　切、旋、刻

(一)切

用直刀将原料由上而下直切,使原料大面积分开,这种刀法主要使用于取料和修整外形。

(二)旋

用直刀或斜口刀在圆柱或棱柱形原料的侧面,并与原料轴心呈一角度进行旋削,使旋下的部分成卷曲的薄片,再将每一段卷片顺弯做成喇叭花状或君子兰状的花朵。

(三)刻

用各种圆口刀或槽口刀在原料的表面刻出各种方槽形、尖槽形和圆槽形的图案,多用于瓜灯和瓜盅的雕制;也可在原料上用直刀刻出与母体连接、层次分明的各种片状,多用于雕刻平面花瓣的花卉;或用斜口刀先在原料中部由下向上,先刻好花朵的外面几层花瓣,再用小刀在原料的顶部,由内向外翻刻好花朵里面的几层花瓣,多用于半开放花朵的雕刻。

(四)削

用直刀或斜口刀将原料修成所需的坯形,或削去雕刻坯料上不需要的部分。常作为辅助刀法运用,有时也可与旋并用。

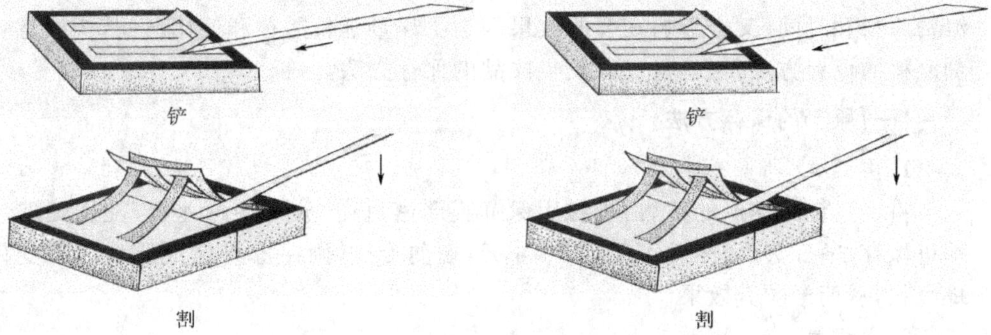

图 6.11　铲、割

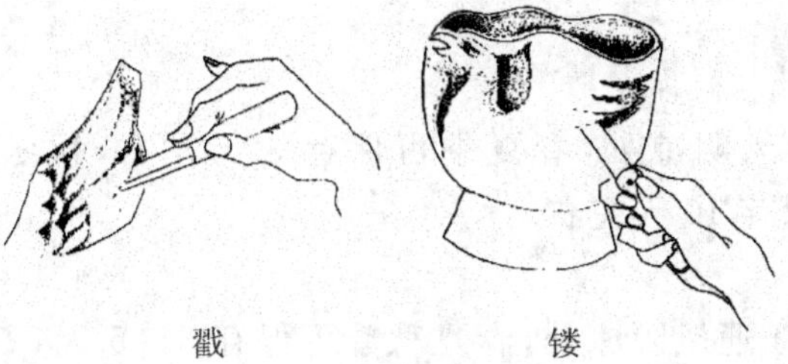

图 6.12　戳、镂

(五)戳

将刀具插入原料后向前推进到一定深度的刀法。形成一端与主体相连接的弯曲有致、粗细有序的条形,多用于雕刻鸟类羽毛和花卉的条状花瓣。如雕刻禽鸟的羽毛、鱼的鳞片、花瓣花蕊、线条纹路等均用此刀法。

(六)镂

将原料的内部籽瓤挖空，或将肉质皮按一定形状进行雕空，多用于西瓜盅和西瓜灯等雕刻。

(七)模压

将原料切成块或厚片，用各种形状的模型刀具将原料切压成定形的坯料，再加工成片的方法；或直接用模型刀具切压已切成片状的原料得到所需的花形片。如梅花、秋叶、寿桃等。

(八)其他刀法

除以上手法外，还有铲、挖、割等其他方法。

六、食品雕刻原料及成品保存

食品雕刻中大部分原料都含有水分，如果保管或使用不当，极容易变形或损坏，既浪费原料和时间，又会影响宴会的效果。为了尽量延长贮存和使用时间，应注意食品雕刻原料的保存方法，再就是成品及半成品的保存方法。

(一)原料的保存方法

1. 蛋糕类

将经过调味熟制的黄、白蛋糕用保鲜膜严密封住，放入冷藏冰箱，随用随取。春夏季可保存 2～3 天，秋冬季可保存 5～6 天，切勿冷冻，因冷冻易造成原料内部变化而成蜂窝状，从而影响其效果。

2. 水果类

新鲜水果类原料置于通风阴凉处，春夏季可保存 2～3 天，秋冬季置于 1～2℃的冰箱中可保存 8～10 天。

3. 时令鲜蔬

时令鲜蔬置于通风阴凉处，春夏季可保存 3 天左右，秋冬季装入保鲜袋，置于 1～5℃的冰箱中，可保存 10 天左右。

4. 瓜类

新鲜瓜类原料置于通风阴凉处，春夏秋季可保存 3～5 天，冬季装入保鲜袋，置于 1～5℃的冰箱内，通常可保存 10 天左右。

(二)成品及半成品的保存方法

雕刻作品中大都含有较多的水分和某些不稳定的元素，如果保管不当，很容易变形、变色而损坏，而且又是一件艺术性很高且费工较大的观赏品，因此，必须加以珍惜，妥为保管，以尽量延长使用的时间。利用熟料雕刻的成品一般当时食用，故不存在保存问题。雕刻品的保存主要是对蔬果雕刻而言，其保存方法通常有以下四种。

1. 水浸保鲜法

把雕刻品放入1%的白矾水中浸泡，防止干瘪，延长寿命。若在浸泡过程中出现白矾水浑浊现象，应及时更换同样浓度的白矾水继续浸泡。另外，在存放雕刻品的冷水中加入几片维生素C，也可使雕刻品较长久地存放。心里美萝卜容易褪色，不宜采用水浸保鲜法。

2. 低温保鲜法

把雕品放入盆内加上凉水（以淹没雕品为宜），然后放入2～4℃的冰箱内，这样相对可以延长保存时间。这是一种常用的简易方法，最宜保管点缀用的雕刻品和正在进行雕刻中的原料或半成品。

3. 密封保鲜法

在雕刻品表面涂上一层明胶液，冷凝后可使雕品与空气隔绝，也可较长时间地存放。适合在大型的展台上展出的雕刻品。

4. 喷水保鲜法

用水壶经常往雕刻品上喷水，保持雕刻品的湿润，起到保鲜作用。这一方法最快捷便利，是目前最常用的方法之一。

5. 密封低温保鲜法

用保鲜膜把原料包裹起来，使雕刻品与空气隔绝，然后放入2～4℃的冰箱内，这样能较久地保持雕品质地新鲜和色彩鲜艳，是目前最佳方法。

七、食雕的应用范围与作用

（一）食品雕刻的应用范围

食品雕刻在大型宴会上主要是用来美化环境，渲染气氛。中餐的大型宴会一般是使用直径1.5～2m的圆桌，由于桌面直径大，中间摆放的菜肴客人不易拿取，特别是实行分餐制后，中部更出现空位。所以要在桌面中间摆放食品雕刻组成的花台来弥补和美化。在中小型宴会上，可将花卉雕刻插成的花束或整雕放在菜肴中间，或将瓜盅作为容器放在席面上。也可用食品雕刻围绕盘边或置于盘中，点缀菜肴，也可放在菜肴之间，自由变化各种形式。

（二）食品雕刻的作用

食品雕刻不同于木雕、玉雕、牙雕等其他雕刻，它不是单纯的工艺品，也不是孤立地供人观赏，而是与菜肴结合起来，让人们在观赏的过程中进食。食品雕刻的作用概括起来有以下几点。

1. 点缀作用

我们常可以看到画家在画人物画时，喜欢在其旁画些花草、树木或题字，目的在于使画面有生气，不呆板，起到烘托作用。食雕的作用也与之相同，起到烘托点缀作用。例如一盘酱红色的炒猪肝或一只栗色的烧鸡，盛装在盘中总不免有些单调、呆板、暗淡，如放上一朵食雕花卉，便会生气盎然，鲜亮明快，诱人喜爱。有些菜肴容易杂乱，如果放上食雕点缀，便能把它们统一起来，使其形色兼备。食雕在点缀方面的作用是很大的，可以说，大部分食雕都是为点缀菜肴而制作的。

2. 补充作用

有些花式冷盘和花式热菜，如"龙凤呈祥"、"孔雀鳜鱼"等，如不借助食品雕刻，用简单的刀法处理原料，那就很难做出"龙"头和"孔雀"头，整个菜肴的形象就会失去完整性。因此，食雕在菜肴中的补充作用不可忽视。合理使用能使菜肴形象更加生动，色彩更加艳丽。

点缀与补充有所区别：一般说来，需要补充的菜肴，食雕必不可少，少则会破坏整个菜肴形象；而需点缀的菜肴，就不一定非要食雕不可，只是用了食雕能使菜肴锦上添花，更为鲜明，但如果不用食雕，菜肴依然有其自身的形色，不会影响其完整性。

3. 盛装作用

各类食雕瓜盅，如"西瓜盅"、"冬瓜盅"在菜肴中的作用主要是取代盛器，以此美化器皿，增加菜肴的形象感和艺术性。如一盆水果或一盆甜羹，盛装在瓜盅与装在大盆内就给人两种不同的感觉。一般认为，装在盆中的平凡不奇，而装在瓜盅中会身价倍增。由此看出，用食品代替盛器盛装菜肴，能收到良好的效果。

4. 主导作用

食品雕刻作品常用于盛大的宴会，以及中、小型宴席宴会台面的装饰和菜肴的造型、点缀及盛装，起着烘云托月、锦上添花的艺术效应，具有独特的魅力。在这些盛大的宴会和展台上的大型雕刻不仅起着装饰作用，更起着烘托主题的作用。它代表着宴会的主题，反映宴会的活动内容，寓意着宴会的内涵。

思考题

1. 什么是冷菜？其制作技法有哪些？
2. 凉菜分为几类？其装盆手法有哪些？
3. 冷菜拼摆受时间和空间的制约，所以我们应遵循哪些原则？
4. 简述食品雕刻的类型和作用。

参考文献

[1]中国烹饪百科全书.北京:中国大百科全书出版社,1992
[2]赵荣光.赵荣光食文化论集.哈尔滨:黑龙江人民出版社,1995
[3]黑龙江商学院旅游系.烹饪原料学.北京:中国商业出版社,1991
[4]陈跃昆.中国烹饪概论.北京:中国商业出版社,1992
[5]陈光新.烹饪概论.北京:高等教育出版社,1992
[6]瞿弦音.烹饪概论.北京:高等教育出版社,1995
[7]陶文台.中国烹饪概论.北京:中国商业出版社,1988
[8]王圣果,戴桂宝.烹饪学基础(第1版).浙江:浙江大学出版社,2005
[9]陈苏华.中国烹饪工艺学.北京:中国商业出版社,1992
[10]周晓燕.烹调工艺学.北京:中国轻工出版社,2004
[11]周晓燕,烹调工艺学,北京:中国纺织出版社,2008
[12]季鸿昆.烹调工艺学(第1版).北京:高等教育出版社,2003
[13]罗长松.中国烹调工艺学.北京:中国商业出版社,1995
[14]邵建华.粤菜烹调教程.沈阳:辽宁科技出版社,1997
[15]邵万宽.菜点开发与创新.沈阳:辽宁科技出版社,1999
[16]李玉葳.烹调技术.北京:中国劳动保障出版社,2001
[17]邹益民,黄浏英.现代饭店餐饮管理艺术.广州:广东旅游出版社,2001
[18]燕建泉.维扬食雕与菜肴造型.合肥:安徽科学技术出版社,1997
[19]刘海波,戴桂宝.精品食雕艺术.杭州:杭州出版社,2008
[20]阎喜霜.烹饪科学与加工技术.哈尔滨:黑龙江科技出版社,1991
[21]袁洪业,李荣惠.中国文化精华文库.济南:山东科技出版社,1992
[22]赵建民.孔府美食.北京:中国轻工出版社,1992
[23]周三金,陈耀文.上海美食指南.上海:上海翻译出版公司,1988
[24]周明扬.烹饪工艺美术.北京:中国轻工出版社,2000
[25]朱云龙.冷拼雕刻技艺(第1版).北京:旅游教育出版社,2004

后　记

本教材为普通高等教育“十一五”国家级规划教材。编写过程中按前基础、后技能依次编排，每章节既独立又互有联系，既是一个完整的知识体系，又是相互联系的一个个知识环节，既可以作为一个整体的教学教材，也可以选用部分章节单独教学。适用于烹饪专业、酒店管理专业及旅游管理专业学生学习，也可以根据教学对象的需要、学生的层次和知识背景的不同，作灵活调整。

本教材第一章、第五章、第六章由戴桂宝撰写，第二章、第三章、第四章由王圣果编写，并由戴桂宝撰写前言、后记及统稿。在编写过程中，参照了大量的同类教材，引用了相关作者的论述，同时戴侃敏对语句和编排作了修正，给予了极大的帮助，在此一并表示感谢。

但由于编写时间仓促，加之本人水平有限，书中难免有疏漏和不足之处，恳请读者批评指正。

浙江旅游职业学院　戴桂宝

2010年10月